魂芯 V-A 智能处理器
系统及其应用设计

朱家兵　黄光红　林广栋　顾大晔　著

电子工业出版社
Publishing House of Electronics Industry
北京·BEIJING

内 容 简 介

本书重点介绍魂芯 V-A 智能处理器的基本工作原理,包括处理器结构、存储器组织、中断服务、时钟管理、系统加载、系统配置、指令集系统和神经网络模型开发等,以及基于魂芯 V-A 智能处理器的程序设计和系统应用设计。

魂芯 V-A 智能处理器集成了 4 个 RISC-V 的 CPU 核和 4 个神经网络加速器核,为人工智能边缘计算提供了高效和可靠的硬件算力,也为电子装备和信息系统智能化提供了坚实的基础。

本书适合交通智能监控、智能分拣设备、智能化生产线监控、智慧园区、太赫兹安检等领域的工程技术人员阅读,也可以作为高等学校通信工程、电子工程、计算机应用、工业自动化、自动控制等专业高年级学生和研究生的教材。

图书在版编目(CIP)数据

魂芯 V-A 智能处理器系统及其应用设计 / 朱家兵等著. —北京:电子工业出版社,2023.10
ISBN 978-7-121-46405-8

Ⅰ. ①魂… Ⅱ. ①朱… Ⅲ. ①数字信号发生器 Ⅳ. ①TN911.72

中国国家版本馆 CIP 数据核字(2023)第 184383 号

责任编辑:张   迪(zhangdi@phei.com.cn)
印   刷:中煤(北京)印务有限公司
装   订:中煤(北京)印务有限公司
出版发行:电子工业出版社
          北京市海淀区万寿路 173 信箱   邮编:100036
开   本:787×1 092   1/16   印张:18   字数:374.4 千字
版   次:2023 年 10 月第 1 版
印   次:2023 年 10 月第 1 次印刷
定   价:99.00 元

前　言

近年来，随着"摩尔定律"逼近物理极限，业界对集成电路产业未来的发展讨论得十分热烈。虽然集成电路在物理层面的发展已经受到了物理规律的限制，但其在信息层面的技术创新还远远没有触及"天花板"。未来将会沿着"智能摩尔"技术路线，通过算法的升级，以及芯片架构的更新，进一步提升计算能力。基于这一思路，中国电子科技集团有限公司（中国电科）的"魂芯"团队提出多核异构处理器（XPU）概念，即结合 CPU、GPU、NPU、DSP 等技术，在底层对数据进行交互处理，通过架构上的突破，适应当今海量数据处理能力的要求。在国家重大专项的支持下，"魂芯"团队历时 3 年，研制出了高性能的魂芯 V-A 智能处理器，其峰值算力达到 16TOPS@INT8。采用该芯片，可构建处理能力更强、运算速度更快、体积更小、开发成本更低的信号处理系统，同时，也可以极大地缩短研制周期。作为高性能的新一代多核异构智能处理器芯片，魂芯 V-A 智能处理器是值得推荐的。在中国电科和电子工业出版社的支持下，我们编写了本书，目的是帮助读者更深入地了解魂芯 V-A 智能处理器，更熟练地应用魂芯 V-A 智能处理器。在取材上，本书力求原理与应用并重，对魂芯 V-A 智能处理器的处理器结构、存储器组织、中断服务、时钟管理、系统加载、系统配置、指令集系统和神经网络模型开发等都做了较全面的介绍。同时，对接口程序设计、程序优化、系统设计和开发工具等内容，也进行了较为详细的描述。因此本书也可作为教材，供高等学校通信工程、电子工程、计算机应用、工业自动化、自动控制等专业的高年级学生和研究生使用。

通过学习这些内容，读者可以较全面地掌握魂芯 V-A 智能处理器的应用基础知识，也能了解到许多设计中的细节和经验，我们真诚地希望每位读者都能从中获益。

由于作者水平有限，书中难免会出现错误，希望读者能通过邮箱 zjb3617@163.com 将存在的问题及时转告我们，在此表示衷心的感谢！

作者在此对所有关心和支持本书出版的人士表示衷心的感谢，特别要感谢中国电科旗下的安徽芯纪元科技有限公司，是他们提供了大量的文献与资料，并同意在本书中使用这些文献与资料。本书的出版得到了安徽省科技重大专项（项目编号：202003a05020031）和淮南师范学院学术专著出版基金的共同资助，在此致以最真诚的谢意！

作者
2023 年 9 月
于淮南师范学院

目 录

第1章 概　　述

1.1　智能处理器概述

魂芯 V-A 智能处理器是中国电科旗下安徽芯纪元科技有限公司研制的一款高性能人工智能芯片，其包含 4 个 CPU、4 个 NNA（Nerual Network Accelerator，神经网络加速器），以及多种高速外设接口和低速外设接口。魂芯 V-A 智能处理器的系统结构如图 1.1 所示，可广泛用于交通智能监控、智能分拣设备、智能化生产线监控、智慧园区、太赫兹安检和语音处理等领域。

其中，CPU 采用国产高性能嵌入式 RISC-V CPU，主要负责资源管理、运行操作系统、驱动程序及预处理数据；NNA 采用国产深度学习处理计算架构，主要完成高密集的智能计算处理，支持 CNN、RNN 等典型算法的加速。

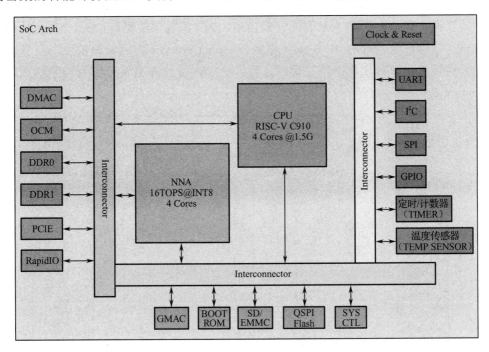

图 1.1　魂芯 V-A 智能处理器的系统结构

CPU 采用 RISC-V 指令集，其主要架构如图 1.2 所示，采用 4 个同构多核架构，每个 CPU 采用国产设计的体系结构和微体系结构，并重点针对性能优化，引入多项高性能技术，如 3 发射 8 执行的超标量架构、多通道的数据预取等。在系统管理方面，CPU 集成了片上功耗管理单元，支持多电压和多时钟管理的低功耗技术。此外，CPU 还支持实时检测及关断内部空闲功能模块，从而进一步降低处理器的动态功耗。

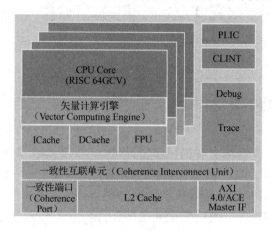

图 1.2　CPU 的主要架构

魂芯 V-A 智能处理器 NNA 的主要架构如图 1.3 所示。图中，Input Buffer 保存输入数据。Output Buffer 保存输出的计算结果。Share Mem 为所有 PE 共享的 SRAM，Local Mem 为若干个 PE 私有的 SRAM。Share Mem 和 Local Mem 可以保存权重参数、计算的中间结果，如卷积的部分累加和，为 PE 提供数据。Local Mem 是局部的数据存储器，为附近的 PE 提供计算数据。Post Process 为后处理模块，负责对卷积结果进行池化、激活等操作。最后，根据需求，将计算结果转换为相应格式保存到 Output Buffer。

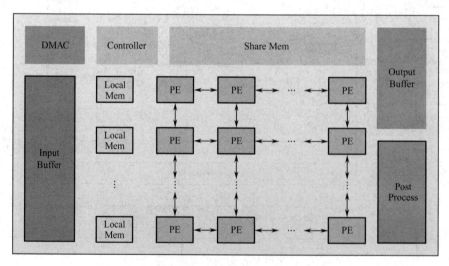

图 1.3　魂芯 V-A 智能处理器 NNA 的主要架构

魂芯 V-A 智能处理器还集成了较丰富的数据接口。其中，高速数据接口包括 1

组 4X 的 PCIE4.0、1 组 4X 的 RapidIO2.2、1 组 1Gb/s 以太网接口、2 组 64bit 的 DDR4 存储和 4MB 的片上存储器 OCM；低速接口包括 UART、I^{2}C、I^{2}S、SPI、QSPI、GPIO 等，方便用户使用。

1.2　性能介绍

魂芯 V-A 智能处理器的主要特性和参数如下所示。

1．CPU

➤ 采用高性能嵌入式 CPU、RISC-V 64GCV 指令架构。

➤ 4 个，主频为 1.5GHz。

➤ 4.4 DMIPS/MHz。

➤ L1 Cache：64KB 的 ICache，64KB 的 DCache。

➤ 4 个 CPU 共享 L2 Cache：4MB。

➤ 超标量，乱序执行，3 发射，8 执行。

➤ 支持 128bit 的向量指令，96GFLOPS@1.5GHz 的通用计算算力。

2．NNA

➤ 采用机器学习加速核，包括可编程通用向量计算加速单元和神经网络推理计算加速模块。

➤ 4 个 NNA，可并行执行不同任务。

➤ 算力可配置，峰值算力达 16TOPS@INT8。

➤ 支持各种常见深度学习网络的硬件加速。

➤ 4 个 NNA 可独立关闭时钟，适应不同低功耗应用场景。

➤ 支持 OpenCL 编程模型，支持 OpenVX 计算机视觉库。

3．高速接口

➤ 1 组 PCIE4.0，4X，16Gb/s/lane。

➤ 1 组 RapidIO2.2，4X，6.25Gb/s/lane。

➤ 1 组 1Gb/s 以太网接口，支持 RGMII 和 SGMII 接口。

➤ 2 组 DDR4，64bit，数据率最高为 3200MT/s。

➤ 4MB 的片上存储器，22.4GB/s。

4．低速接口

➤ 2 组 UART。

➤ 2 组 SPI。

➤ 2 组 I^{2}C。

- 1 组 I^{2}S。
- 1 组 QSPI。
- 1 组 EMMC/SD。
- 64 个 GPIO。
- 8 个 32bit 定时器。
- 1 个看门狗。
- 1 个温度传感器。

5. 典型功耗

典型功耗为 12W。

6. 温度范围

温度范围为-55℃～+125℃。

1.3 智能处理器架构概述

- CPU

CPU 是 SoC 的主控处理器,负责管理和调度整个 SoC 系统的资源(包括 NNA)。CPU 具有 AXI 接口,与高速 AXI 互联网络连接。通过 AXI 总线,CPU 可以访问 2 组 DDR、片上存储器 OCM、BOOT ROM 和 QSPI Flash 存储空间。CPU 上电可以通过配置选择从 BOOT ROM 或 QSPI XIP 程序空间启动运行。

- NNA

NNA 是具备强计算力的硬件加速设备,为深度神经网络、图像处理、向量和矩阵计算提供加速计算。NNA 具备 AXI 接口,可快速访问 DDR、OCM。

- Interconnector

Interconnector 是 SoC 的片上互联总线网络,分为高速互联总线和低速互联总线两部分。

高速互联总线由 AXI 和 AHB 组成,为数据访问提供快速通道。除了 CPU 和 NNA,AXI 高速互联总线上连有高速外设接口和高速存储器接口。其中,高速外设接口分别为 1 组 PCIE、1 组 RapidIO 和 DMAC;高速存储器接口为 2 组 DDR 接口(DDR0、DDR1)和片上 SRAM 存储器(OCM)。

高速互联总线包含 AHB,支持 AHB 接口的设备互联,为设备提供高速数据通道或配置通道。AHB 上的主要设备包括 1000Mb/s 以太网 Giga-Ethernet、BOOT ROM、EMMC/SD、QSPI Flash、系统控制模块(SYS CTL)。

为了满足低速、低功耗设备互联的需求,提供了低速互联总线,包含 APB。由 AHB2APB 桥实现 AHB 到 APB 的转换。APB 支持 APB 接口的设备互联,为低功耗设备提供低速数据通道或配置通道。APB 连接常用低速设备,如 UART、I^{2}C、SPI、

GPIO、TIMER、TEMP SENSOR 等。

- DMAC

DMAC（直接内存操作控制器）起到辅助 CPU 进行数据传输的作用，它可以在存储器之间进行数据传输。DMAC 作为总线协议中的主设备挂接在总线上，存储器作为总线协议的从设备挂接在总线上。当总线配置好 DMAC，控制其开始传输数据后，数据传输过程不需要 CPU 参与。作为从设备挂接在总线上的存储器包括 2 组 DDR、一个 OCM 存储器、一个 QSPI Flash 外设。

- OCM

OCM 是片上 SRAM 存储器，其大小为 4MB。CPU 和 NNA 都可以访问 OCM。OCM 可以保存 CPU 的程序或数据，也可以作为 NNA 的片上存储器，保存 NNA 的数据。

- BOOT ROM

BOOT ROM 保存 CPU 的启动程序。

- Clock & Reset

时钟和复位模块，给所有子模块提供时钟和复位信号。

1.4　片上互联

1. 简介

魂芯 V-A 智能处理器的片上互联结构根据数据的传输速度可以分为两种：高速互联、低速互联。其中，高速互联网络使用了 AXI 通信协议，有多个主设备和多个从设备，用于大数据的高速传输；低速互联网络使用了 AHB 和 APB 通信协议，实现多个功能模块的寄存器配置或数据访问。

2. 系统高速互连设计

魂芯 V-A 智能处理器的高速数据通道互联结构如图 1.4 所示。Interconnector 是一个高速片上互联总线网络，由 AXI 和 AHB 构成。CPU、NNA、DMAC、PCIE、RapidIO、Giga-Ethernet、EMMC/SD 作为互联网络的主设备。互联网络的从设备包括 2 组 DDR（DDR-CTL0 和 DDR-CTL1）、OCM、AXI2AHB 桥。DMAC 作为互联网络的主设备，用于互联网络上从设备存储器之间的数据传输。

Interconnector 的主要功能包括：为 CPU 和 NNA 对 DDR 控制器、OCM 访问提供专用的访问通道；为高速外设接口（如 PCIE、RapidIO）提供访问 DDR 控制器的专用通道；为 DMAC 在 DDR 控制器和 OCM 之间搬运数据提供专用通道。

Interconnector 为 Giga-Ethernet、EMMC/SD 模块访问 DDR 控制器、OCM 提供数据通道。Giga-Ethernet、EMMC/SD 模块内部分别包含一个专用 DMAC，在无须占用 CPU 运行时间的情况下，实现本模块与 DDR、OCM 之间的数据搬运，从而提高本模块的数据搬运响应速度。

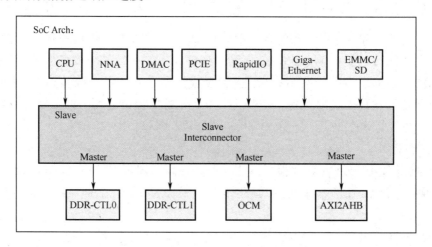

图 1.4   魂芯 V-A 智能处理器的高速数据通道互联结构

魂芯 V-A 智能处理器的 AHB 数据通道互联结构如图 1.5 所示。AHB 数据通道的主要作用是为各种从设备提供数据访问和配置通道。通过 AHB，CPU 可以实现对若干功能模块的寄存器配置或数据访问。

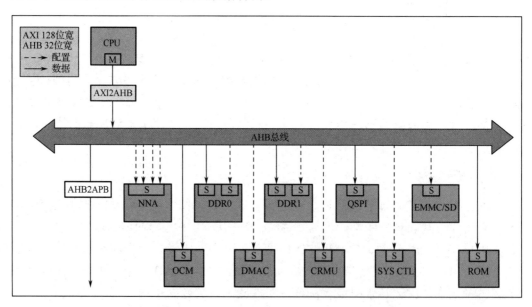

图 1.5   魂芯 V-A 智能处理器的 AHB 数据通道互联结构

通过 AHB，主设备 CPU 可以访问各种从设备的数据空间和配置从设备的配置寄存器。挂接在 AHB 上的从设备接口包括：NNA 的配置接口；DMAC 的配置接口；访问 ROM、OCM、DDR0、DDR1 的数据访问接口；DDR0、DDR1 的配置接口；访问 QSPI Flash XIP 数据空间的访问接口和 QSPI Flash 的配置接口；EMMC/SD 模块的配置接口；时钟复位模块（CRMU）的配置接口；系统控制模块（SYS CTL）的配置接口。AHB 上还有 AHB2APB 的桥，用于挂接 APB 低速总线子系统。

魂芯 V-A 智能处理器的 APB 数据通道互联结构如图 1.6 所示。

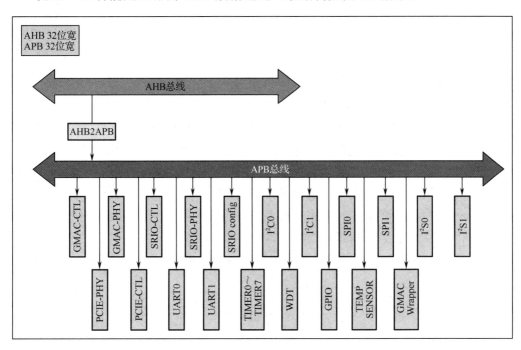

图 1.6　魂芯 V-A 智能处理器的 APB 数据通道互联结构

APB 主要挂接低速外设接口和若干模块的配置接口，主要包括各种低速外设，如 2 组 UART（UART0 和 UART1）、2 组 I^2C（I^2C0 和 I^2C1）、2 组 SPI（SPI0 和 SPI1）、2 组 I^2S（I^2S0 和 I^2S1）、64 针的 GPIO、8 个定时器（TIMER0～TIMER7）、看门狗（WDT）、TEMP SENSOR。CPU 通过 APB 访问各模块。另外，APB 为 GMAC-CTL、GMAC-PHY、SRIO-CTL、SRIO-PHY、PCIE-CTL、PCIE-PHY 模块提供配置通道。

第 2 章　CPU 内核

2.1　概述

魂芯 V-A 智能处理器采用嵌入式高性能 CPU（C910）作为芯片的主控制核，管理各种外部设备资源，并驱动深度神经网络加速部件进行推理计算。

C910 是基于 RISC-V 指令架构的 64 位高性能多核处理器，采用同构多核架构，支持 4 个核，实现了机器模式、超级用户模式、用户模式三层特权级，每个核采用 3 发射 8 执行的超标量架构和多通道数据预取等高性能技术，主要面向对性能要求严格的高端嵌入式应用等场景。C910 架构简图如图 2.1 所示。

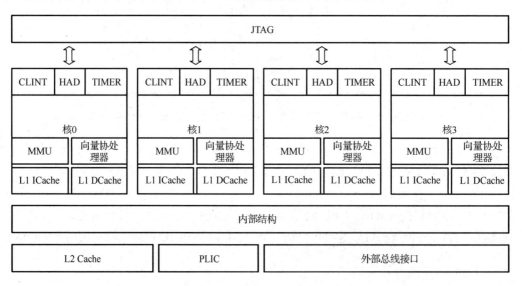

图 2.1　C910 架构简图

2.2　主要特征

（1）C910 处理器体系结构的主要特点如下：

● 同构多核架构，支持 4 个核；

● 两级 Cache 结构，即私有 L1 Cache 和共享 L2 Cache，支持 MESI Cache 一致性协议；

● 每个核的 L1 Cache 被配置为 64KB 的指令 Cache 和 64KB 的数据 Cache；

- 共享的 L2 Cache 被配置为 4MB；
- 内嵌局部中断控制器 CLINT 和公有中断控制器 PLIC；
- 内嵌系统计数器（每个核独享）；
- 支持 JTAG 多核调试。

（2）每个 C910 核的主要特点如下：

- RISC-V64 GCV 指令架构（I/M/A/F/D/C 指令集遵循 RISC-V 标准 2.0 版本，V 指令集遵循 RISCV-V V 标准 0.7 版本）；
- 采用小端模式；
- MMU 遵从 RISC-V SV39 标准，将 39 位虚拟地址转换为 40 位物理地址；
- 扩展了软件回填方式和地址属性；
- 支持 C910 扩展指令集，主要用于 Cache 操作和多核同步操作；
- 流水线深度为 9～12 级；
- 3 发射 8 执行超标量架构，对软件透明；
- 顺序取指、乱序发射、乱序完成、顺序退休；
- 实现物理寄存器的重命名技术，非阻塞发射、投机猜测执行；
- 具有指令预取功能，以及分支预测、间接跳转分支预测等功能；
- 实现双发射、全乱序执行的 LOAD、STORE 指令，支持读写各 8 路并发的总线访问，支持写合并；
- 浮点执行单元支持半精度、单精度和双精度。

2.3　向量协处理器

C910 中的每个核集成一个向量计算单元，遵循 RISC-V V 向量扩展（兼容标准 0.7 版本）；向量单元支持半精度/单精度/双精度浮点和 8 位/16 位/32 位/64 位整型向量运算，存取单元最大数据位宽为 128bit，算力可达 96GFLOPS（每核、@1.5GHz）。

2.4　存储层次结构

C910 的存储视图主要分为 L1 Cache、L2 Cache、片外内存 3 个层次。C910 结合地址属性和访问权限实现了对地址的细粒度访问控制。

2.4.1　内存模型

C910 支持两种内存类型，分别是内存（Memory）和外设（Device）（由 SO 位区分）。其中，内存类型的特点为支持投机执行和乱序执行，根据是否可高速缓存进一步分为可高速缓存内存（Cacheable Memory）和不可高速缓存内存（Non-Cacheable

Memory）。外设类型的特点为不可投机执行且必须按序执行，因此外设一定带有不可高速缓存的属性。外设根据是否可缓存（Bufferable）分为可缓存外设（Bufferable Device）和不可缓存外设（Non-Bufferable Device）。其中，Bufferable 表示 Slave 允许在某个中间节点快速返回写完成；反之，Non-Bufferable 表示 Slave 只有在最终设备真正写完成后才返回写响应。

为了支持多核之间数据共享，C910 增加了可共享的（Shareable）页面（SH）属性。对于可共享的页面，表示多核共享该页面，由硬件维护数据的一致性；对于不可共享的页面，表示其被某个单核独占，不要求硬件维护数据的一致性。但如果不可共享的页面需要在多个核之间共享，则需要软件来维护数据的一致性。可高速缓存内存可以配置可共享的页面属性，而不可高速缓存内存类型的可共享页面属性和外设类型的可共享的页面属性不可配置，固定为可共享。

页面属性的配置有两种方式：

（1）在所有不进行虚拟地址和物理地址转换的情况下，关闭机器模式权限或者 MMU，由硬件配置的 sysmap 决定地址的页面属性。

（2）在所有进行虚拟地址和物理地址转换的情况下，以及打开非机器模式权限且 MMU 时，地址的页面属性有两种配置方式。sysmap 和 C910 在 PTE 中扩展的页面属性，具体取决于 C910 扩展寄存器 MXSTATUS 中的 maee 位是否打开。如果 maee 位打开，地址的页面属性由对应 PTE 中扩展的页面属性决定；如果 maee 位关闭，地址的页面属性由 sysmap 决定。

在本芯片中，sysmap 的硬件配置如表 2.1 所示。

表 2.1　sysmap 的硬件配置

地址段名称	属　　性
BOOT ROM 空间和共享存储器空间	Memory, Cacheable, Bufferable, SH
DDR4_1 和 DDR4_2 数据空间	Memory, Cacheable, Bufferable, SH
外设空间（除以上空间外的所有地址空间）	Device, Non-Cacheable, Non-Bufferable, SH

2.4.2　L1 ICache

L1 ICache 的主要特征如下：

➢ 容量配置为 64KB；
➢ 采用 2 路组相联结构，缓存行（Cacheline）大小为 64B；
➢ 虚拟地址索引、物理地址标记（VIPT）；
➢ 访问数据位宽为 128bit；
➢ 采用先进先出的替换策略；
➢ 支持对整个 ICache 的无效化操作，支持对单条缓存行的无效化操作。

L1 ICache 支持指令预取功能。在当前缓存行访问缺失时，开启下一条连续缓存行的预取，并将预取结果缓存到预取缓冲器中。当指令访问命中预取缓冲器时，直接从缓冲器获取指令并回填 ICache，从而降低取指延迟。指令预取要求预取的缓存行与当前访问的缓存行位于同一页面，否则指令预取功能关闭，保证取指地址的安全。此外，在设计上，取指操作不会访问外部设备（外设）地址空间，避免对敏感的外设造成破坏。L1 ICache 采用路预测技术和短循环检测技术优化了取指的动态功耗。

C910 采用分支历史表对条件分支的跳转方向进行预测。分支历史表的容量为 64KB，使用 BI-MODE 预测器作为预测机制，每周期支持一条分支结果预测。分支历史表进行预测的条件分支指令包括 BEQ、BNE、BLT、BLTU、BGE、BGEU、C.BEQZ、C.BNEZ。C910 使用分支跳转目标预测器对分支指令的跳转目标地址进行预测。分支跳转目标预测器进行预测的分支指令包括 BEQ、BNE、BLT、BLTU、BGE、BGEU、C.BEQZ、C.BNEZ、JAL、C.J。

C910 使用间接分支预测器对间接分支的目标地址进行预测。间接分支指令通过寄存器获取目标地址，一条间接分支指令可包含多个分支目标地址，无法通过传统分支跳转目标预测器进行预测。因此，C910 采用基于分支历史的间接分支预测机制，将间接分支指令的历史目标地址与该分支之前的分支历史信息进行关联，用不同的分支历史信息将同一条间接分支的不同目标地址进行离散，从而实现多个不同目标地址的预测。支持的间接分支指令包括 JALR（源寄存器为 X1、X5 除外）、C.JALR（源寄存器为 X5 除外）、C.JR（源寄存器为 X1、X5 除外）。

在函数调用结束时，C910 使用返回地址预测器快速预测返回地址。返回地址预测器最多支持 12 层函数调用嵌套，超出嵌套次数会导致目标地址预测错误。

C910 实现了快速跳转目标预测器，提高了连续跳转时取指单元的取指效率。当取指单元发生连续跳转时，快速跳转目标预测器将会记录连续跳转的第二条跳转指令的地址和跳转的目标地址。若取指时命中了快速跳转目标预测器，则在第一级发起跳转，减少至少一个周期的性能损失。快速跳转目标预测器进行预测的分支指令包括 BEQ、BNE、BLT、BLTU、BGE、BGEU、C.BEQZ、C.BNEZ、JAL、C.J、函数返回指令。

2.4.3　L1 DCache

L1 DCache 的主要特征如下：

➢ 容量配置为 64KB；

➢ 采用 2 路组相联结构，缓存行（Cacheline）大小为 64B；

➢ 物理地址索引、物理地址标记（PIPT）；

➢ 每次读访问的最大宽度为 128 位，支持字节/半字/字/双字/四字访问；

➢ 每次写访问的最大宽度为 256bit，支持任意字节组合的访问；

➢ 采用先进先出的替换策略；

➢ 支持对整个 DCache 的无效和清除操作，支持对单条缓存行的无效和清除操作。

对于页面属性配置为可共享的且可高速缓存的请求，硬件维护数据在不同核的 L1 DCache 上的一致性；对于页面属性配置为不可共享的且可高速缓存的请求，处理器不维护数据在多个 L1 DCache 上的一致性，如果需要该属性页面在多个核上共享，则要求软件维护数据的一致性。

一般情况下，魂芯 V-A 智能处理器 DDR 空间和共享存储器空间中的数据由硬件维护该数据在不同核的 L1 DCache 上的一致性。如果用户使用 PTE 扩展修改了页面的属性，则需要根据实际修改情况确定维护一致性的手段。

C910 一级 Cache 采用 MESI 协议维护多个处理器 DCache 的一致性。MESI 代表了每个缓存行在 DCache 上的 4 个状态，分别是：

● M，表示缓存行仅位于此 DCache 中，且被写脏（UniqueDirty）；
● E，表示缓存行仅位于此 DCache 中，且是干净的（UniqueClean）；
● S，表示缓存行可能位于多个 DCache 中，且是干净的（ShareClean）；
● I，表示缓存行不在该 DCache 中（Invalid）。

为了减少 DDR 等大内存的存储访问延时，C910 支持数据预取功能。通过检测 DCache 的缺失，匹配出固定的访问模式，然后由硬件自动预取缓存行并回填 L1 DCache。

C910 最多支持 8 个通道的数据预取，并实现了连续预取和间隔预取（stride≤32 个缓存行）这两种不同的预取方式。此外，还实现了正向预取和反向预取（stride 为负数），支持各种可能的访问模式。在处理器执行 DCache 无效和清除操作时，停止数据预取功能。支持数据预取的指令包括 LB、LBU、LH、LHU、LW、LWU、LD、FLW、FLD、LRB、LRH、LRW、LRD、LRBU、LRHU、LRWU、LURB、LURH、LURW、LURD、LURBU、LURHU、LURWU、LBI、LHI、LWI、LDI、LBUI、LHUI、LWUI、LDD、LWD、LWUD。

C910 提供自适应的写分配机制。当处理器检测到连续的内存写入操作时，页面的写分配属性会自动关闭。当执行数据 Cache 的无效或者清除操作时，处理器的自适应写分配机制会被关闭。在高速缓存操作完成后，重新检测内存连续写入行为。支持自适应写分配的指令包括 SB、SH、SW、SD、FSW、FSD、SRB、SRH、SRW、SRD、SURB、SURH、SURW、SURD、SBI、SHI、SWI、SDI、SDD、SWD。

C910 支持独占式的内存访问指令 LR 和 SC，用户可以使用这两条指令构成原子锁等同步原语，实现同一个核不同进程之间或者不同核之间的同步。通过 LR 指令标记需要独占访问的地址，通过 SC 指令判断被标记的地址是否被其他进程抢占。在基于 C910 的系统中，推荐使用 LR 和 SC 指令实现原子锁操作。要求原子锁的地址属性为可高速缓存的。在魂芯 V-A 智能处理器中，位于共享存储器和 DDR 区域的地址单元可以用作原子锁操作。

2.4.4　L2 Cache

L2 Cache 的主要特征如下：

➢ 容量配置为 4MB；

➢ 采用 16 路组相联结构，缓存行大小为 64B；

➢ 物理地址索引、物理地址标记（PIPT）；

➢ 每次访问的最大宽度为 64B；

➢ 采用先进先出的替换策略；

➢ 支持指令预取和 TLB 预取机制。

C910 L2 Cache 采用 MOESI 协议，维护多个处理器 DCache 的一致性。
MOESI 代表了每个缓存行在 DCache 上的 5 个状态，分别是：

● M，表示缓存行仅位于此 DCache 中，且被写脏（UniqueDirty）；

● O，表示缓存行可能位于多个 DCache 中，且被写脏（ShareDirty）；

● E，表示缓存行仅位于此 DCache 中，且是干净的（UniqueClean）；

● S，表示缓存行可能位于多个 DCache 中，且是干净的（ShareClean）；

● I，表示缓存行不在该 DCache 中（Invalid）。

L2 Cache 具有预取功能，能够处理取指与 TLB 访问的预取工作。软件可配的指
令预取数量为 0、1、2、3，所有预取都会回填 L2 Cache；TLB 预取数固定为 1；
预取机制以 4KB 页表为边界，对于预取时发生跨 4KB 边界地址的情况会主动停止
预取。

在处理器复位后，L2 Cache 会自动进行无效化操作，完成操作后 L2 Cache 将被
开启，且不可关闭。值得注意的是，当关闭 L1 Cache 时，L2 Cache 在缺失时不会发
起回填操作（不会发生 L2 Cache 命中的情况）。C910 扩展了 L2 Cache 操作相关的
控制寄存器、指令、清脏表项，以及无效化和读操作。

2.5　内存保护

2.5.1　虚拟内存保护

C910 MMU（Memory Management Unit）兼容 RISC-V SV39 虚拟内存系统，其
作用主要有地址转换、页面保护和页面属性管理。

➢ 地址转换：将虚拟地址转换成物理地址，即将 39 位虚拟地址转换为 40 位物
理地址。

➢ 页面保护：通过对页面访问者进行读写执行权限的检查来进行保护。

➢ 页面属性管理：扩展地址属性位，根据访问地址，获取页面对应属性，供系
统进一步使用。

MMU 的主要功能是将虚拟地址转换为物理地址并进行相应的权限检查，具体的地址映射关系和相应权限由操作系统进行配置，存放于地址转换页表中。C910 采用最多三级页表索引的方式实现地址转换：访问第一级页表得到第二级页表的基地址和相应的权限属性；访问第二级页表得到第三级页表的基地址和相应的权限属性；访问第三级页表得到最终的物理地址和相应的权限属性；每一级访问都有可能得到最终的物理地址，即叶子页表。虚拟页面号（VPN）有 27bit，等分为 3 个 9bit 的 VPN[i](i=0,1,2)，每次访问使用一部分 VPN 进行索引。

页表结构如表 2.2 所示。

表 2.2　页表结构

位　号	描　　述
63	PTE 扩展：SO 位，Strong Order
62	PTE 扩展：C 位，可高速缓存的
61	PTE 扩展：B 位，可缓存的
60	PTE 扩展：SH 位，可共享的
59	PTE 扩展：SEC 位
36:28	VPN[2]
27:19	VPN[1]
18:10	VPN[0]
9:8	Flags.RSW，预留给软件的自定义功能位，默认值为 00
7	Flags.D，Dirty 1'b0：当前页未被写/不可写 1'b1：当前页已经被写/可写
6	Flags.A，Accessed 1'b0：当前页不可访问 1'b1：当前页可访问
5	Flags.G，Global 1'b0：非共享页面，进程号 ASID 私有 1'b1：共享页面
4	Flags.U，User 1'b0：用户模式不可访问，当在用户模式下访问时，出缺页异常 1'b1：用户模式可访问，默认值为 0
3:1	Flags.XWR，可执行、可写、可读
0	Flags.V，Valid 1'b0：当前页没有分配好 1'b1：当前页已分配好

叶子页表的表项内容（由虚拟地址转换得到的物理地址和相应的权限属性）被缓存于 TLB 内以加速地址转换。TLB 将 CPU 访问所使用的虚拟地址作为输入，转换前检查 TLB 的页属性，再输出该虚拟地址所对应的物理地址。C910 MMU 采用两级 TLB，第一级为 uTLB（分 I-uTLB 和 D-uTLB），第二级为 jTLB。uTLB 为全

相联结构，包含 49 个表项（32 个 I-uTLB 和 17 个 D-uTLB）；jTLB 为 4 路相联的 RAM，每路有 512 个表项。

若 uTLB 失配，则访问 jTLB，若 jTLB 进一步失配，MMU 则会启动硬件页面表行走，访问内存得到最终的地址转换结果。若 TLB 命中，则从 TLB 中直接获取物理地址及相关属性；若 TLB 缺失，则地址转换的具体步骤如下。

（1）根据 SATP.PPN 和 VPN[2] 得到一级页表访存地址 {SATP.PPN, VPN[2], 3'b0}，使用该地址访问 DCache/内存，得到 64bit 一级页表 PTE。

（2）检查 PTE 是否符合物理内存保护权限（PMP），若不符合，则产生相应的访问错误异常；若符合，则判断 X/W/R 位是否符合叶子页表条件。若符合叶子页表条件，则说明已经找到最终的物理地址，到第（3）步；若不符合，则到第（1）步，使用 PTE.PPN 拼接下一级 VPN[i]，再拼接 3'b0 得到下一级页表访存地址继续访问 DCache/内存。

（3）找到了叶子页表，结合 PMP 中的 X/W/R/L 位和 pte 中的 X/W/R 位得到两者的最小权限进行权限检查，并将 PTE 的内容回填到 jTLB 中。

（4）在任何一步的 PMP 检查中，如果有权限违反，则根据访问类型产生对应的访问错误异常。

（5）若得到叶子页表，但访问类型违反 A/D/X/W/R/U-bit 的设置，产生对应的缺页异常；若 3 次访问结束仍未得到叶子页表，则产生对应的缺页异常；若访问 Dcache/内存过程中得到访问错误响应，则产生缺页异常。

（6）若得到叶子页表，但访问次数少于 3 次，则说明得到大页表。检查大页表的 VPN 是否按照页表尺寸对齐，若未对齐，则产生缺页异常。

在处理器复位后，硬件会将 uTLB 和 jTLB 的所有表项进行无效化操作，软件无须初始化操作。I-uTLB 有 32 个全相联表项，每个表项可以混合存储 4KB、2MB 和 1GB 三种大小的页面，取指请求命中 I-uTLB 时，可以得到物理地址和相应权限属性。

D-uTLB 有 17 个全相联表项，可以混合存储 4KB、2MB 和 1GB 三种大小的页面，LOAD 和 STORE 请求命中 D-uTLB 时，可以得到物理地址和相应权限属性。

jTLB 为指令和数据共用、4 路相联结构，有 2048 个表项，可以混合存储 4KB、2MB 和 1GB 三种大小的页面。uTLB 缺失、jTLB 命中时，最快 3 拍即可返回物理地址和相应的权限属性。

2.5.2　物理内存保护

C910 物理内存保护（Physical Memory Protection，PMP）遵从 RISC-V 标准。在受保护的系统中，主要有两类资源的访问需要被监视：存储器系统和外围设备。PMP 单元负责对存储器系统（包括外围设备）访问的合法性进行检查，其主要是判定在当前工作模式下 CPU 是否具备对内存地址的读/写/执行权限。

PMP 单元支持 8 个表项，可对区域的访问权限进行设置。每个表项通过 0～7 的号码来标识和索引。

C910 PMP 单元的主要特征有：

➢ 地址划分最小粒度为 4KB；

➢ 支持 OFF、TOR、NAPOT 三种地址匹配模式，不支持 NA4 匹配模式；

➢ 支持可读、可写、可执行三种权限的配置；

➢ PMP 表项支持软件锁。

PMP 配置需要在机器模式下进行。魂芯 V-A 智能处理器已在加载核中对 PMP 进行了正确的设置，设置规则如下：设备类的地址具有读/写权限，训练后的 DDR 区域具有读/写/执行权限，共享存储器区域具有读/写/执行权限；ROM 区域具有读/执行权限。

2.6　中断及异常

2.6.1　处理过程

异常处理（包括指令异常和外部中断）是处理器的一项重要功能，当某些异常事件发生时，处理器转入对这些异常事件的处理。这些异常事件包括硬件错误、指令执行错误、用户程序请求服务等。

异常处理的关键是：异常发生时保存 CPU 当前运行的状态，退出异常处理时恢复异常处理前的状态。异常能够在指令流水线的各个阶段被识别，CPU 硬件会保证后续指令不会改变 CPU 的状态。异常在指令的边界上被处理，即 CPU 在指令退休时响应异常，并保存退出异常处理时将被执行指令的地址。即使异常指令退休前被识别，异常也要在相应的指令退休时才会被处理。为了程序功能的正确性，CPU 在异常处理结束后要避免重复执行已执行完成的指令。

以在机器模式下响应异常为例，具体步骤如下所示。

第一步：处理器保存 PC 到 MEPC 寄存器中。

第二步：根据发生的异常类型设置 MCAUSE 寄存器，并将 MTVAL 寄存器中的内容更新为出错的取指地址、存储/加载地址或者指令码。

第三步：将 MSTATUS 寄存器中的中断使能位 MIE 保存到 MPIE 寄存器中，将 MIE 清零，禁止响应中断。

第四步：将发生异常之前的权限模式保存到 MSTATUS 寄存器的 MPP 中，切换到机器模式。

第五步：根据 MTVEC 寄存器中的基址和模式，得到异常服务程序的入口地址。处理器从异常服务程序的第一条指令处开始执行，进行异常的处理。

C910 遵从 RISC-V 标准的异常向量表如表 2.3 所示。

表 2.3　C910 遵从 RISC-V 标准的异常向量表

中 断 标 记	向 量 号	描　　述
1	0	未实现
1	1	超级用户模式软件中断
1	2	保留
1	3	机器模式软件中断
1	4	未实现
1	5	超级用户模式计数器中断
1	6	保留
1	7	机器模式计数器中断
1	8	未实现
1	9	超级用户模式外部中断
1	10	保留
1	11	机器模式外部中断
1	16	L1 缓存 ECC 中断
1	17	性能检测溢出中断
1	其他	保留
0	0	未实现
0	1	取指指令访问错误异常
0	2	非法指令异常
0	3	调试断点异常
0	4	加载指令非对齐访问异常
0	5	加载指令访问错误异常
0	6	存储/原子指令非对齐访问异常
0	7	存储/原子指令访问错误异常
0	8	用户模式环境调用异常
0	9	超级用户模式环境调用异常
0	10	保留
0	11	机器模式环境调用异常
0	12	取指页面错误异常
0	13	加载指令页面错误异常
0	14	保留
0	15	存储/原子指令页面错误异常
0	其他	保留

当同时发生多个中断请求时，各中断的优先级固定排序为 L1 缓存 ECC 中断→机器模式外部中断→机器模式软件中断→机器模式计数器中断→超级用户模式外部中断→超级用户模式软件中断→超级用户模式外部中断→性能检测溢出中断。

发生异常或者中断且在机器模式下响应时，处理器会保存 PC 到 MEPC 寄存器，并根据异常类型更新 MTVAL 寄存器中的内容。发生中断时，将 MEPC 寄存器中的内容更新为下一条指令的 PC，将 MTVAL 寄存器中内容更新 MTVAL 为 0。发生异常时，将 MEPC 寄存器中的内容更新为发生异常的 PC，将 MTVAL 寄存器中的内容根据不同异常类型进行更新。

C910 支持异常和中断的降级响应（Delegation）。在超级用户模式下发生异常或者中断时，处理器需要切换到机器模式下去响应，模式切换会造成处理器性能的损失。Delegation 机制支持配置中断和异常在超级用户模式下被响应。其中，在机器模式下发生的异常不受 Delegation 控制，只在机器模式下响应。机器模式外部中断、机器模式软件中断、机器模式计数器中断不支持降级到超级用户模式下而被响应，其他中断均可以被降级到超级用户模式下被响应。在机器模式下不响应被降级的中断。

在超级用户模式和用户模式下均可响应所有符合条件的中断和异常。对于未被降级的中断和异常，进入机器模式进行处理，更新机器模式异常处理寄存器。对于被降级的中断和异常，均在超级用户模式下被响应，更新超级用户模式异常处理寄存器。

2.6.2 局部中断控制器

C910 实现了处理器核局部中断控制器（以下简称 CLINT），其是一个内存地址映射的模块，用于处理软件中断和计数器中断。

CLINT 占据 64KB 的内存空间，在魂芯 V-A 智能处理器中，其起始地址为 0x5000000000。CLINT 低 27 位地址映射如表 2.4 所示。所有寄存器仅支持字对齐的访问。

表 2.4　CLINT 低 27 位地址映射

地　　址	名　　称	类　　型	初　始　值	描　　述
0x4000000	MSIP0	读/写	0x00000000	核 0 中的机器模式软件中断 高位绑 0，bit[0]有效
0x4000004	MSIP1	读/写	0x00000000	核 1 中的机器模式软件中断 配置寄存器高位绑 0，bit[0]有效
0x4000008	MSIP2	读/写	0x00000000	核 2 中的机器模式软件中断 配置寄存器高位绑 0，bit[0]有效
0x400000C	MSIP3	读/写	0x00000000	核 3 中的机器模式软件中断 配置寄存器高位绑 0，bit[0]有效
保留				

续表

地　址	名　称	类　型	初　始　值	描　述
0x4004000	MTIMECMPL0	读/写	0xFFFFFFFF	核 0 中的机器模式时钟计数器 比较值寄存器（低 32 位）
0x4004004	MTIMECMPH0	读/写	0xFFFFFFFF	核 0 中的机器模式时钟计数器 比较值寄存器（高 32 位）
0x4004008	MTIMECMPL1	读/写	0xFFFFFFFF	核 1 中的机器模式时钟计数器 比较值寄存器（低 32 位）
0x400400C	MTIMECMPH1	读/写	0xFFFFFFFF	核 1 中的机器模式时钟计数器 比较值寄存器（高 32 位）
0x4004010	MTIMECMPL2	读/写	0xFFFFFFFF	核 2 中的机器模式时钟计数器 比较值寄存器（低 32 位）
0x4004014	MTIMECMPH2	读/写	0xFFFFFFFF	核 2 中的机器模式时钟计数器 比较值寄存器（高 32 位）
0x4004018	MTIMECMPL3	读/写	0xFFFFFFFF	核 3 中的机器模式时钟计数器 比较值寄存器（低 32 位）
0x400401C	MTIMECMPH3	读/写	0xFFFFFFFF	核 3 中的机器模式时钟计数器 比较值寄存器（高 32 位）
保留				
0x400C000	SSIP0	读/写	0x00000000	核 0 中的超级用户模式软件中断 高位绑 0，bit[0]有效
0x400C004	SSIP1	读/写	0x00000000	核 1 中的超级用户模式软件中断 配置寄存器高位绑 0，bit[0]有效
0x400C008	SSIP2	读/写	0x00000000	核 2 中的超级用户模式软件中断 配置寄存器高位绑 0，bit[0]有效
0x400C00C	SSIP3	读/写	0x00000000	核 3 中的超级用户模式软件中断 配置寄存器高位绑 0，bit[0]有效
保留				
0x400D000	STIMECMPL0	读/写	0xFFFFFFFF	核 0 中的超级用户模式时钟计数器 比较值寄存器（低 32 位）
0x400D004	STIMECMPH0	读/写	0xFFFFFFFF	核 0 中的超级用户模式时钟计数器 比较值寄存器（高 32 位）
0x400D008	STIMECMPL1	读/写	0xFFFFFFFF	核 1 中的超级用户模式时钟计数器 比较值寄存器（低 32 位）
0x400D00C	STIMECMPH1	读/写	0xFFFFFFFF	核 1 中的超级用户模式时钟计数器 比较值寄存器（高 32 位）
0x400D010	STIMECMPL2	读/写	0xFFFFFFFF	核 2 中的超级用户模式时钟计数器 比较值寄存器（低 32 位）
0x400D014	STIMECMPH2	读/写	0xFFFFFFFF	核 2 中的超级用户模式时钟计数器 比较值寄存器（高 32 位）
0x400D018	STIMECMPL3	读/写	0xFFFFFFFF	核 3 中的超级用户模式时钟计数器 比较值寄存器（低 32 位）
0x400D01C	STIMECMPH3	读/写	0xFFFFFFFF	核 3 中的超级用户模式时钟计数器 比较值寄存器（高 32 位）
保留				

（1）CLINT 可用于生成软件中断：软件中断通过配置地址映射的软件中断配置寄存器进行控制。其中，机器模式软件中断由机器模式软件中断配置寄存器（MSIP）控制，超级用户模式软件中断由超级用户模式软件中断配置寄存器（SSIP）控制。用户可通过将 SIP 位置 1 的方式产生软件中断，可通过将 SIP 位清零的方式清除软件中断。其中，CLINT 对于超级用户模式软件中断请求，CLINT 仅在对应核使能 CLINTEE 位时有效。CLINT 在机器模式下拥有修改访问所有软件中断相关寄存器的权限；CLINT 在超级用户模式下仅具有修改访问超级用户模式软件中断配置寄存器（SSIP）的权限；CLINT 在普通用户模式下没有修改访问寄存器的权限。

（2）CLINT 可用于生成计数器中断：在多核系统中仅存在一个 64 位的系统计数器（MTIME），该系统计数器不可写，仅能通过 RESET 清零。系统计数器的当前值可通过读取 PMU 的 TIME 寄存器获取。每一个核均有一组 64 位的机器模式时钟计数器比较值寄存器（MTIMECMPL）和一组 64 位的超级用户模式时钟计数器比较值寄存器（STIMECMPL）。这些寄存器均可以通过地址字对齐访问的方式分别修改其高 32 位或低 32 位。CLINT 通过比较{CMPH[31:0],CMPL[31:0]}与系统计数器的当前值，确定是否产生计数器中断。当{CMPH[31:0],CMPL[31:0]}大于系统计数器的值时，不产生中断；当{CMPH[31:0],CMPL[31:0]}小于或等于系统计数器的值时，CLINT 产生对应的计数器中断。软件可通过改写 MTIMECMP/STIMECMP 的值来清除对应的计数器中断。

2.6.3　平台级别中断控制器

平台级别中断控制器（Platform Level Interrupt Controller，PLIC）仅用于对外部中断源进行采样、优先级仲裁和分发。C910 实现的 PLIC 基本功能如下：

（1）最多支持 4 个核的中断分发；

（2）支持 144 个中断源采样，支持电平中断、脉冲中断；

（3）32 个级别的中断优先级；

（4）每个中断目标的中断使能独立维护；

（5）每个中断目标的中断阈值独立维护；

（6）PLIC 寄存器访问权限可配置。

PLIC 的工作机制包括 3 部分：中断仲裁、中断请求与响应、中断完成。

在 PLIC 中，只有符合条件的中断源才会参与对某个中断目标的仲裁。满足的条件如下：

● 中断源处于等待状态（IP=1）；

● 中断优先级大于 0；

● 对于该中断目标的使能位打开。

当 PLIC 中对于某个中断目标有多个中断处于挂起状态时，PLIC 仲裁出优先级最高的中断。在 C910 的 PLIC 实现中，机器模式中断的优先级始终高于超级用户模式中断的优先级。当模式相同时，优先级配置寄存器的值越大，优先级则越高。优先级为 0 的中断无效，若多个中断拥有相同的优先级，则优先处理 ID 较小的中断。PLIC 会将仲裁结果以中断 ID 的形式更新到对应中断目标的中断响应/完成寄存器中。

当 PLIC 对特定中断目标存在有效中断请求，且优先级大于该中断目标的中断阈值时，会向该中断目标发起中断请求。当该中断目标收到中断请求，且可响应该中断请求时，需要向 PLIC 发送中断响应消息。中断响应机制如下：

● 中断目标向其对应的中断响应/完成寄存器发起一个读操作，该读操作将返回一个 ID，表示当前 PLIC 仲裁出的中断 ID。中断目标根据所获得的 ID 进行下一步处理。如果获得的中断 ID 为 0，表示没有有效中断请求，中断目标结束中断处理。

● 当 PLIC 收到中断目标发起的读操作，且返回相应 ID 后，会将该 ID 对应的中断源 IP 位清零，并在中断完成之前屏蔽该中断源的后续采样。

对于中断目标，当其完成中断处理后，需要向 PLIC 发送中断完成消息。中断完成机制如下：

● 中断目标向中断响应/完成寄存器发起写操作，写操作的值为本次完成的中断 ID。如果中断类型为电平中断，还须清除外部中断源。

● PLIC 收到该中断完成请求后，不更新中断响应/完成寄存器，解除 ID 对应的中断源采样屏蔽，结束整个中断处理过程。

PLIC 同样采用内存地址映射的方式进行访问，在魂芯 V-A 智能处理器中，其起始地址为 0x5000000000。PLIC 低 27 位地址映射如表 2.5 所示。所有寄存器仅支持字对齐的访问。注意，C910 的中断号 1～15 是保留的，编程使用的中断号为 16～159。不可对不在表 2.5 中所列的地址进行读/写操作。

表 2.5　PLIC 低 27 位地址映射

地　　址	名　　称	类　　型	描　　述
0x4～0x27C	PLIC_PRIO1～ PLIC_PRIO159	读/写	中断源 1～159 优先级配置寄存器
0x1000～0x1014	PLIC_IP0～PLIC_IP5	读/写	中断源 1～159 中断等待寄存器
0x2000～0x2014	PLIC_H0_MIE0～ PLIC_H0_MIE5	读/写	核 0　1～159 中断　机器模式中断使能寄存器
0x2080～0x2094	PLIC_H0_SIE0～ PLIC_H0_SIE5	读/写	核 0　1～159 中断　超级用户模式中断使能寄存器
0x2100～0x2114	PLIC_H1_MIE0～ PLIC_H1_MIE5	读/写	核 1　1～159 中断　机器模式中断使能寄存器
0x2180～0x2194	PLIC_H1_SIE0～ PLIC_H1_SIE5	读/写	核 1　1～159 中断　超级用户模式中断使能寄存器

地 址	名 称	类 型	描 述
0x2200~0x2214	PLIC_H2_MIE0~ PLIC_H2_MIE5	读/写	核 2 1~159 中断 机器模式中断使能寄存器
0x2280~0x2294	PLIC_H2_SIE0~ PLIC_H2_SIE5	读/写	核 2 1~159 中断 超级用户模式中断使能寄存器
0x2300~0x2314	PLIC_H3_MIE0~ PLIC_H3_MIE5	读/写	核 3 1~159 中断 机器模式中断使能寄存器
0x2380~0x2394	PLIC_H3_SIE0~ PLIC_H3_SIE5	读/写	核 3 1~159 中断 超级用户模式中断使能寄存器
0x01FFFFC	PLIC_PRIO	读/写	PLIC 权限控制寄存器
0x0200000	PLIC_H0_MTH	读/写	核 0 中的机器模式中断阈值寄存器
0x0200004	PLIC_H0_MCLAIM	读/写	核 0 中的机器模式中断响应/完成寄存器
0x0201000	PLIC_H0_STH	读/写	核 0 中的超级用户模式中断阈值寄存器
0x0201004	PLIC_H0_SCLAIM	读/写	核 0 中的超级用户模式中断响应/完成寄存器
0x0202000	PLIC_H1_MTH	读/写	核 1 中的机器模式中断阈值寄存器
0x0202004	PLIC_H1_MCLAIM	读/写	核 1 中的机器模式中断响应/完成寄存器
0x0203000	PLIC_H1_STH	读/写	核 1 中的超级用户模式中断阈值寄存器
0x0203004	PLIC_H1_SCLAIM	读/写	核 1 中的超级用户模式中断响应/完成寄存器
0x0204000	PLIC_H2_MTH	读/写	核 2 中的机器模式中断阈值寄存器
0x0204004	PLIC_H2_MCLAIM	读/写	核 2 中的机器模式中断响应/完成寄存器
0x0205000	PLIC_H2_STH	读/写	核 2 中的超级用户模式中断阈值寄存器
0x0205004	PLIC_H2_SCLAIM	读/写	核 2 中的超级用户模式中断响应/完成寄存器
0x0206000	PLIC_H3_MTH	读/写	核 3 中的机器模式中断阈值寄存器
0x0206004	PLIC_H3_MCLAIM	读/写	核 3 中的机器模式中断响应/完成寄存器
0x0207000	PLIC_H3_STH	读/写	核 3 中的超级用户模式中断阈值寄存器
0x0207004	PLIC_H3_SCLAIM	读/写	核 3 中的超级用户模式中断响应/完成寄存器

2.7 调试接口

调试接口是软件与处理器交互的通道。用户可以通过调试接口获取 CPU 寄存器及存储器中的内容，包括其他的片上设备信息。此外，下载程序等操作也可以通过调试接口完成。

C910 支持兼容 IEEE 1149.1 标准的 JTAG 通信协议（通称 JTAG5），可以同已有的 JTAG 部件或独立的 JTAG 控制器集成在一起。

调试接口的主要特性如下：

➤ 使用标准的 JTAG 接口进行调试；

➤ 支持同步调试和异步调试，保证在极端恶劣情况下使处理器进入调试模式；

> 支持软断点；
> 可以设置多个内存断点；
> 检查和设置 CPU 寄存器的值；
> 检查和改变内存值；
> 可进行指令单步执行或多步执行；
> 快速下载程序；
> 可在 CPU 复位之后进入调试模式。

C910 的调试工作是调试软件、调试代理服务程序、调试器和调试接口一起配合完成的。调试软件和调试代理服务程序通过网络互联，调试代理服务程序与调试器通过 USB 接口连接，调试器与 CPU 的调试接口以 JTAG 模式通信。

2.8　指令集

C910 指令集包含标准指令集和扩展指令集。其中，标准指令集指 RISC-V 标准规定的指令集，含 I、M、A、F、D、C、V，扩展指令集为 C910 扩展，主要用于 Cache 操作和多核同步操作。

2.8.1　标准指令集

RV64 I 整型指令集如表 2.6 所示。

表 2.6　RV64 I 整型指令集

类　别	指　令	描　述
加减法指令	ADD	有符号加法指令
	ADDW	低 32 位有符号加法指令
	ADDI	有符号立即数加法指令
	ADDIW	低 32 位有符号立即数加法指令
	SUB	有符号减法指令
	SUBW	低 32 位有符号减法指令
逻辑操作指令	AND	按位与指令
	ANDI	立即数按位与指令
	OR	按位或指令
	ORI	立即数按位或指令
	XOR	按位异或指令
	XORI	立即数按位异或指令
移位指令	SLL	逻辑左移指令
	SLLW	低 32 位逻辑左移指令
	SLLI	立即数逻辑左移指令

类　别	指　令	描　述
移位指令	SLLIW	低 32 位立即数逻辑左移指令
	SRL	逻辑右移指令
	SRLW	低 32 位逻辑右移指令
	SRLI	立即数逻辑右移指令
	SRLIW	低 32 位立即数逻辑右移指令
	SRA	算术右移指令
	SRAW	低 32 位算术右移指令
	SRAI	立即数算术右移指令
	SRAIW	低 32 位立即数算术右移指令
比较指令	SLT	有符号比较小于置位指令
	SLTU	无符号比较小于置位指令
	SLTI	有符号立即数比较小于置位指令
	SLTIU	无符号立即数比较小于置位指令
数据传输指令	LUI	高位立即数装载指令
	AUIPC	PC 高位立即数加法指令
分支跳转指令	BEQ	相等分支指令
	BNE	不等分支指令
	BLT	有符号小于分支指令
	BGE	有符号大于或等于分支指令
	BLTU	无符号小于分支指令
	BGEU	无符号大于或等于分支指令
	JAL	直接跳转子程序指令
	JALR	寄存器跳转子程序指令
内存存取指令	LB	有符号扩展字节加载指令
	LBU	无符号扩展字节加载指令
	LH	有符号扩展半字加载指令
	LHU	无符号扩展半字加载指令
	LW	有符号扩展字加载指令
	LWU	无符号扩展字加载指令
	LD	双字加载指令
	SB	字节存储指令
	SH	半字存储指令
	SW	字存储指令
	SD	双字存储指令

续表

类　别	指　令	描　述
控制寄存器操作指令	CSRRW	控制寄存器读写传送指令阻塞执行
	CSRRS	控制寄存器置位传送指令
	CSRRC	控制寄存器清零传送指令
	CSRRWI	控制寄存器立即数读写传送指令
	CSRRSI	控制寄存器立即数置位传送指令
	CSRRCI	控制寄存器立即数清零传送指令
低功耗指令	WFI	进入低功耗等待模式指令
异常返回指令	MRET	机器模式异常返回指令
	SRET	超级用户模式异常返回指令
特殊功能指令	FENCE	存储同步指令
	FENCE.I	指令流同步指令
	SFENCE.VMA	虚拟内存同步指令
	ECALL	环境异常指令
	EBREAK	断点指令

RV64 M 整型乘除法指令集如表 2.7 所示。

表 2.7　RV64 M 整型乘除法指令集

指　令	描　述
MUL	有符号乘法指令
MULW	低 32 位有符号乘法指令
MULH	有符号乘法取高位指令
MULHS	有符号无符号乘法取高位指令
MULHU	无符号乘法取高位指令
DIV	有符号除法指令
DIVW	低 32 位有符号除法指令
DIVU	无符号除法指令
DIVUW	低 32 位无符号除法指令
REM	有符号取余指令
REMW	低 32 位有符号取余指令
REMU	无符号取余指令
REMUW	低 32 位无符号取余指令

RV64 A 原子指令集如表 2.8 所示。

表 2.8　RV64 A 原子指令集

指　　令	描　　述
LR.W	字加载保留指令
LR.D	双字加载保留指令
SC.W	字条件存储指令
SC.D	双字条件存储指令
AMOSWAP.W	低 32 位原子交换指令
AMOSWAP.D	原子交换指令
AMOADD.W	低 32 位原子加法指令
AMOADD.D	原子加法指令
AMOXOR.W	低 32 位原子按位异或指令
AMOXOR.D	原子按位异或指令
AMOAND.W	低 32 位原子按位与指令
AMOAND.D	原子按位与指令
AMOOR.W	低 32 位原子按位或指令
AMOOR.D	原子按位或指令
AMOMIN.W	低 32 位原子有符号取最小值指令
AMOMIN.D	原子有符号取最小值指令
AMOMAX.W	低 32 位原子有符号取最大值指令
AMOMAX.D	原子有符号取最大值指令
AMOMINU.W	低 32 位原子无符号取最小值指令
AMOMINU.D	原子无符号取最小值指令
AMOMAXU.W	低 32 位原子无符号取最大值指令
AMOMAXU.D	原子无符号取最大值指令

RV64 F 单精度浮点指令集如表 2.9 所示。

表 2.9　RV64 F 单精度浮点指令集

类　　别	指　　令	描　　述
运算指令	FADD.S	单精度浮点加法指令
	FSUB.S	单精度浮点减法指令
	FMUL.S	单精度浮点乘法指令
	FMADD.S	单精度浮点乘累加指令
	FMSUB.S	单精度浮点乘累减指令
	FNMADD.S	单精度浮点乘累加取负指令
	FNMSUB.S	单精度浮点乘累减取负指令

续表

类　　别	指　　令	描　　述
运算指令	FDIV.S	单精度浮点除法指令
	FSQRT.S	单精度浮点开方指令
符号注入指令	FSGNJ.S	单精度浮点符号注入指令
	FSGNJN.S	单精度浮点符号取反注入指令
	FSGNJX.S	单精度浮点符号异或注入指令
数据传输指令	FMV.X.W	单精度浮点读传输指令
	FMV.W.X	单精度浮点写传输指令
比较指令	FMIN.S	单精度浮点取最小值指令
	FMAX.S	单精度浮点取最大值指令
	FEQ.S	单精度浮点比较相等指令
	FLT.S	单精度浮点比较小于指令
	FLE.S	单精度浮点比较小于或等于指令
数据类型转换指令	FCVT.W.S	单精度浮点转换成有符号整型指令
	FCVT.WU.S	单精度浮点转换成无符号整型指令
	FCVT.S.W	有符号整型转换成单精度浮点指令
	FCVT.S.WU	无符号整型转换成单精度浮点指令
	FCVT.L.S	单精度浮点转换成有符号长整型指令
	FCVT.LU.S	单精度浮点转换成无符号长整型指令
	FCVT.S.L	有符号长整型转换成单精度浮点指令
	FCVT.S.LU	无符号长整型转换成单精度浮点指令
内存存储指令	FLW	单精度浮点加载指令
	FSW	单精度浮点存储指令
浮点数分类指令	FCLASS.S	单精度浮点分类指令

RV64 D 双精度浮点指令集如表 2.10 所示。

表 2.10　RV64 D 双精度浮点指令集

类　　别	指　　令	描　　述
运算指令	FADD.D	双精度浮点加法指令
	FSUB.D	双精度浮点减法指令
	FMUL.D	双精度浮点乘法指令
	FMADD.D	双精度浮点乘累加指令
	FMSUB.D	双精度浮点乘累减指令
	FNMSUB.D	双精度浮点乘累加取反指令
	FNMADD.D	双精度浮点乘累减取反指令

续表

类　别	指　令	描　述
运算指令	FDIV.D	双精度浮点除法指令
	FSQRT.D	双精度浮点开方指令
符号注入指令	FSGNJ.D	双精度浮点符号注入指令
	FSGNJN.D	双精度浮点符号取反注入指令
	FSGNJX.D	双精度浮点符号异或注入指令
数据传输指令	FMV.X.D	双精度浮点读传输指令
	FMV.D.X	双精度浮点写传输指令
比较指令	FMIN.D	双精度浮点取最小值指令
	FMAX.D	双精度浮点取最大值指令
	FEQ.D	双精度浮点比较相等指令
	FLT.D	双精度浮点比较小于指令
	FLE.D	双精度浮点比较小于或等于指令
数据类型转换指令	FCVT.S.D	双精度浮点转换成单精度浮点指令
	FCVT.D.S	单精度浮点转换成双精度浮点指令
	FCVT.W.D	双精度浮点转换成有符号整型指令
	FCVT.WU.D	双精度浮点转换成无符号整型指令
	FCVT.D.W	有符号整型转换成双精度浮点指令
	FCVT.D.WU	无符号整型转换成双精度浮点指令
	FCVT.L.D	双精度浮点转换成有符号长整型指令
	FCVT.LU.D	双精度浮点转换成无符号长整型指令
	FCVT.D.L	有符号长整型转换成双精度浮点指令
	FCVT.D.LU	无符号长整型转换成双精度浮点指令
内存存储指令	FLD	双精度浮点加载指令
	FSD	双精度浮点存储指令
浮点数分类指令	FCLASS.D	双精度浮点分类指令

RV C 压缩指令集如表 2.11 所示。

表 2.11　RV C 压缩指令集

类　别	指　令	描　述
加减法指令	C.ADD	有符号加法指令
	C.ADDW	低 32 位有符号加法指令
	C.ADDI	有符号立即数加法指令
	C.ADDIW	低 32 位有符号立即数加法指令
	C.SUB	有符号减法压缩指令

续表

类　别	指　令	描　述
加减法指令	C.SUBW	低 32 位有符号减法压缩指令
	C.ADDI16SP	加 16 倍立即数到堆栈指针
	C.ADDI4SPN	4 倍立即数和堆栈指针相加
逻辑操作指令	C.AND	按位与指令
	C.ANDI	立即数按位与指令
	C.OR	按位或指令
	C.XOR	按位异或指令
移位指令	C.SLLI	立即数逻辑左移指令
	C.SRLI	立即数逻辑右移指令
	C.SRAI	立即数算术右移指令
数据传输指令	C.MV	数据传送指令
	C.LI	低位立即数传输指令
	C.LUI	高位立即数传输指令
分支跳转指令	C.BEQZ	等于零分支指令
	C.BNEZ	不等于零分支指令
	C.J	无条件跳转指令
	C.JR	寄存器跳转指令
	C.JALR	寄存器跳转子程序指令
立即数偏移存取指令	C.LW	字加载指令
	C.SW	字存储指令
	C.LWSP	字堆栈加载指令
	C.SWSP	字堆栈存储指令
	C.LD	双字加载指令
	C.SD	双字存储指令
	C.LDSP	双字堆栈加载指令
	C.SDSP	双字堆栈存储指令
	C.FLD	双精度加载指令
	C.FSD	双精度存储指令
	C.FLDSP	双精度堆栈存储指令
	C.FSDSP	双精度堆栈加载指令
特殊指令	C.NOP	空指令
	C.EBREAK	断点指令

RV V 向量指令集如表 2.12 所示。

表 2.12　RV V 向量指令集

类　别	指　令	描　述
向量控制指令	VSETVL	寄存器设置 VL 和 VTYPE 指令
	VSETVLI	立即数设置 VL 和 VTYPE 指令
向量 MISC 指令	VAND.VV	向量按位与指令
	VAND.VI	向量立即数按位与指令
	VOR.VV	向量按位或指令
	VOR.VI	向量立即数按位或指令
	VXOR.VV	向量按位异或指令
	VXOR.VI	向量立即数按位异或指令
	VMERGE.VVM	向量元素选择指令
	VMERGE.VXM	向量标量元素选择指令
	VMERGE.VIM	向量立即数元素选择指令
	VMV.V.V	向量元素传送指令
	VMV.V.X	整型传送至向量指令
	VMV.V.I	立即数传送至向量指令
	VMAND.MM	向量掩码运算与指令
	VMNAND.MM	向量掩码运算与非指令
	VMANDNOT.MM	向量掩码运算非与指令
	VMXOR.MM	向量掩码运算异或指令
	VMOR.MM	向量掩码运算或指令
	VMNOR.MM	向量掩码运算或非指令
	VMORNOT.MM	向量掩码运算非或指令
	VMXNOR.MM	向量掩码运算同或指令
	VMPOPC.M	向量运算元素个数统计指令
	VMFIRST.M	向量掩码运算快速查找 1 指令
	VMSBF.M	向量掩码找 1 置位不包含指令
	VMSIF.M	向量掩码找 1 置位包含指令
	VMSOF.M	向量掩码找 1 单独置位指令
	VIOTA.M	向量激活元素统计指令
	VID.V	向量激活元素索引求解指令
	VAND.VX	向量标量按位与指令拆分执行
	VOR.VX	向量标量按位或指令
	VXOR.VX	向量标量按位异或指令
	VREDSUM.VS	向量缩减累加指令

续表

类　　别	指　　令	描　　述
向量 MISC 指令	VREDMAXU.VS	向量缩减无符号最大值指令
	VREDMAX.VS	向量缩减有符号最大值指令
	VREDMINU.VS	向量缩减无符号最小值指令
	VREDMIN.VS	向量缩减有符号最小值指令
	VREDAND.VS	向量缩减按位与指令
	VREDOR.VS	向量缩减按位或指令
	VREDXOR.VS	向量缩减按位异或指令
	VWREDSUMU.VS	向量缩减无符号扩位累加指令
	VWREDSUM.VS	向量缩减有符号扩位累加指令
向量乘法乘累加指令	VMUL.VV	向量整型乘法取低位指令
	VMULH.VV	向量整型有符号乘法取高位指令
	VMULHU.VV	向量整型无符号乘法取高位指令
	VMULHSU.VV	向量整型有符号乘无符号取高位指令
	VSMUL.VV	向量带饱和乘法指令
	VWMULU.VV	向量无符号扩位乘法指令
	VWMUL.VV	向量有符号扩位乘法指令
	VWMULSU.VV	向量有符号无符号扩位乘法指令
	VMACC.VV	覆盖加数向量低位乘累加指令
	VNMSAC.VV	覆盖被减数向量低位乘累减取负指令
	VMADD.VV	覆盖被乘数向量低位乘累加指令
	VNMSUB.VV	覆盖被乘数向量低位乘累减取负指令
	VWMACCU.VV	覆盖加数向量无符号扩位乘累加指令
	VWMACC.VV	覆盖加数向量有符号扩位乘累加指令
	VWMACCSU.VV	覆盖加数向量有符号无符号扩位乘累加指令
	VWMACCUS.VV	覆盖加数向量标量无符号有符号扩位乘累加指令
	VWSMACCU.VV	向量无符号带饱和扩位乘累加指令
	VWSMACC.VV	向量有符号带饱和扩位乘累加指令
	VWSMACCSU.VV	向量带饱和有符号无符号扩位乘累减取负指令
	VWSMACCUS.VX	向量标量带饱和有符号无符号扩位乘累减取负指令
	VMUL.VX	向量标量整型乘法取低位指令拆分执行
	VMULH.VX	向量标量有符号乘法取高位指令
	VMULHU.VX	向量标量无符号乘法取高位指令
	VMULHSU.VX	向量标量有符号无符号乘法取高位指令

续表

类　别	指　令	描　述
向量乘法乘累加指令	VWMULU.VX	向量标量无符号扩位乘法指令
	VWMUL.VX	向量标量有符号扩位乘法指令
	VWMULSU.VX	向量标量有符号无符号扩位指令
	VSMUL.VX	向量标量带饱和乘法指令
	VMACC.VX	覆盖加数向量标量低位乘累加指令
	VNMSAC.VX	覆盖被减数向量标量低位乘累减取负指令
	VMADD.VX	覆盖被乘数向量标量低位乘累加低位指令
	VNMSUB.VX	覆盖被乘数向量标量低位乘累减取负指令
	VWMACCU.VX	向量标量无符号乘累加指令
	VWMACC.VX	向量标量有符号乘累加指令
	VWMACCSU.VX	向量标量有符号无符号乘累加指令
	VWMACCUS.VX	向量标量无符号有符号乘累加指令
	VWSMACCU.VX	向量标量无符号带饱和乘累加指令
	VWSMACC.VX	向量标量有符号带饱和乘累加指令
	VWSMACCSU.VX	向量标量带饱和有符号无符号扩位乘累减取负指令
	VWSMACCUS.VX	向量标量带饱和无符号有符号扩位乘累减取负指令
向量移位指令	VSLL.VV	向量逻辑左移指令
	VSLL.VI	向量按立即数逻辑左移指令
	VSRL.VV	向量逻辑右移指令
	VSRL.VI	向量按立即数逻辑右移指令
	VSRA.VX	向量算术右移指令
	VSRA.VI	向量按立即数算术右移指令
	VNSRL.VV	向量缩位逻辑右移指令
	VNSRL.VI	向量按立即数缩位逻辑右移指令
	VNSRA.VV	向量缩位算术右移指令
	VNSRA.VI	向量按立即数缩位算术右移指令
	VSSRL.VV	向量带近似逻辑右移指令
	VSSRL.VI	向量带近似按立即数逻辑右移指令
	VSSRA.VV	向量带近似算术右移指令
	VSSRA.VI	向量带近似按立即数算术右移指令
	VNCLIPU.VV	向量带饱和无符号缩位算术右移指令
	VNCLIPU.VI	向量带饱和按立即数无符号缩位算术右移指令
	VNCLIP.VV	向量带饱和有符号缩位算术右移指令

续表

类　　别	指　　令	描　　述
向量移位指令	VNCLIP.VI	向量带饱和有符号按立即数缩位算术右移指令
	VSLL.VX	向量按标量逻辑左移指令
	VSRL.VX	向量按标量逻辑右移指令
	VSRA.VX	向量按标量算术右移指令
	VNSRL.VX	向量按标量缩位逻辑右移指令
	VNSRA.VX	向量按标量缩位算术右移指令
	VSSRL.VX	向量带近似按标量逻辑右移指令
	VSSRA.VX	向量带近似按标量算术右移指令
	VNCLIPU.VX	向量带饱和无符号按标量缩位算术右移指令
	VNCLIP.VX	向量带饱和有符号按标量缩位算术右移指令
向量整型加减法指令	VADD.VV	向量整型加法指令
	VADD.VI	向量立即数整型加法指令
	VSUB.VV	向量整型减法指令
	VRSUB.VI	立即数向量整型减法指令
	VADC.VIM	向量立即数整型带进位加法指令
	VMADC.VVM	向量整型带进位加法取进位指令
	VWADDU.VV	向量整型无符号扩位加法指令
	VWADD.VV	向量整型有符号扩位加法指令
	VWSUBU.VV	向量整型无符号扩位减法指令
	VWSUB.VV	向量整型有符号扩位减法指令
	VWADDU.WV	扩位向量整型无符号扩位加法指令
	VWADD.WV	扩位向量整型有符号扩位加法指令
	VWSUBU.WV	扩位向量整型无符号扩位减法指令
	VWSUB.WV	扩位向量整型有符号扩位减法指令
	VADC.VVM	向量整型带进位加法指令
	VMADC.VV	向量整型带进位加法取进位指令
	VSBC.VVM	向量整型带进位减法指令
	VMSBC.VVM	向量整型带进位减法取借位指令
	VADD.VX	向量标量整型加法指令
	VSUB.VX	向量标量整型减法指令
	VRSUB.VX	向量标量整型反减法指令
	VWADDU.VX	向量标量整型无符号扩位加法指令
	VWADD.VX	向量标量整型有符号扩位加法指令

续表

类　别	指　令	描　述
向量整型 加减法指令	VWSUBU.VX	向量标量整型无符号扩位减法指令
	VWSUB.VX	向量标量整型有符号扩位减法指令
	VWADDU.WX	扩位向量标量整型无符号扩位加法指令
	VWADD.WX	扩位向量标量整型有符号扩位加法指令
	VWSUBU.WX	扩位向量标量整型无符号扩位减法指令
	VWSUB.WX	扩位向量标量整型有符号扩位减法指令
	VADC.VXM	向量标量整型带进位加法指令
	VMADC.VXM	向量标量整型带进位加法取进位指令
	VSBC.VXM	向量标量整型带进位减法指令
	VMSBC.VXM	向量标量整型带进位减法取借位指令
向量整型比较指令	VMSEQ.VX	向量标量整型比较相等指令
	VMSNE.VX	向量标量整型比较不等指令
	VMSLTU.VX	向量标量整型无符号比较小于指令
	VMSLT.VX	向量标量整型有符号比较小于指令
	VMSLEU.VX	向量整型无符号比较小于或等于指令
	VMSLE.VX	向量标量整型有符号比较小于或等于指令
	VMSGTU.VX	向量标量整型无符号比较大于指令
	VMSGT.VX	向量标量整型有符号比较大于指令
	VMSEQ.VV	向量整型比较相等指令
	VMSEQ.VI	向量立即数整型比较相等指令
	VMSNE.VV	向量整型比较不等指令
	VMSNE.VI	向量立即数整型比较不等指令
	VMSLTU.VV	向量整型无符号比较小于指令
	VMSLT.VV	向量整型有符号比较小于指令
	VMSLEU.VV	向量整型无符号比较小于或等于指令
	VMSLEU.VI	向量立即数整型无符号比较小于或等于指令
	VMSLE.VV	向量整型有符号比较小于或等于指令
	VMSLE.VI	向量立即数整型有符号比较小于或等于指令
	VMSGT.VI	向量立即数整型有符号比较大于指令
	VMSGTU.VI	向量立即数整型无符号比较大于指令
向量整型最大值/ 最小值指令	VMINU.VV	向量整型无符号取最小值指令
	VMIN.VV	向量整型有符号取最小值指令
	VMAXU.VV	向量整型无符号取最大值指令

续表

类　　别	指　　令	描　　述
向量整型最大值/最小值指令	VMAX.VV	向量整型有符号取最大值指令
	VMINU.VX	向量标量整型无符号取最小值指令
	VMIN.VX	向量标量整型有符号取最小值指令
	VMAXU.VX	向量标量整型无符号取最大值指令
	VMAX.VX	向量标量整型有符号取最大值指令
向量整型除法/取余指令	VDIVU.VV	向量整型无符号除法指令
	VDIV.VV	向量整型有符号除法指令
	VREMU.VV	向量整型无符号取余指令
	VREM.VV	向量整型有符号取余指令
	VDIVU.VX	向量标量整型无符号除法指令
	VDIV.VX	向量标量整型有符号除法指令
	VREMU.VX	向量标量整型无符号取余指令
	VREM.VX	向量标量整型有符号取余指令
向量元素排序操作指令	VEXT.X.V	向量整型提取元素指令
	VMV.S.X	整型传送至向量首元素指令
	VSLIDEUP.VX	向量元素按标量向上偏移指令
	VSLIDEDOWN.VX	向量元素按立即数向下偏移指令
	VSLIDE1UP.VX	向量整型元素向上偏移 1 个索引指令
	VSLIDE1DOWN.VX	向量整型元素向下偏移 1 个索引指令
	VRGATHER.VX	向量标量整型元素根据索引聚合指令
	VSLIDEUP.VI	向量元素按立即数向上偏移指令
	VSLIDEDOWN.VI	向量元素按标量向下偏移指令
	VRGATHER.VI	向量立即数整型元素根据索引聚合指令
	VRGATHER.VV	向量整型元素根据索引聚合指令
	VCOMPRESS.VM	向量整型元素压缩指令
向量整型定点加减法指令	VSADDU.VX	向量标量整型加法无符号取饱和指令
	VSSUBU.VX	向量标量整型减法无符号取饱和指令
	VSSUB.VX	向量标量整型减法有符号取饱和指令
	VAADD.VX	向量标量整型加法取平均数指令
	VASUB.VX	向量标量整型减法取平均数指令
	VSADD.VV	向量整型加法有符号取饱和指令
	VSADDU.VI	向量立即数整型加法无符号取饱和指令
	VSSUBU.VV	向量整型减法无符号取饱和指令

续表

类　　别	指　　令	描　　述
向量整型定点 加减法指令	VSSUB.VV	向量整型减法有符号取饱和指令
	VAADD.VV	向量整型加法取平均数指令
	VAADD.VI	向量立即数整型加法取平均数指令
	VASUB.VV	向量整型减法取平均数指令
浮点运算指令	VFADD.VV	向量浮点加法指令
	VFSUB.VV	向量浮点减法指令
	VFWADD.VV	向量浮点扩位加法指令
	VFWSUB.VV	向量浮点扩位减法指令
	VFADD.VF	向量标量浮点加法指令
	VFSUB.VF	向量标量浮点减法指令
	VFRSUB.VF	标量向量浮点减法指令
	VFWADD.VF	向量标量浮点扩位加法指令
	VFWSUB.VF	向量标量浮点扩位减法指令
	VFWADD.WV	扩位向量浮点扩位加法指令
	VFWADD.WF	扩位向量标量浮点扩位加法指令
	VFWSUB.WV	扩位向量浮点扩位减法指令
	VFWSUB.WF	扩位向量标量浮点扩位减法指令
	VFMUL.VV	向量浮点乘法指令
	VFMUL.VF	向量标量浮点乘法指令
	VFDIV.VV	向量浮点除法指令
	VFDIV.VF	向量标量浮点除法指令
	VFRDIV.VF	标量向量浮点除法指令
	VFSQRT.V	向量浮点开方指令
	VFWMUL.VV	向量浮点扩位乘法指令
	VFWMUL.VF	向量标量浮点扩位乘法指令
	VFMACC.VV	覆盖加数向量浮点乘累加指令
	VFNMACC.VV	覆盖减数向量浮点乘累加取负指令
	VFMSAC.VV	覆盖减数向量浮点乘累减指令
	VFNMSAC.VV	覆盖被减数向量浮点乘累减取负指令
	VFMADD.VV	覆盖被乘数向量浮点乘累加指令
	VFNMADD.VV	覆盖被乘数向量浮点乘累加取负指令
	VFMSUB.VV	覆盖被乘数向量浮点乘累减指令
	VFNMSUB.VV	覆盖被乘数向量浮点乘累减取负指令

续表

类　　别	指　　令	描　　述
浮点运算指令	VFMACC.VF	覆盖加数向量标量浮点乘累加指令
	VFNMACC.VF	覆盖减数向量标量浮点乘累加取负指令
	VFMSAC.VF	覆盖减数向量标量浮点乘累减指令
	VFNMSAC.VF	覆盖被减数向量标量浮点乘累减取负指令
	VFMADD.VF	覆盖被乘数向量标量浮点乘累加指令
	VFNMADD.VF	覆盖被乘数向量标量浮点乘累加取负指令
	VFMSUB.VF	覆盖被乘数向量标量浮点乘累减指令
	VFNMSUB.VF	覆盖被乘数向量标量浮点乘累减取负指令
	VFWMACC.VV	覆盖加数向量浮点扩位乘累加指令
	VFWMACC.VF	扩位向量标量覆盖加数浮点乘累加指令
	VFWNMACC.VV	扩位向量向量覆盖加数浮点乘累加取负指令
	VFWNMACC.VF	扩位向量标量覆盖加数浮点乘累加取负指令
	VFWMSAC.VV	扩位向量向量覆盖加数浮点乘累减指令
	VFWMSAC.VF	扩位向量标量覆盖加数浮点乘累减指令
	VFWNMSAC.VV	扩位向量向量覆盖加数浮点乘累减取负指令
	VFWNMSAC.VF	扩位向量标量覆盖加数浮点乘累减取负指令
向量浮点比较指令	VFMIN.VV	向量浮点取最小值指令
	VFMAX.VV	向量浮点取最大值指令
	VMFEQ.VV	向量浮点比较相等指令
	VMFNE.VV	向量浮点比较不等指令
	VMFLT.VV	向量浮点比较小于指令
	VMFLE.VV	向量浮点比较小于或等于指令
	VMFORD.VV	向量浮点 NaN 判断指令
	VFMIN.VF	向量标量浮点取最小值指令
	VFMAX.VF	向量标量浮点取最大值指令
	VMFEQ.VF	向量标量浮点比较相等指令
	VMFNE.VF	向量标量浮点比较不等指令
	VMFLT.VF	向量标量浮点比较小于指令
	VMFLE.VF	向量标量浮点比较小于或等于指令
	VMFGT.VF	向量标量浮点比较大于指令
	VMFGE.VF	向量标量浮点比较大于或等于指令
	VMFORD.VF	向量标量浮点 NaN 判断指令

类　　别	指　　令	描　　述
浮点传送指令	VFMERGE.VFM	向量浮点元素选择指令
	VFMV.V.F	浮点传送至向量指令
	VFMV.F.S	向量首元素传送至浮点指令
	VFMV.S.F	浮点传送至向量首元素指令
浮点数据类型转换指令	VFCVT.XU.F.V	向量浮点转换成无符号整型指令
	VFCVT.X.F.V	向量浮点转换成有符号整型指令
	VFCVT.F.XU.V	向量无符号整型转换成浮点指令
	VFCVT.F.X.V	向量有符号整型转换成浮点指令
	VFWCVT.XU.F.V	向量浮点扩位转换成无符号整型指令
	VFWCVT.X.F.V	向量浮点扩位转换成有符号整型指令
	VFWCVT.F.XU.V	向量无符号整型扩位转换成浮点指令
	VFWCVT.F.X.V	向量有符号整型扩位转换成浮点指令
	VFWCVT.F.F.V	向量浮点扩位转换成浮点指令
	VFNCVT.XU.F.V	向量浮点缩位转换成无符号整型指令
	VFNCVT.X.F.V	向量浮点缩位转换成有符号整型指令
	VFNCVT.F.XU.V	向量无符号整型缩位转换成浮点指令
	VFNCVT.F.X.V	向量有符号整型缩位转换成浮点指令
	VFNCVT.F.F.V	向量浮点缩位转换成浮点指令
浮点缩减指令	VFREDOSUM.VS	向量浮点缩减顺序求和指令
	VFREDSUM.VS	向量浮点缩减乱序求和指令
	VFREDMAX.VS	向量浮点缩减取最大值指令
	VFREDMIN.VS	向量浮点缩减取最小值指令
	VFWREDOSUM.VS	向量浮点缩减顺序扩位求和指令
	VFWREDSUM.VS	向量浮点缩减乱序扩位求和指令
浮点分类指令	VFCLASS.V	向量浮点分类指令
向量加载存储指令	VLB.V	向量有符号字节加载指令
	VLH.V	向量有符号半字加载指令
	VLW.V	向量有符号字节加载指令
	VLBU.V	向量无符号字节加载指令
	VLHU.V	向量无符号半字加载指令
	VLWU.V	向量无符号字加载指令
	VLE.V	向量元素加载指令
	VSB.V	向量字节存储指令

续表

类　　别	指　　令	描　　述
向量加载存储指令	VSH.V	向量半字存储指令
	VSW.V	向量字存储指令
	VSE.V	向量元素存储指令
	VLSB.V	向量步进有符号字节加载指令
	VLSH.V	向量步进有符号半字加载指令
	VLSW.V	向量步进有符号字加载指令
	VLSBU.V	向量步进无符号字节加载指令
	VLSHU.V	向量步进无符号半字加载指令
	VLSWU.V	向量步进无符号字加载指令
	VLSE.V	向量步进元素加载指令
	VSSB.V	向量步进字节存储指令
	VSSH.V	向量步进半字存储指令
	VSSHW.V	向量步进字存储指令
	VSSE.V	向量步进元素存储指令
	VLXB.V	向量索引有符号字节加载指令
	VLXH.V	向量索引有符号半字加载指令
	VLXW.V	向量索引有符号字加载指令
	VLXBU.V	向量索引无符号字节加载指令
	VLXHU.V	向量索引无符号半字加载指令
	VLXWU.V	向量索引无符号字加载指令
	VLXE.V	向量索引元素加载指令
	VSXB.V	向量索引按序字节存储指令
	VSXH.V	向量索引按序半字存储指令
	VSXW.V	向量索引按序字存储指令
	VSXE.V	向量索引按序元素存储指令
	VSUXB.V	向量索引乱序字节存储指令
	VSUXH.V	向量索引乱序半字存储指令
	VSUXW.V	向量索引乱序字存储指令
	VSUXE.V	向量索引乱序元素存储指令
	VLBFF.V	向量 FOF 有符号字节加载指令
	VLHFF.V	向量 FOF 有符号半字加载指令
	VLWFF.V	向量 FOF 有符号字加载指令
	VLBUFF.V	向量 FOF 无符号字节加载指令

类　　别	指　　令	描　　述
向量加载存储指令	VLHUFF.V	向量 FOF 无符号半字加载指令
	VLWUFF.V	向量 FOF 无符号字加载指令
	VLEFF.V	向量 FOF 元素加载指令
向量原子指令	VAMOADD(D/W)	向量原子加法指令
	VAMOAND(D/W)	向量原子按位与指令
	VAMOMAX(D/W)	向量原子有符号取最大值指令
	VAMOMAXU(D/W)	向量原子无符号取最大值指令
	VAMOMIN(D/W)	向量原子有符号取最小值指令
	VAMOMINU(D/W)	向量原子无符号取最小值指令
	VAMOSWAP(D/W)	向量原子交换指令
	VAMOOR(D/W)	向量原子按位或指令
	VAMOXOR(D/W)	向量原子按位异或指令
向量 SEGMENT 指令	VLSEG\<NF>B.V	向量 SEGMENT 有符号字节加载指令
	VLSEG\<NF>BFF.V	向量 FOF SEGMENT 有符号字节加载指令
	VLSEG\<NF>BU.V	向量 SEGMENT 无符号字节加载指令
	VLSEG\<NF>BUFF.V	向量 FOF SEGMENT 无符号字节加载指令
	VLSEG\<NF>E.V	向量 SEGMENT 元素加载指令
	VLSEG\<NF>EFF.V	向量 FOF SEGMENT 元素加载指令
	VLSEG\<NF>H.V	向量 SEGMENT 有符号半字加载指令
	VLSEG\<NF>HFF.V	向量 FOF SEGMENT 有符号半字加载指令
	VLSEG\<NF>HU.V	向量 SEGMENT 无符号半字加载指令
	VLSEG\<NF>HUFF.V	向量 FOF SEGMENT 无符号半字加载指令
	VLSEG\<NF>W.V	向量 SEGMENT 有符号字加载指令
	VLSEG\<NF>WFF.V	向量 FOF SEGMENT 有符号字加载指令
	VLSEG\<NF>WU.V	向量 SEGMENT 无符号字加载指令
	VLSEG\<NF>WUFF.V	向量 FOF SEGMENT 无符号字加载指令
	VLSSEG\<NF>B.V	向量步进 SEGMENT 有符号字节加载指令
	VLSSEG\<NF>BU.V	向量步进 SEGMENT 无符号字节加载指令
	VLSSEG\<NF>E.V	向量步进 SEGMENT 元素加载指令
	VLSSEG\<NF>H.V	向量步进 SEGMENT 有符号半字加载指令
	VLSSEG\<NF>HU.V	向量步进 SEGMENT 无符号半字加载指令
	VLSSEG\<NF>W.V	向量步进 SEGMENT 有符号字加载指令
	VLSSEG\<NF>WU.V	向量步进 SEGMENT 无符号字加载指令

类　　别	指　　令	描　　述
向量 SEGMENT 指令	VLXSEG\<NF\>B.V	向量索引 SEGMENT 有符号字节加载指令
	VLXSEG\<NF\>BU.V	向量索引 SEGMENT 无符号字节加载指令
	VLXSEG\<NF\>E.V	向量索引 SEGMENT 元素加载指令
	VLXSEG\<NF\>H.V	向量索引 SEGMENT 有符号半字加载指令
	VLXSEG\<NF\>HU.V	向量索引 SEGMENT 无符号半字加载指令
	VLXSEG\<NF\>W.V	向量索引 SEGMENT 有符号字加载指令
	VLXSEG\<NF\>WU.V	向量索引 SEGMENT 无符号字加载指令
	VSSEG\<NF\>B.V	向量 SEGMENT 字节存储指令
	VSSEG\<NF\>E.V	向量 SEGMENT 元素存储指令
	VSSEG\<NF\>H.V	向量 SEGMENT 半字存储指令
	VSSEG\<NF\>W.V	向量 SEGMENT 字存储指令
	VSSSEG\<NF\>B.V	向量步进 SEGMENT 字节存储指令
	VSSSEG\<NF\>E.V	向量步进 SEGMENT 元素存储指令
	VSSSEG\<NF\>H.V	向量步进 SEGMENT 半字存储指令
	VSSSEG\<NF\>W.V	向量步进 SEGMENT 字存储指令
	VSXSEG\<NF\>B.V	向量索引 SEGMENT 字节存储指令
	VSXSEG\<NF\>E.V	向量索引 SEGMENT 元素存储指令
	VSXSEG\<NF\>H.V	向量索引 SEGMENT 半字存储指令
	VSXSEG\<NF\>W.V	向量索引 SEGMENT 字存储指令

2.8.2　C910 扩展指令集

C910 扩展指令集主要包括 Cache 操作类指令和多核同步类指令，如表 2.13 所示。

表 2.13　C910 扩展指令集

类　　别	指　　令	描　　述
Cache 操作类	DCACHE.CALL	DCache 清全部脏表项指令
	DCACHE.CIALL	DCache 清全部脏表项并无效表项指令
	DCACHE.CIPA	DCache 按物理地址清脏表项并无效表项指令（作用域包含 L2 Cache）
	DCACHE.CISW	DCache 按路/组（way/set）清脏表项并无效表项指令
	DCACHE.CIVA	DCache 按虚拟地址清脏表项并无效表项指令（作用域包含 L2 Cache）
	DCACHE.CPA	DCache 按物理地址清脏表项指令（作用域包含 L2 Cache）
	DCACHE.CPAL1	L1 DCache 按物理地址清脏表项指令

类　　别	指　　令	描　　述
Cache 操作类	DCACHE.CVA	DCache 按虚拟地址清脏表项指令（作用域包含 L2 Cache）
	DCACHE.CVAL1	L1 DCache 按虚拟地址清脏表项指令
	DCACHE.IPA	DCache 按物理地址无效指令（作用域包含 L2 Cache）
	DCACHE.ISW	DCache 按路/组无效指令
	DCACHE.IVA	DCache 按虚拟地址无效指令（作用域包含 L2 Cache）
	DCACHE.IALL	DCache 无效所有表项指令
	ICACHE.IALL	ICache 无效所有表项指令（不定周期）
	ICACHE.IALLS	ICache 广播无效所有表项指令
	ICACHE.IPA	ICache 按物理地址无效表项指令
	ICACHE.IVA	ICache 按虚拟地址无效表项指令
	L2CACHE.CALL	L2 Cache 清所有脏表项指令
	L2CACHE.CIALL	L2 Cache 清所有脏表项并无效表项指令
	L2CACHE.IALL	L2 Cache 无效指令 需要特别说明的是：CALL/IALL 类型的指令不会保护 MESI/MOESI 的状态，在使用时需要特别注意
多核同步类	SFENCE.VMAS	虚拟内存同步广播指令
	SYNC	同步指令
	SYNC.S	同步广播指令
	SYNC.I	同步清空指令
	SYNC.IS	同步清空广播指令

2.9　寄存器

C910 内核寄存器主要包括通用寄存器、浮点寄存器、向量寄存器、系统控制寄存器。

2.9.1　通用寄存器

xi（$i=0,1,\cdots,30,31$）是通用寄存器。C910 拥有 32 个 64 位通用寄存器，用于保存指令操作数、指令执行结果，以及地址信息，其功能定义与 RISC-V 一致。

通用寄存器的功能描述如表 2.14 所示。其中，ABI 为 Application Binary Interface 的简写，即程序二进制接口。

表 2.14　通用寄存器的功能描述

寄　存　器	ABI 名	功　能　描　述
x0	zero	硬件绑 0

寄 存 器	ABI 名	功 能 描 述
x1	ra	返回地址
x2	sp	堆栈指针
x3	gp	全局指针
x4	tp	线程指针
x5	t0	临时/链接备用寄存器
x6～x7	t1～t2	临时寄存器
x8	s0/fp	保留寄存器/帧指针
x9	s1	保留寄存
x10～x11	a0～a1	函数参数/返回值
x12～x17	a2～a7	函数参数
x18～x27	s2～s11	保留寄存器
x28～x31	t3～t6	临时寄存器

2.9.2　浮点寄存器

fi（$i=0,1,\cdots,30,31$）是浮点寄存器。C910 浮点单元除支持标准 RV64 F/D 指令集外，还扩展支持了浮点半精度计算，拥有 32 个独立的 64 位浮点寄存器，可在用户模式、超级用户模式和机器模式下被访问。

浮点寄存器 f0 和通用寄存器 x0 不同，并不是硬件绑 0，而是和其他浮点寄存器一样，是可变的。单精度浮点数仅使用 64 位浮点寄存器的低 32 位，高 32 位必须全为 1，否则会被当作非数处理；半精度浮点数仅使用 64 位浮点寄存器的低 16 位，高 48 位必须全为 1，否则会被当作非数处理。

浮点寄存器的功能描述如表 2.15 所示。

表 2.15　浮点寄存器的功能描述

寄 存 器	ABI 名	功 能 描 述
f0～f7	ft0～ft7	浮点临时寄存器
f8～f9	fs0～fs1	浮点保留寄存器
f10～f11	fa0～fa1	浮点参数/返回值
f12～f17	fa2～fa7	浮点参数
f18～f27	fs2～fs11	浮点保留寄存器
f28～f31	ft8～ft11	浮点临时寄存器

2.9.3　向量寄存器

vi（i=0,1,…,30,31）是向量寄存器。C910 拥有 32 个独立的 128 位向量寄存器，可在用户模式、超级用户模式和机器模式下被访问。向量寄存器通过向量传送指令，实现与通用寄存器或浮点寄存器的数据交换。

向量寄存器中包含元素的个数由当前向量元素的位宽决定。C910 支持的向量元素的位宽为 8 位、16 位、32 位和 64 位。

向量寄存器字段的含义见表 2.16 所示。

表 2.16　向量寄存器字段的含义

比　特　位	复　　位	含　　义
[127:0]	0	支持 8 位、16 位、32 位、64 位的向量元素。当存放 8 位的向量元素时，从低 8 位开始每 8 位存储一个向量元素，可存放 16 个，其他位宽以此类推

2.9.4　系统控制寄存器

系统控制寄存器存在读写权限的划分。一般情况下，CPU 处于机器模式时可以访问所有系统控制寄存器；CPU 处于超级用户模式时可以访问超级用户模式和用户模式系统控制寄存器；CPU 处于用户模式时可以访问用户模式系统控制寄存器。

系统控制寄存器的功能描述见表 2.17。

表 2.17　系统控制寄存器的功能描述

类　　别	寄存器名称及其功能描述
机器模式信息寄存器组	MVENDORID 供应商编号寄存器
	MARCHID 架构编号寄存器
	MIMPID 机器模式硬件实现编号寄存器
	MHARTID 机器模式逻辑内核编号寄存器
机器模式异常配置寄存器	MSTATUS 机器模式处理器状态寄存器
	MISA 机器模式处理器指令集特性寄存器
	MEDELEG 机器模式异常降级控制寄存器
	MIDELEG 机器模式中断降级控制寄存器
	MIE 机器模式中断使能控制寄存器
	MTVEC 机器模式异常向量基址寄存器
	MCOUNTEREN 机器模式计数器访问授权控制寄存器
	MCOUNTINHIBIT 机器模式计数器禁止寄存器
机器模式异常处理寄存器	MSCRATCH 机器模式异常临时数据备份寄存器

续表

类　　别	寄存器名称及其功能描述
机器模式异常处理寄存器	MEPC 机器模式异常保留程序计数器
	MCAUSE 机器模式异常事件向量寄存器
	MTVAL 机器模式异常事件原因寄存器
	MIP 机器模式中断等待状态寄存器
机器模式内存保护寄存器	PMPCFG0 机器模式物理内存保护配置寄存器
	PMPADDR0～PMPADDR7 机器模式物理内存保护基址寄存器 0～机器模式物理内存保护基址寄存器 7
机器模式计数器	MCYCLE 机器模式周期计数器
	MINSTRET 机器模式退休指令计数器
	MHPMCOUNTER3～MHPMCOUNTER31 机器模式计数器 3～机器模式计数器 31
	MHPMEVENT3～MHPMEVENT31 机器模式事件选择寄存器 3～机器模式事件选择寄存器 31
C910 扩展控制寄存器	MXSTATUS 机器模式扩展状态寄存器
	MHCR 机器模式硬件配置寄存器
	MCOR 机器模式硬件操作寄存器
	MCCR2 机器模式 L2 Cache 控制寄存器
	MHINT 机器模式隐式操作寄存器
	MRMR 机器模式复位寄存器
	MRVBR 机器模式复位向量基址寄存器
	MCINS 机器模式 Cache 访问寄存器
	MCINDEX 机器模式 Cache 访问索引寄存器
	MCDATA0 机器模式 Cache 访问数据寄存器 0
	MCDATA1 机器模式 Cache 访问数据寄存器 1
超级用户模式异常配置寄存器	SSTATUS 超级用户模式处理器状态寄存器
	SIE 超级用户模式中断使能控制寄存器
	STVEC 超级用户模式异常向量基址寄存器
	SCOUNTEREN 超级用户模式计数器访问授权寄存器
超级用户模式异常处理寄存器	SSCRATCH 超级用户模式异常临时数据备份寄存器
	SEPC 超级用户模式异常保留程序计数器
	SCAUSE 超级用户模式异常事件向量寄存器
	STVAL 超级用户模式异常事件原因寄存器
	SIP 超级用户模式中断等待状态寄存器
超级用户模式地址转换寄存器	SATP 超级用户模式虚拟地址转换和保护寄存器
C910 扩展超级用户模式控制寄存器	SXSTATUS 超级用户模式扩展状态寄存器
	SHCR 超级用户模式硬件配置寄存器

类　　别	寄存器名称及其功能描述
C910 扩展超级用户 模式控制寄存器	SCYCLE 超级用户模式周期计数器
	SMIR 超级用户模式 MMU Index 寄存器
	SMEL 超级用户模式 MMU EntryLo 寄存器
	SMEH 超级用户模式 MMU EntryHi 寄存器
	SMCIR 超级用户模式 MMU 控制寄存器
用户模式浮点控制寄存器	FFLAGS 用户模式浮点异常累积状态寄存器
	FRM 用户模式浮点动态舍入寄存器
	FCSR 用户模式浮点异常控制状态寄存器
	FXCR 用户模式扩展浮点控制寄存器
用户模式计数器	CYCLE 用户模式周期计数器
	TIME 用户模式时间计数器
	INSTRET 用户模式退休指令计数器
	HPMCOUNTER3～HPMCOUNTER31 用户模式计数器 3～用户模式计数器 31
向量扩展寄存器	VSTART 向量起始位置寄存器
	VXSAT 定点溢出标志位寄存器
	VXRM 定点舍入模式寄存器
	VL 向量长度寄存器
	VTYPE 向量数据类型寄存器

1．性能事件计数器

1）MCYCLE

MCYCLE 是机器模式周期计数器，在机器模式下可读写，用于存储处理器已经执行的周期数。当处理器处于执行状态（非低功耗状态）时，MCYCLE 就会在每个执行周期自动计数。

MCYCLE 字段的含义见表 2.18。

表 2.18　MCYCLE 字段的含义

比　特　位	复　　位	含　　义
[63:0]	0	周期计数器

2）CYCLE

CYCLE 是用户模式周期计数器，在用户模式下只读，用于存储处理器已经执行的周期数。当处理器处于执行状态（非低功耗状态）时，CYCLE 就会在每个执行周期自动计数。CYCLE 对应 MCYCLE 的只读映射。CYCLE 字段的含义见表 2.19。

表 2.19 CYCLE 字段的含义

比 特 位	复 位	含 义
[63:0]	0	周期计数器

3）TIME

TIME 是用户模式时间计数器，在用户模式下只读，其是机器模式时间计数器（MTIME）的只读映射。TIME 字段的含义见表 2.20。

表 2.20 TIME 字段的含义

比 特 位	复 位	含 义
[63:0]	0	时间计数器

4）MINSTRET

MINSTRET 是机器模式退休指令计数器，在机器模式下可读写，用于存储处理器已经退休的指令数。MINSTRET 会在每条指令退休时自动计数。MINSTRET 字段的含义见表 2.21。

表 2.21 MINSTRET 字段的含义

比 特 位	复 位	含 义
[63:0]	0	退休指令计数器

5）INSTRET

INSTRET 是用户模式退休指令计数器，在用户模式下只读，用于存储处理器已经退休的指令数。INSTRET 会在每条指令退休时自动计数。INSTRET 对应 MINSTRET 的只读映射。INSTRET 字段的含义见表 2.22。

表 2.22 INSTRET 字段的含义

比 特 位	复 位	含 义
[63:0]	0	退休指令计数器

6）MHPMCOUNTERx

MHPMCOUNTERx 是机器模式计数器 x（$x=3,4,5,\cdots,30,31$），在机器模式下可读写，用于对事件进行计数。MHPMCOUNTERx 字段的含义见表 2.23。

表 2.23 MHPMCOUNTERx 字段的含义

比 特 位	复 位	含 义
[63:0]	0	事件计数器

7）HPMCOUNTERx

HPMCOUNTERx 是用户模式计数器 x（x=3,4,5,…,30,31），在用户模式下只读，其是 MHPMCOUNTERx 的映射。HPMCOUNTERx 字段的含义见表 2.24。

表 2.24 HPMCOUNTERx 字段的含义

比 特 位	复 位	含 义
[63:0]	0	事件计数器

2．机器模式事件选择寄存器

MHPMEVENTx 是机器模式事件选择寄存器 x（x=3,4,5,…,30,31），用于给机器模式事件计数器进行事件选择，MHPMEVENT3～MHPMEVENT31 和 MHPMCOUNTER3～MHPMCOUNTER31 一一对应。在 C910 中，各事件计数器只能对固定事件进行计数。因此，MHPMEVENT3～MHPMEVENT 31 只能写入指定数值。MHPMEVENTx 字段的含义见表 2.25。

表 2.25 MHPMEVENTx 字段的含义

比 特 位	复 位	含 义
[63:0]	0	性能监测事件索引 0：没有事件； 0x1～0x1A：硬件实现的性能监测事件； >0x1A：硬件未定义的性能监测事件，为软件自定义事件使用

MHPMEVENTx 与 MHPMCOUNTERx 之间的对应关系见表 2.26。

表 2.26 MHPMEVENTx 与 MHPMCOUNTERx 之间的对应关系（计数器事件对应列表）

MHPMEVENTx	索 引	事 件	MHPMCOUNTERx
MHPMEVENT3	0x1	L1 ICache 访问计数器	MHPMCOUNTER3
MHPMEVENT4	0x2	L1 ICache 缺失计数器	MHPMCOUNTER4
MHPMEVENT5	0x3	I-uTLB 缺失计数器	MHPMCOUNTER5
MHPMEVENT6	0x4	D-uTLB 缺失计数器	MHPMCOUNTER6
MHPMEVENT7	0x5	jTLB 缺失计数器	MHPMCOUNTER7
MHPMEVENT8	0x6	条件转移预测计数器	MHPMCOUNTER8
MHPMEVENT9	0x7	保留	MHPMCOUNTER9
MHPMEVENT10	0x8	间接分支错误预测计数器	MHPMCOUNTER10
MHPMEVENT11	0x9	间接转移指令计数器	MHPMCOUNTER11
MHPMEVENT12	0xA	LSU 规格失败计数器	MHPMCOUNTER12
MHPMEVENT13	0xB	存储指令计数器	MHPMCOUNTER13

MHPMEVENTx	索　　引	事　　件	MHPMCOUNTERx
MHPMEVENT14	0xC	L1 DCache 读访问计数器	MHPMCOUNTER14
MHPMEVENT15	0xD	L1 DCache 读缺失计数器	MHPMCOUNTER15
MHPMEVENT16	0xE	L1 DCache 写访问计数器	MHPMCOUNTER16
MHPMEVENT17	0xF	L1 DCache 写缺失计数器	MHPMCOUNTER17
MHPMEVENT18	0x10	L2 Cache 读访问计数器	MHPMCOUNTER18
MHPMEVENT19	0x11	L2 Cache 读缺失计数器	MHPMCOUNTER19
MHPMEVENT20	0x12	L2 Cache 写访问计数器	MHPMCOUNTER20
MHPMEVENT21	0x13	L2 Cache 写缺失计数器	MHPMCOUNTER21
MHPMEVENT22	0x14	射频发射失败计数器	MHPMCOUNTER22
MHPMEVENT23	0x15	射频 Reg 发射故障计数器	MHPMCOUNTER23
MHPMEVENT24	0x16	RF 指令计数器	MHPMCOUNTER24
MHPMEVENT25	0x17	LSU Cross 4K 摊位计数器	MHPMCOUNTER25
MHPMEVENT26	0x18	LSU 其他失速计数器	MHPMCOUNTER26
MHPMEVENT27	0x19	LSU SQ 丢弃计数器	MHPMCOUNTER27
MHPMEVENT28	0x1A	LSU SQ 数据丢弃计数器	MHPMCOUNTER28
MHPMEVENT29～ MHPMEVENT31	>0x1A	暂未定义	MHPMCOUNTER29～ MHPMCOUNTER31

3．扩展寄存器

1）FXCR

FXCR 是用户模式扩展浮点控制寄存器，用于浮点扩展功能开关和浮点异常累积位。FXCR 字段的含义见表 2.27。

表 2.27　FXCR 字段的含义

比　特　位	复　　位	含　　义
[63:27]	—	保留位。写操作无效，读操作值为 0
[26:24]	0	舍入模式，FCSR 对应位的映射 0——RNE 舍入模式，向最近偶数舍入 1——RTZ 舍入模式，向 0 舍入 2——RDN 舍入模式，向负无穷舍入 3——RUP 舍入模式，向正无穷舍入 4——RMM 舍入模式，向最近舍入
[23]	0	输出 QNaN 模式位 0——计算输出的 QNaN 值为默认的固定值 1——计算输出的 QNaN 值和 IEEE754 标准一致
[22:6]	—	保留位。写操作无效，读操作值为 0

续表

比 特 位	复 位	含 义
[5]	0	浮点异常积累位，当有任何一个浮点异常发生时，该位将被置为 1
[4]	0	无效操作数异常，FCSR 对应位的映射
[3]	0	除 0 异常，FCSR 对应位的映射
[2]	0	上溢异常，FCSR 对应位的映射
[1]	0	下溢异常，FCSR 对应位的映射
[0]	0	非精确异常，FCSR 对应位的映射

2）MCOUNTINHIBIT

MCOUNTINHIBIT 是机器模式禁止计数寄存器，在机器模式下可读写，可禁止机器模式计数器计数。在不需要性能分析的场景下，关闭计数器，可以降低处理器功耗。MCOUNTINHIBIT 字段的含义见表 2.28。

表 2.28　MCOUNTINHIBIT 字段的含义

比 特 位	复 位	含 义
[31:3]	0	MHPMCOUNTERx（x=3,4,5,…,30,31）禁止计数位 0——正常计数 1——禁止计数
[2]	0	MINSTRET 禁止计数位 0——正常计数 1——禁止计数
[1]	—	保留位。写操作无效，读操作值为 0
[0]	0	MCYCLE 禁止计数位 0——正常计数 1——禁止计数

3）MXSTATUS

MXSTATUS 是机器模式扩展状态寄存器，存储了处理器当前所处的特权模式和 C910 扩展功能开关位，在机器模式下可读写。MXSTATUS 字段的含义见表 2.29。

表 2.29　MXSTATUS 字段的含义

比 特 位	复 位	含 义
[63:32]	—	保留位。写操作无效，读操作值为 0
[31:30]	3	处理器所处特权模式 00——当前处理器运行在用户模式下 01——当前处理器运行在超级用户模式下 11——当前处理器运行在机器模式（复位后为机器模式）下
[29:23]	—	保留位。写操作无效，读操作值为 0

续表

比　特　位	复　　位	含　　义
[22]	0	使能扩展指令集位 0——使用 C910 扩展指令集时产生非法指令异常 1——可以使用 C910 扩展指令集
[21]	0	扩展 MMU 地址属性位 0——不扩展 MMU 地址属性 1——MMU 中的 PTE 扩展地址属性位，用户可以配置页面的地址属性
[20]	—	保留位。写操作无效，读操作值为 0
[19]	0	关闭 ICach 监听（Snoop）DCache 功能位 0——ICache 缺失后，会监听 DCache 1——ICache 缺失后，不会监听 DCache
[18]	0	关闭硬件回填位 0——TLB 缺失后，硬件会进行硬件回填 1——TLB 缺失后，硬件不会进行硬件回填
[17]	0	CLINT 计数器/软件中断超级用户扩展使能位 0——CLINT 发起的超级用户软件中断和计数器中断不会被响应 1——CLINT 发起的超级用户软件中断和计数器中断可以被响应
[16]	0	U 态执行扩展 Cache 操作指令位 0——在用户模式下不能执行扩展的 Cache 操作指令，产生非法指令异常 1——在用户模式下可以执行扩展的 Cache 操作指令
[15]	1	非对齐访问使能位 0——不支持非对齐访问，非对齐访问将产生非对齐异常 1——支持非对齐访问，硬件处理非对齐访问（C910 默认值为 1）
[14]	0	PMP 最小粒度控制位 C910 当前只支持 PMP 的最小粒度为 4KB，不受该位影响
[13]	0	机器模式性能监测计数使能位 0——在机器模式下允许性能计数器计数 1——在机器模式下禁止性能计数器计数
[12]	—	保留位。写操作无效，读操作值为 0
[11]	0	超级用户模式性能监测计数使能位 0——在超级用户模式下允许性能计数器计数 1——在超级用户模式下禁止性能计数器计数
[10]	0	用户模式性能监测计数使能位 0——在用户模式下允许性能计数器计数 1——在用户模式下禁止性能计数器计数
[9:0]	—	保留位。写操作无效，读操作值为 0

4）MHCR

MHCR 是机器模式硬件配置寄存器，用于对处理器进行配置，是在机器模式下可读写。MHCR 字段的含义见表 2.30。

表 2.30　MHCR 字段的含义

比　特　位	复　位	含　义
[63:19]	—	保留位。写操作无效，读操作值为 0
[18]	0	系统和处理器的时钟比，计算公式为 时钟比=SCK+1 CPU 上有对应引脚引出。SCK 在重置时被配置且不能在之后改变
[17:13]	—	保留位。写操作无效，读操作值为 0
[12]	0	第一级分支目标预测使能位 0——第一级分支目标预测关闭 1——第一级分支目标预测开启
[11:9]	—	保留位。写操作无效，读操作值为 0
[8]	0	写突发传输使能位 0——不支持写突发传输 1——支持写突发传输 C910 默认为 1，不可设置
[7]	0	间接分支跳转预测使能位 0——间接分支跳转预测关闭 1——间接分支跳转预测开启
[6]	0	分支目标预测使能位 0——分支目标预测关闭 1——分支目标预测开启
[5]	0	预测跳转设置位 0——预测跳转关闭 1——预测跳转开启
[4]	0	地址返回栈设置位 0——返回地址栈关闭 1——返回地址栈开启
[3]	1	高速缓存写回设置位 0——数据高速缓存为写值模式 1——数据高速缓存为写回模式 C910 只支持写回模式，WB 固定为 1
[2]	0	高速缓存写分配设置位 0——数据高速缓存为写不分配模式 1——数据高速缓存为写分配模式
[1]	0	DCache 使能位 0——DCache 关闭 1——DCache 打开
[0]	0	ICache 使能位 0——ICache 关闭 1——ICache 打开

5）MCOR

MCOR 是机器模式硬件操作寄存器，用于对高速缓存和分支预测部件进行相关操作，在机器模式下可读写。所有无效化操作和清脏表项操作，在写的时候置高，在操作完成时清零。MCOR 字段的含义见表 2.31。

表 2.31　MCOR 字段的含义

比 特 位	复 位	含 义
[63:19]	—	保留位。写操作无效，读操作值为 0
[18]	0	IBP 无效设置位 0——对间接跳转分支预测的数据不进行无效化操作 1——对间接跳转分支预测的数据进行无效化操作
[17]	0	BTB 无效设置位 0——对分支目标缓冲器内的数据不进行无效化操作 1——对分支目标缓冲器内的数据进行无效化操作
[16]	0	BHT 无效设置位 0——对分支历史表内的数据不进行无效化操作 1——对分支历史表内的数据进行无效化操作
[15:6]	—	保留位。写操作无效，读操作值为 0
[5]	0	高速缓存脏表项清除设置位 0——高速缓存被标记为脏的表项不会被写到片外 1——高速缓存被标记为脏的表项会被写到片外
[4]	0	高速缓存无效化设置位 0——对高速缓存不进行无效化操作 1——对高速缓存进行无效化操作
[3:2]	—	保留位。写操作无效，读操作值为 0
[1:0]	0	高速缓存选择位 00——保留 01——选中指令高速缓存 10——选中数据高速缓存 11——选中指令和数据高速缓存

6）MCCR2

MCCR2 是机器模式 L2 Cache 控制寄存器，用来配置共享的 L2 Cache（二级高速缓存）中各个存储器的访问延时、L2 Cache 有效/无效、指令预取能力和 TLB 预取使能，在机器模式下可读写。MCCR2 字段的含义见表 2.32。

表 2.32　MCCR2 字段的含义

比 特 位	重 置	含 义
[63:32]	—	保留位。写操作无效，读操作值为 0
[31]	0	L2 Cache TLB 预取使能 0——L2 Cache TLB 预取功能关闭 1——L2 Cache TLB 预取功能开启

比 特 位	重 置	含 义
[30:29]	0	L2 Cache 指令预取能力位，指示取指请求访问 L2 Cache 缺失时预取的缓存行数量 0——L2 Cache 指令预取功能关闭 1——预取 1 条缓存行 2——预取 2 条缓存行 3——预取 3 条缓存行
[28:26]	—	保留位。写操作无效，读操作值为 0
[25]	0	L2 Cache TAG RAM 的配置（setup）位 0——TAG RAM 不需要额外的配置周期 1——TAG RAM 需要额外的 1 个配置周期
[24:22]	0	L2 Cache TAG RAM 的访问周期配置位 0——TAG RAM 访问周期为 1 1——TAG RAM 访问周期为 2 2——TAG RAM 访问周期为 3 3——TAG RAM 访问周期为 4 4——TAG RAM 访问周期为 5
[21:20]	—	保留位。写操作无效，读操作值为 0
[19]	0	L2 Cache DATA RAM 的 setup 配置位 0——DATA RAM 不需要额外的 setup 周期 1——DATA RAM 需要额外的一个 setup 周期
[18:16]	0	L2 Cache DATA RAM 访问周期配置位 0——DATA RAM 访问周期为 1 1——DATA RAM 访问周期为 2 2——DATA RAM 访问周期为 3 3——DATA RAM 访问周期为 4 4——DATA RAM 访问周期为 5 5——DATA RAM 访问周期为 6 6——DATA RAM 访问周期为 7 7——DATA RAM 访问周期为 8
[15:4]	—	保留位。写操作无效，读操作值为 0
[3]	0	L2 Cache 使能位 0——L2 Cache 关闭 1——L2 Cache 开启（C910 固定为 1）
[2]	—	保留位。写操作无效，读操作值为 0
[1]	—	保留位。写操作无效，读操作值为 0
[0]	0	数据访问读分配使能位 0——数据访问 L2 Cache 缺失时，不回填 L2 Cache 1——数据访问 L2 Cache 缺失时，回填 L2 Cache

7）MHINT

MHINT 是机器模式隐式操作寄存器，用于高速缓存多种功能开关控制，在机器模式下可读写。MHINT 字段的含义见表 2.33。

表 2.33　MHINT 字段的含义

比 特 位	复 位	含 义
[63:20]	—	保留位。写操作无效，读操作值为 0
[19]	—	保留位。写操作无效，读操作值为 0
[18]	0	SPEC FAIL 预测功能使能位 0——SPEC FAIL 预测功能关闭 1——SPEC FAIL 预测功能开启
[17:16]	0	L2 Cache 预取缓存行数量位 00——预取 8 条缓存行 01——预取 16 条缓存行 10——预取 32 条缓存行 11——预取 64 条缓存行 L2 Cache 的预取是在 L1 Cache 预取的基础上再次进行的
[15]	0	L2 Cache 预取使能位 0——L2 Cache 预取关闭 1——L2 Cache 预取开启
[14:13]	0	DCache 预取缓存行数量位 00——预取 2 条缓存行 01——预取 4 条缓存行 10——预取 8 条缓存行 11——预取 16 条缓存行
[12]	—	保留位。写操作无效，读操作值为 0
[11]	0	单退休模式位 0——单退休模式关闭 1——单退休模式开启
[10]	0	ICache 路预测使能位 0——ICache 路预测关闭 1——ICache 路预测开启
[9]	0	循环加速使能位 0——循环加速关闭 1——循环加速开启
[8]	0	ICache 预取使能位 0——ICache 预取关闭 1——ICache 预取开启
[7]	—	保留位。写操作无效，读操作值为 0
[6:5]	0	L2 Cache 写分配策略自动调整使能位 0——写分配策略由访问地址的页面属性 WA 决定 1——在出现连续多条缓存行的存储操作时，后续连续地址的存储操作不再写入 L2 Cache
[4]	—	保留位。写操作无效，读操作值为 0
[3]	0	L1 Cache 写分配策略自动调整使能位 0——写分配策略由访问地址的页面属性 WA 决定 1——在出现连续多条缓存行的存储操作时，后续连续地址的存储操作不再写入 L1 Cache

比　特　位	复　　位	含　　义
[2]	0	Dcache 预取使能位 0——Dcache 预取关闭 1——Dcache 预取开启
[1:0]	—	保留位。写操作无效，读操作值为 0

8）MRMR

MRMR 是机器模式复位寄存器，用于多核启动时各个 C910 的复位释放使能。各个处理器核共享一个 MRMR，因此某个处理器核可以通过设置 MRMR 将其他处理器核从复位状态释放，在机器模式下可读写。MRMR 字段的含义见表 2.34。

表 2.34　MRMR 字段的含义

比　特　位	复　　位	含　　义
[63:4]	—	保留位。写操作无效，读操作值为 0
[3]	0	核 3 复位释放使能位 0——核 3 处于复位状态 1——核 3 复位释放
[2]	0	核 2 复位释放使能位 0——核 2 处于复位状态 1——核 2 复位释放
[1]	0	核 1 复位释放使能位 0——核 1 处于复位状态 1——核 1 复位释放
[0]	1	核 0 复位释放使能位 0——核 0 处于复位状态 1——核 0 复位释放

9）MRVBR

MRVBR 是机器模式复位向量基址寄存器，用来保存复位向量的基址。各 C910 核共享一个 MRVBR，因此该寄存器的设置会影响所有核的复位向量基址，其在机器模式下可读写。MRVBR 字段的含义见表 2.35。

表 2.35　MRVBR 字段的含义

比　特　位	复　　位	含　　义
[63:10]	0	复位基址位。用于控制各个核的复位向量基址
[9:0]	—	保留位。写操作无效，读操作值为 0

10）MCINS

MCINS 是机器模式 Cache 访问寄存器，用于向 L1 或 L2 高速缓存发起读请求，在机器模式下可读写。MCINS 字段的含义见表 2.36。

表 2.36　MCINS 字段的含义

比　特　位	复　　位	含　　义
[63:1]	—	保留位。写操作无效，读操作值为 0
[0]	0	Cache 读访问位 0——不发起 Cache 读请求 1——发起 Cache 读请求

11）MCINDEX

MCINDEX 是机器模式 Cache 访问索引寄存器，用于配置读请求访问的高速缓存位置信息，在机器模式下可读写。MCINDEX 字段的含义见表 2.37。

表 2.37　MCINDEX 字段的含义

比　特　位	复　　位	含　　义
[63:32]	—	保留位。写操作无效，读操作值为 0
[31:28]	0	RAM 标志位，指示访问的 RAM 信息 0000——表示访问的是 ICache TAG RAM 0001——表示访问的是 ICache DATA RAM 0010——表示访问的是 DCache TAG RAM 0011——表示访问的是 DCache DATA RAM 0100——表示访问的是 L2 Cache TAG RAM 0101——表示访问的是 L2 Cache DATA RAM 0110～1111——保留
[27:25]	—	保留位。写操作无效，读操作值为 0
[24:21]	0	Cache 路信息位，指示 RAM 访问的路位置信息
[20:0]	0	Cache 索引位，指示 RAM 访问的索引位置信息

12）MCDATAx

MCDATAx（i=0,1）是机器模式 Cache 数据寄存器 x，用于记录读取 L1 或 L2 高速缓存的数据，在机器模式下可读写。MCDATAx 与 L1 或 L2 高速缓存之间的对应关系见表 2.38。

表 2.38　MCDATAx 与 L1 或 L2 高速缓存之间的对应关系

Cache RAM 类型	MCDATA0/1 内容
ICache TAG RAM	MCDATA0[39:12]：TAG MCDATA0[0]：VALID
ICache DATA RAM	MCDATA0～MCDATA1：128bit DATA

续表

Cache RAM 类型	MCDATA0/1 内容
DCache TAG RAM	MCDATA0[39:12]：TAG MCDATA0[2]：DIRTY MCDATA0[1]：SHARED MCDATA0[0]：VALID
DCache DATA RAM	MCDATA0～MCDATA1：128bit DATA
L2 Cache TAG RAM	MCDATA0[39:12]：TAG MCDATA0[1]：DIRTY MCDATA0[0]：VALID
L2 Cache DATA RAM	MCDATA0～MCDATA1：128bit DATA

13）SXSTATUS

SXSTATUS 是超级用户模式扩展状态寄存器，该寄存器是机器模式扩展状态寄存器（MXSTATUS）的映射，在超级用户模式下可读，只有 SXSTATUS[15]位可写，在用户模式下访问会导致非法指令异常。SXSTATUS 字段的含义见表 2.39。

表 2.39　SXSTATUS 字段的含义

比 特 位	复 位	含 义
[63:32]	—	保留位。写操作无效，读操作值为 0
[31:30]	3	处理器所处模式位 00——当前处理器运行在用户模式下 01——当前处理器运行在超级用户模式下 11——当前处理器运行在机器模式下（复位后运行在机器模式下）
[29:23]	—	保留位。写操作无效，读操作值为 0
[22]	0	使能扩展指令集位 0——使用 C910 扩展指令集时产生非法指令异常 1——可以使用 C910 扩展指令集
[21]	0	扩展 MMU 地址属性位 0——不扩展 MMU 地址属性 1——MMU 中的 PTE 扩展地址属性位，用户可以配置页面的地址属性
[20]	—	保留位。写操作无效，读操作值为 0
[19]	0	关闭 ICache 监测 DCache 功能位 0——ICache 缺失后，会监测 DCache 1——ICache 缺失后，不会监测 DCache
[18]	0	关闭硬件回填位 0——TLB 缺失后，硬件会进行硬件回填 1——TLB 缺失后，硬件不会进行硬件回填
[17]	0	CLINT 计数器/软件中断超级用户扩展使能位 0——CLINT 发起的超级用户软件中断和计数器中断不会被响应 1——CLINT 发起的超级用户软件中断和计数器中断可以被响应

续表

比 特 位	复 位	含 义
[16]	0	U 态执行扩展 Cache 操作指令位 0——在用户模式下不能执行扩展的 Cache 操作指令，否则产生异常 1——在用户模式下可以执行扩展的 Cache 操作指令
[15]	1	非对齐访问使能位 0——不支持非对齐访问，非对齐访问将产生非对齐异常 1——支持非对齐访问，硬件处理非对齐访问（C910 默认值为 1）
[14]	0	PMP 最小粒度控制位 C910 当前只支持 PMP 的最小粒度为 4KB，不受该位影响
[13]	0	机器模式性能监测计数使能位 0——在机器模式下允许性能计数器计数 1——在机器模式下禁止性能计数器计数
[12]	—	保留位。写操作无效，读操作值为 0
[11]	0	超级用户模式性能监测计数使能位 0——在超级用户模式下允许性能计数器计数 1——在超级用户模式下禁止性能计数器计数
[10]	0	用户模式性能监测计数使能位 0——在用户模式下允许性能计数器计数 1——在用户模式下禁止性能计数器计数
[9:0]	—	保留位。写操作无效，读操作值为 0

14）SHCR

SHCR 是超级用户模式硬件配置寄存器，该寄存器是机器模式硬件配置寄存器（MHCR）的映射，在超级用户模式下可读，在用户模式下访问会导致非法指令异常。SHCR 字段的含义见表 2.40。

表 2.40 SHCR 字段的含义

比 特 位	复 位	含 义
[63:19]	—	保留位。写操作无效，读操作值为 0
[18]	0	该位用来表示系统和处理器的时钟比，其计算公式为 时钟比=SCK+1 CPU 上有对应引脚引出。SCK 在复位（Reset）时被配置且不能在之后改变
[17:13]	—	保留位。写操作无效，读操作值为 0
[12]	0	第一级分支目标预测使能位 0——第一级分支目标预测关闭 1——第一级分支目标预测开启
[11:9]	—	保留位。写操作无效，读操作值为 0
[8]	0	写突发传输使能位 0——不支持写突发传输 1——支持写突发传输 C910 默认为 1，不可设置

比 特 位	复 位	含 义
[7]	0	间接分支跳转预测使能位 0——间接分支跳转预测关闭 1——间接分支跳转预测开启
[6]	0	分支目标预测使能位 0——分支目标预测关闭 1——分支目标预测开启
[5]	0	预测跳转设置位 0——预测跳转关闭 1——预测跳转开启
[4]	0	地址返回栈设置位 0——返回地址栈关闭 1——返回地址栈开启
[3]	1	高速缓存写回设置位 0——数据高速缓存为写值模式 1——数据高速缓存为写回模式 C910 只支持写回模式，WB 固定为 1
[2]	0	高速缓存写分配设置位 0——数据高速缓存为写不分配模式 1——数据高速缓存为写分配模式
[1]	0	DCache 使能位 0——DCache 关闭 1——DCache 打开
[0]	0	ICache 使能位 0——ICache 关闭 1——ICache 打开

15）SMCIR

SMCIR 是超级用户模式 MMU 控制寄存器，实现对 MMU 进行多种操作，包括 TLB 查找、TLB 读写、TLB 无效等操作，在超级用户模式下可读，在用户模式下访问会导致非法指令异常。SMCIR 字段的含义见表 2.41。

表 2.41　SMCIR 字段的含义

比 特 位	复 位	含 义
[63:32]	—	保留位。写操作无效，读操作值为 0
[31]	0	TLB 查询；根据 EntryHi 寄存器去查询 TLB 表项。当查询命中时，用 TLB 的序号去更新 Index 寄存器
[30]	0	TLB 读；根据 Index 寄存器索引值，读出对应 TLB 表项的值，并用这些值来更新 SMEH 和 SMEL 寄存器
[29]	0	TLB 索引写；根据 Index 寄存器索引值，将 SMEH 和 SMEL 寄存器写入 TLB 对应表项

比 特 位	复 位	含 义
[28]	0	TLB 随机写；根据 Random 寄存器索引值，将 SMEH 和 SMEL 寄存器写入 TLB 对应表项
[27]	0	TLB 根据 ASID 号无效；所有匹配 ASID 号的 TLB 表项全部无效
[26]	0	TLB 初始化；将所有 TLB 表项无效，初始化 TLB 表项
[25]	0	TLB 根据索引无效；根据 Index 寄存器索引值，将对应的 TLB 表项无效
[24:16]	—	保留位。写操作无效，读操作值为 0
[15:0]	0	ASID 号；TLBIASID 操作使用该 ASID 号做匹配

16）SMIR

SMIR 是超级用户模式 MMU Index 寄存器，该寄存器用于索引 TLB，在进行 TLB 查询时，其会更新命中表项的 Index。在 TLB 写索引时，通过写 SMIR 的 Index 域，可以将映射关系写入 jTLB 中对应的 Index 处，在超级用户模式下可读，在用户模式下访问会导致非法指令异常。SMIR 字段的含义见表 2.42。

表 2.42　SMIR 字段的含义

比 特 位	复 位	含 义
[63:32]	—	保留位。写操作无效，读操作值为 0
[31]	0	查询命中位 0——TLBP 查询命中 1——TLBP 查询没命中
[30]	0	多重匹配位；执行 TLBP 指令，是否发生多重匹配； 0——没有多重匹配 1——发生多重匹配
[29:11]	—	保留位。写操作无效，读操作值为 0
[10:0]	0	TLB 索引（Index）位； Index[9:8]：way 索引 Index[7:0]：set/entry 索引

17）SMEH

SMEH 是超级用户模式 MMU EntryHi 寄存器，该寄存器包含 TLB 访问的虚拟地址信息和 TLB 异常时当前 VPN 的值，在超级用户模式下可读。SMEH 字段的含义见表 2.43。

表 2.43　SMEH 字段的含义

比 特 位	复 位	含 义
[63:46]	—	保留位。写操作无效，读操作值为 0

续表

比 特 位	复 位	含 义
[45:19]	0	虚拟页帧号； 该域在 TLB 读和发生页面错误异常时硬件更新，在软件写 TLB 表项之前由软件预先写入
[18:16]	0	页面尺寸； 独热编码从低到高表示 4KB、2MB、1GB 的页面大小。该域在 TLB 读时硬件更新，在软件写 TLB 表项之前由软件预先写入
[15:0]	0	地址空间标识； 该域通常用来保存操作系统所看到的当前地址空间的标识，用于区分不同进程。在 TLB 读时硬件更新，在软件写 TLB 表项之前由软件预先写入

18）SMEL

SMEL 是超级用户模式 MMU EntryLo 寄存器，该寄存器包含 TLB 访问的物理地址和页面属性信息，在超级用户模式下可读。SMEL 字段的含义见表 2.44。

表 2.44　SMEL 字段的含义

比 特 位	复 位	含 义
[63]	0	用于表示内存对访问顺序的要求位 0——无强制顺序要求，支持投机执行和乱序执行 1——有强制顺序要求，必须顺序执行
[62]	0	可高速缓存位 0——不可高速缓存，即该段存储器中的数据不能被高速缓存到高速缓存器中 1——可高速缓存，即该段存储器中的数据可以被高速缓存到高速缓存器中
[61]	0	可缓存位 0——不可缓存，表示只有在最终设备真正写完成后才返回写响应 1——可缓存，表示允许在片上总线的某个中间节点快速返回写完成
[60]	0	用于表征页面的共享属性位 0——不可共享，表示被某个单核独占，不要求硬件维护数据的一致性 1——可共享，表示该页面多核间共享，由硬件维护数据的一致性
[59]	0	用于表征页面属于可信世界或者非可信世界的位，该位仅在配有 TEE pro 扩展时有意义 0——非可信世界 1——可信世界
[58:38]	—	保留位。写操作无效，读操作值为 0
[37:10]	0	物理页帧号位
[9:8]	0	用于预留给软件做自定义页表功能的位。默认为 2'b0
[7]	0	Dirty 位 0——当前页未被写/不可写 1——当前页已经被写/可写 此位在 C910 的硬件实现与 W 属性类似，Dirty 位为 0 时，对此页面进行写操作会触发页面错误异常，通过软件在异常服务程序中操控 Dirty 位来维护 Dirty 位满足是否被改写/可写的定义

比 特 位	复 位	含 义
[6]	0	访问位 0——当前页不可访问 1——当前页可访问
[5]	0	全局页面标识位，当前页可供多个进程共享 0——非共享页面，进程号 ASID 私有 1——共享页面
[4]	0	用户模式可访问位 0——用户模式不可访问，当用户模式访问，出页面错误异常。 1——用户模式可访问
[3]	0	X，可执行
[2]	0	W，可写
[1]	0	R，可读
[0]	0	有效（Valid）位，表明物理页的内存是否分配好 0——当前页没有分配好 1——当前页已分配好

4．浮点控制寄存器

1）FCSR

FCSR 是用户模式浮点异常控制状态寄存器，用于记录浮点的异常积累和舍入模式控制，在任何模式下都可以读写。FCSR 字段的含义见表 2.45。

表 2.45　FCSR 字段的含义

比 特 位	复 位	含 义
[63:11]	—	保留位。写操作无效，读操作值为 0
[10:9]	0	向量舍入模式位 00——就近向大值舍入 01——就近向偶数舍入 10——向零舍入 11——向奇数舍入
[8]	0	向量溢出标志位
[7:5]	0	舍入模式位 000——RNE 舍入模式，向最近偶数舍入 001——RTZ 舍入模式，向 0 舍入 010——RDN 舍入模式，向负无穷舍入 011——RUP 舍入模式，向正无穷舍入 100——RMM 舍入模式，向最近舍入 101～111——保留

比 特 位	复 位	含 义
[4]	0	无效操作数异常位 0——没有产生无效操作数异常 1——产生无效操作数异常
[3]	0	除零异常位 0——没有产生除零异常 1——产生除零异常
[2]	0	上溢异常位 0——没有产生上溢异常 1——产生上溢异常
[1]	0	下溢异常位 0——没有产生下溢异常 1——产生下溢异常
[0]	0	非精确异常位 0——没有产生非精确异常 1——产生非精确异常

2）FFLAGS

FFLAGS 是用户模式浮点异常累积状态寄存器，是浮点控制状态寄存器的异常累积域（FCSR[4:0]）的映射。FFLAGS 字段的含义见表 2.46。

表 2.46　FFLAGS 字段的含义

比 特 位	复 位	含 义
[63:5]	—	保留位。写操作无效，读操作值为 0
[4]	0	无效操作数异常位 0——没有产生无效操作数异常 1——产生无效操作数异常
[3]	0	除零异常位 0——没有产生除零异常 1——产生除零异常
[2]	0	上溢异常位 0——没有产生上溢异常 1——产生上溢异常
[1]	0	下溢异常位 0——没有产生下溢异常 1——产生下溢异常
[0]	0	非精确异常位 0——没有产生非精确异常 1——产生非精确异常

3）FRM

FRM 是用户模式浮点动态舍入寄存器，是浮点控制状态寄存器的舍入模式

（FCSR[7:5]）的映射。FRM 字段的含义见表 2.47。

表 2.47　FRM 字段的含义

比 特 位	复 位	含 义
[63:3]	—	保留位。写操作无效，读操作值为 0
[2:0]	0	舍入模式位 000——RNE 舍入模式，向最近偶数舍入 001——RTZ 舍入模式，向 0 舍入 010——RDN 舍入模式，向负无穷舍入 011——RUP 舍入模式，向正无穷舍入 100——RMM 舍入模式，向最近舍入 101～111——保留

5．向量扩展寄存器

1）VSTART

VSTART 是向量起始位置寄存器，其指定了执行向量指令时起始元素的位置，每条向量指令执行后 VSTART 会被清零。VSTART 字段的含义见表 2.48。

表 2.48　VSTART 字段的含义

比 特 位	复 位	含 义
[63:7]	—	保留位。写操作无效，读操作值为 0
[6:0]	0	指定执行向量指令时起始元素的位置位

2）VXSAT

VXSAT 是定点溢出标志位寄存器，表示是否有定点指令产生溢出结果。VXSAT 字段的含义见表 2.49。

表 2.49　VXSAT 字段的含义

比 特 位	复 位	含 义
[63:1]	—	保留位。写操作无效，读操作值为 0
[0]	0	定点指令溢出标志位

3）VXRM

VXRM 是定点舍入模式寄存器，其指定了定点指令采用的舍入模式。VXRM 字段的含义见表 2.50。

表 2.50　VXRM 字段的含义

比 特 位	复 位	含 义
[63:2]	—	保留位。写操作无效，读操作值为 0

比　特　位	复　　位	含　　义
[1:0]	0	定点舍入模式位 00——RNU 舍入模式，向大数舍入 01——RNE 舍入模式，向偶数舍入 10——RDN 舍入模式，向零舍入 11——ROD 舍入模式，向奇数舍入

4）VL

VL 是向量长度寄存器，其指定了向量指令更新目的寄存器的范围。向量指令更新目的寄存器中元素序号小于 VL 的元素，清零目的寄存器中元素序号大于或等于 VL 的元素。特别地，当 "VSTART>=VL" 或 VL 为 0 时，目的寄存器的所有元素不被更新。该寄存器是任意模式下的只读寄存器，但是 VSETVLI、VSETVL 指令能够更新该寄存器中的值。VL 字段的含义见表 2.51。

表 2.51　VL 字段的含义

比　特　位	复　　位	含　　义
[63:8]	—	保留位。写操作无效，读操作值为 0
[7:0]	0	向量指令更新目的寄存器的范围位

5）VTYPE

VTYPE 是向量数据类型寄存器，其指定了向量寄存器组的数据类型，以及向量寄存器的元素组成。该寄存器是任意模式下的只读寄存器，但是 VSETVLI 和 VSETVL 指令能够更新该寄存器中的值。VTYPE 字段的含义见表 2.52。

表 2.52　VTYPE 字段的含义

比　特　位	复　　位	含　　义
[63]	0	非法操作标志位。 当 VSETVLI/VSETVL 指令以 C910 不支持的值更新 VTYPE 时，该位置 1，否则为 0。当该位被置 1 时，执行向量指令产生非法指令异常
[62:7]	—	保留位。写操作无效，读操作值为 0
[6:5]	0	EDIV 扩展使能位；C910 不支持 EDIV 扩展，EDIV 扩展使能位为 0
[4:2]	0	向量元素位宽设置位，该位决定了向量元素的位宽（SEW） 000——8 位宽 001——16 位宽 010——32 位宽 011——64 位宽 100～111——其他位宽 其他位宽时，C910 执行向量指令产生非法指令异常

比 特 位	复 位	含 义
[1:0]	0	向量寄存器分组设置位；多个向量寄存器可以构成向量寄存器组，向量指令作用于寄存器组中的所有向量寄存器。该位决定了向量寄存器组中向量寄存器的数量（LMUL） 00——1 个 01——2 个 10——4 个 11——8 个

6. 异常配置寄存器

1）MSTATUS

MSTATUS 是机器模式处理器状态寄存器，用于存储处理器在机器模式下的状态和控制信息，在机器模式下可读写。MSTATUS 字段的含义见表 2.53。

表 2.53　MSTATUS 字段的含义

比 特 位	复 位	含 义
[63]	0	浮点、向量和扩展单元是否处在 Dirty 状态的总和位 1——表明浮点或向量或扩展单元处在 Dirty 状态 0——表明浮点、向量、扩展单元都不处在 Dirty 状态
[62:36]	—	保留位。写操作无效，读操作值为 0
[35:34]	2	寄存器位宽位 只读，固定值为 2，表示在 S 态下寄存器的位宽是 64bit
[33:32]	2	寄存器位宽位 只读，固定值为 2，表示在 U 态下寄存器的位宽是 64bit
[31:25]	—	保留位。写操作无效，读操作值为 0
[24:23]	0	向量单元状态位，根据向量单元状态位可以判断切换上下文的时候是否需要保存向量相关寄存器 00——向量单元处于关闭状态，此时访问向量相关寄存器会产生异常 01——向量单元处于初始化状态 10——向量单元处于 Clean 状态 11——向量单元处于 Dirty 状态，表明向量寄存器和向量控制寄存器被修改过 该位仅当配置向量执行单元时有效，不配置时恒为 0
[22]	0	SRET 指令位 1——在超级用户模式下执行 SRET 指令时产生非法指令异常 0——允许在超级用户模式下执行 SRET 指令
[21]	0	WFI 指令位 1——允许在超级用户模式下执行低功耗指令 WFI 0——在超级用户模式下执行低功耗指令 WFI 会产生非法指令异常
[20]	0	陷阱虚拟内存位 1——在超级用户模式下读写 SATP 寄存器和执行 SFENCE 指令会产生非法指令异常 0——在超级用户模式下可以读写 SATP 寄存器和执行 SFENCE 指令

比　特　位	复　位	含　义
[19]	0	加载请求访问位 1——允许加载请求访问标记为可执行或者可读的虚拟内存空间 0——允许加载请求只能访问标记为可读的虚拟内存空间
[18]	0	用户态虚拟内存空间加载、存储和取值请求访问位 1——在超级用户模式下，加载、存储和取值请求可以访问标记为用户态的虚拟内存空间 0——在超级用户模式下，加载、存储和取值请求不可以访问标记为用户态的虚拟内存空间
[17]	0	修改特权模式位 1——根据 MSTATUS[12:11]中的特权模式执行加载和存储请求 0——根据当前处理器所处的特权模式执行加载和存储请求
[16:15]	0	扩展单元状态位；C910 没有扩展单元，固定为 0
[14:13]	0	浮点单元状态位 00——浮点单元处于关闭状态，此时访问相关浮点寄存器会产生异常 01——浮点单元处于初始化状态 10——浮点单元处于 Clean 状态 11——浮点单元处于 Dirty 状态，表明浮点寄存器和控制寄存器被修改过
[12:11]	3	机器模式保留特权状态位，该位用于保存处理器在机器模式下进入异常服务程序前的特权状态 00——表示处理器进入异常服务程序前处于用户模式 01——表示处理器进入异常服务程序前处于超级用户模式 11——表示处理器进入异常服务程序前处于机器模式
[10]	—	保留位。写操作无效，读操作值为 0
[9:8]	1	超级用户模式保留特权状态位，该位用于保存处理器在超级用户模式下进入异常服务程序前的特权状态 00——表示处理器进入异常服务程序前处于用户模式 01——表示处理器进入异常服务程序前处于超级用户模式
[7]	0	机器模式保留中断使能位，该位用于保存处理器在机器模式下响应中断前机器模式中断使能位的值。该位会被清零，在处理器退出中断异常服务程序时被置为 1
[6]	—	保留位。写操作无效，读操作值为 0
[5]	0	超级用户模式保留中断使能位，该位用于保存处理器在超级用户模式下响应中断前超级用户模式中断使能位的值。该位会被清零，在处理器退出中断服务程序时被置为 1
[4]	—	保留位。写操作无效，读操作值为 0
[3]	0	机器模式中断使能位 0——机器模式中断无效 1——机器模式中断有效 该位会被清零，处理器在机器模式下响应中断时被清零；在处理器退出中断服务程序时被置为保留的机器模式中断使能位的值
[2]	—	保留位。写操作无效，读操作值为 0

比　特　位	复　位	含　义
[1]	0	超级用户模式中断使能位 0——超级用户模式中断无效 1——超级用户模式中断有效 该位会被清零，处理器被降级到超级用户模式响应中断时被清零；在处理器退出中断服务程序时被置为保留的超级用户模式中断使能位的值
[0]	—	保留位。写操作无效，读操作值为 0

2）SSTATUS

SSTATUS 是超级用户模式处理器状态寄存器，其存储了处理器在超级用户模式下的状态和控制信息，是 MSTATUS 的部分映射，在机器模式下可读写。SSTATUS 字段的含义见表 2.54。

表 2.54　SSTATUS 字段的含义

比　特　位	复　位	含　义
[63]	0	浮点、向量和扩展单元是否在 Dirty 状态的总和位 1——表明浮点或向量或扩展单元处在 Dirty 状态 0——表明浮点、向量、扩展单元都不处在 Dirty 状态
[62:36]	—	保留位。写操作无效，读操作值为 0
[35:34]	2	该位会被重置为 2'b10
[33:32]	2	寄存器位宽位 只读，固定值为 2，表示在 U 态下寄存器的位宽是 64bit
[31:25]	—	保留位。写操作无效，读操作值为 0
[24:23]	0	向量单元状态位，根据向量单元状态位，可以判断切换上下文的时候是否需要保存向量相关寄存器 00——向量单元处于关闭状态，此时访问向量相关寄存器会产生异常 01——向量单元处于初始化状态 10——向量单元处于 Clean 状态 11——向量单元处于 Dirty 状态，表明向量寄存器和向量控制寄存器被修改过 该位仅当配置向量执行单元时有效，不配置时恒为 0
[22:20]	—	保留位。写操作无效，读操作值为 0
[19]	0	加载请求访问位 1——允许加载请求访问标记为可执行或者可读的虚拟内存空间 0——允许加载请求只能访问标记为可读的虚拟内存空间
[18]	0	用户态虚拟内存空间加载、存储和取值请求访问位 1——在超级用户模式下，加载、存储和取值请求可以访问标记为用户态的虚拟内存空间 0——在超级用户模式下，加载、存储和取值请求不可以访问标记为用户态的虚拟内存空间
[17]	—	保留位。写操作无效，读操作值为 0

续表

比　特　位	复　　位	含　义
[16:15]	0	扩展单元状态位，C910 没有扩展单元，固定为 0
[14:13]	0	浮点单元状态位，根据浮点单元状态位，可以判断切换上下文的时候是否需要保存浮点相关寄存器 00——浮点单元处于关闭状态，此时访问浮点相关寄存器会产生异常 01——浮点单元处于初始化状态 10——浮点单元处于 Clean 状态 11——浮点单元处于 Dirty 状态，表明浮点寄存器和控制寄存器被修改过
[12:11]	—	保留位。写操作无效，读操作值为 0
[10:9]	—	保留位。写操作无效，读操作值为 0
[8]	1	超级用户模式保留特权状态位，该位用于保存处理器在超级用户模式下进入异常服务程序前的特权状态 0——表示处理器进入异常服务程序前处于用户模式 1——表示处理器进入异常服务程序前处于超级用户模式
[7:6]	—	保留位。写操作无效，读操作值为 0
[5]	0	超级用户模式保留中断使能位，该位用于保存处理器在超级用户模式下响应中断前超级用户模式中断使能位的值。该位会被清零，在处理器退出中断服务程序时被置为 1
[4:2]	—	保留位。写操作无效，读操作值为 0
[1]	0	超级用户模式中断使能位 0——超级用户模式中断无效 1——超级用户模式中断有效 该位会被清零，处理器被降级到超级用户模式响应中断时被清零；在处理器退出中断服务程序时被置为保留的超级用户模式中断使能位的值
[0]	—	保留位。写操作无效，读操作值为 0

3）MISA

MISA 是机器模式处理器指令集特性寄存器，其存储了处理器所支持的指令集架构特性。该寄存器的位长是 64 位，在机器模式下可读写。C910 支持的指令集架构为 RV64GC，对应的 MISA 复位值为 0x800000000094112d。C910 不支持动态配置 MISA，对该寄存器进行写操作不产生任何效果。MISA 字段的含义见表 2.55。

表 2.55　MISA 字段的含义

比　特　位	复　　位	含　义
[63:0]	0x800000000094112d	指示 C910 支持的指令集架构为 RV64GC，为固定值

4）MIE

MIE 是机器模式中断使能控制寄存器，用于控制不同中断类型的使能和屏蔽在机器模式下可读写。MIE 字段的含义见表 2.56。

表 2.56 MIE 字段的含义

比 特 位	复 位	含 义
[63:18]	—	保留位。写操作无效，读操作值为 0
[17]	0	机器模式事件计数器溢出中断使能位 0——机器模式事件计数器溢出中断无效 1——机器模式事件计数器溢出中断有效
[16:12]	—	保留位。写操作无效，读操作值为 0
[11]	0	机器模式外部中断使能位 0——机器模式外部中断无效 1——机器模式外部中断有效
[10]	—	保留位。写操作无效，读操作值为 0
[9]	0	超级用户模式外部中断使能位 0——超级用户模式外部中断无效 1——超级用户模式外部中断有效
[8]	—	保留位。写操作无效，读操作值为 0
[7]	0	机器模式计数器中断使能位 0——机器模式计数器中断无效 1——机器模式计数器中断有效
[6]	—	保留位。写操作无效，读操作值为 0
[5]	0	超级用户模式计数器中断使能位 0——超级用户模式计数器中断无效 1——超级用户模式计数器中断有效
[4]	—	保留位。写操作无效，读操作值为 0
[3]	0	机器模式软件中断使能位 0——机器模式软件中断无效 1——机器模式软件中断有效
[2]	—	保留位。写操作无效，读操作值为 0
[1]	0	超级用户模式软件外部中断使能位 0——超级用户模式软件外部中断无效 1——超级用户模式软件外部中断有效
[0]	—	保留位。写操作无效，读操作值为 0

5）SIE

SIE 是超级用户模式中断使能控制寄存器，用于控制不同中断类型的使能和屏蔽，是 MIE 的部分映射。该寄存器的位长是 64 位，在超级用户模式下可读。SIE 字段的含义见表 2.57。

表 2.57 SIE 字段的含义

比 特 位	复 位	含 义
[63:18]	—	保留位。写操作无效，读操作值为 0

比　特　位	复　　位	含　　义
[17]	0	机器模式事件计数器溢出中断使能位 0——机器模式事件计数器溢出中断无效 1——机器模式事件计数器溢出中断有效
[16:10]	—	保留位。写操作无效，读操作值为 0
[9]	0	超级用户模式外部中断使能位 0——超级用户模式外部中断无效 1——超级用户模式外部中断有效
[8:6]	—	保留位。写操作无效，读操作值为 0
[5]	0	超级用户模式计数器中断使能位 0——超级用户模式计数器中断无效 1——超级用户模式计数器中断有效
[4:2]	—	保留位。写操作无效，读操作值为 0
[1]	0	超级用户模式软件外部中断使能位 0——超级用户模式软件外部中断无效 1——超级用户模式软件外部中断有效
[0]	—	保留位。写操作无效，读操作值为 0

6）MTVEC

MTVEC 是机器模式异常向量基址寄存器，用于配置异常服务程序的入口地址，在机器模式下可读写。MTVEC 字段的含义见表 2.58。

表 2.58　MTVEC 字段的含义

比　特　位	复　　位	含　　义
[63:2]	0	向量基址位，指示了异常服务程序入口地址的高 30 位，将此基址拼接 2'b00 即可得到异常服务程序的入口地址
[1:0]	0	向量入口模式位 00——异常和中断都统一使用向量基址位地址作为入口地址 01——异常使用向量基址位地址作为入口地址，中断使用"向量基址位+4×CAUSE"作为入口地址

7）STVEC

STVEC 是超级用户模式异常向量基址寄存器，用于配置异常服务程序的入口地址，在超级用户模式下可读写。STVEC 字段的含义见表 2.59。

表 2.59　STVEC 字段的含义

比　特　位	复　　位	含　　义
[63:2]	0	向量基址位，指示了异常服务程序入口地址的高 30 位，将此基址拼接 2'b00 即可得到异常服务程序的入口地址

比 特 位	复 位	含 义
[1:0]	0	向量入口模式位 00——异常和中断都统一使用向量基址位地址作为入口地址 01——异常使用向量基址位地址作为入口地址，中断使用"向量基址位+4×CAUSE"作为入口地址

8）MCOUNTEREN

MCOUNTEREN 是机器模式计数器访问授权控制寄存器，用于授权在超级用户模式下是否可以访问用户模式计数器。MCOUNTEREN 字段的含义见表 2.60。

表 2.60　MCOUNTEREN 字段的含义

比 特 位	复 位	含 义
[31:3]	0	HPMCOUNTERx 的超级用户模式（S-mode）访问位 0——在超级用户模式下访问 HPMCOUNTERx 将产生异常 1——在超级用户模式下能正常访问 HPMCOUNTERx
[2]	0	MINSTRET 的超级用户模式访问位 0——在超级用户模式下访问 MINSTRET 将发生非法指令异常 1——在超级用户模式下能正常访问 MINSTRET
[1]	0	TIME 的超级用户模式访问位 0——在超级用户模式下访问 TIME 将产生异常 1——在超级用户模式下能正常访问 TIME 寄存器
[0]	0	MCYCLE 的超级用户模式访问位 0——在超级用户模式下访问 MCYCLE 将产生异常 1——在超级用户模式下能正常访问 MCYCLE

9）SCOUNTEREN

SCOUNTEREN 是超级模式计数器访问授权寄存器，用于授权在用户模式下是否可以访问用户模式计数器。SCOUNTEREN 字段的含义见表 2.61。

表 2.61　SCOUNTEREN 字段的含义

比 特 位	复 位	含 义
[31:3]	0	HPMCOUNTERx 的用户模式（U-mode）访问位 0——在用户模式下访问 HPMCOUNTERx 将产生异常 1——在用户模式下能正常访问 HPMCOUNTERx
[2]	0	INSTRET 的用户模式访问位 0——在用户模式下访问 INSTRET 将产生异常 1——在用户模式下能正常访问 INSTRET
[1]	0	TIME 的用户模式访问位 0——在用户模式下访问 TIME 将产生异常 1——在用户模式下能正常访问 TIME

比　特　位	复　　位	含　　义
[0]	0	CYCLE 的用户模式访问位 0——在用户模式下访问 CYCLE 将产生异常 1——在用户模式下能正常访问 CYCLE

7. 异常处理寄存器

1）MSCRATCH

MSCRATCH 是机器模式异常临时数据备份寄存器，用于处理器在异常服务程序中备份临时数据，一般在机器模式下用来存储本地上下文空间的入口指针值，在机器模式下可读写。MSCRATCH 字段的含义见表 2.62。

表 2.62　MSCRATCH 字段的含义

比　特　位	复　　位	含　　义
[63:0]	0	用于在异常服务程序中备份临时数据

2）SSCRATCH

SSCRATCH 是超级用户模式异常临时数据备份寄存器，用于处理器在异常服务程序中备份临时数据，一般在超级用户模式下用来存储本地上下文空间的入口指针值。该寄存器的位长是 64 位，在超级用户模式下可读写。SSCRATCH 字段的含义见表 2.63。

表 2.63　SSCRATCH 字段的含义

比　特　位	复　　位	含　　义
[63:0]	0	用于在异常服务程序中备份临时数据

3）MEPC

MEPC 是机器模式异常保留程序计数器，用于存储程序从异常服务程序退出时的程序计数器值（PC 值）。C910 支持 16 位的位宽指令，MEPC 的值以 16 位位宽对齐，最低位为零。该寄存器的位长是 64 位，在机器模式下可读写。MEPC 字段的含义见表 2.64。

表 2.64　MEPC 字段的含义

比　特　位	复　　位	含　　义
[63:0]	0	存储程序从异常服务程序退出时的程序计数器值

4）SEPC

SEPC 是超级用户模式异常保留程序计数器，用于存储程序从异常服务程序退出时的程序计数器值（PC 值）。C910 支持 16 位位宽指令，SEPC 的值以 16 位位宽对齐，最低位为零。该寄存器在超级用户模式下可读写。SEPC 字段的含义见表 2.65。

表 2.65　SEPC 字段的含义

比　特　位	复　位	含　义
[63:0]	0	存储程序从异常服务程序退出时的程序计数器值

5）MCAUSE

MCAUSE 是机器模式异常事件向量寄存器，用于保存触发异常的异常事件向量号，在异常服务程序中处理对应事件，该寄存器在机器模式下可读写。MCAUSE 字段的含义见表 2.66。

表 2.66　MCAUSE 字段的含义

比　特　位	复　位	含　义
[63]	0	中断标记位 0——表示触发异常的来源不是中断，异常代码（Exception Code）按照异常解析 1——表示触发异常的来源是中断，异常代码按照中断解析
[62:5]	—	保留位。写操作无效，读操作值为 0
[4:0]	0	异常代码 在处理器进入异常时，异常代码会被更新为异常来源的对应值

6）SCAUSE

SCAUSE 是超级用户模式异常事件向量寄存器，用于保存触发异常的异常事件向量号，在异常服务程序中处理对应事件，该寄存器在超级用户模式下可读写。SCAUSE 字段的含义见表 2.67。

表 2.67　SCAUSE 字段的含义

比　特　位	复　位	含　义
[63]	0	中断标记位 0——表示触发异常的来源不是中断，异常代码按照异常解析 1——表示触发异常的来源是中断，异常代码按照中断解析
[62:5]	—	保留位。写操作无效，读操作值为 0
[4:0]	0	异常代码 在处理器进入异常时，异常代码会被更新为异常来源的对应值

7）MIP

MIP 是机器模式中断等待状态寄存器，用于保存处理器的中断等待状态。当处理器出现中断无法立即响应的情况时，MIP 中的对应位会被置位。写 MSIP 和 SSIP 可以触发对应的中断，中断有效后可以通过 MIP 中对应的比特位对 MSIP 的比特位和 SSIP 的比特位进行查询。该寄存器在机器模式下可读写。MIP 字段的含义见表 2.68。

表 2.68 MIP 字段的含义

比 特 位	复 位	含 义
[63:18]	—	保留位。写操作无效，读操作值为 0
[17]	0	机器模式事件计数器溢出中断等待位 0——处理器当前没有处于等待状态的机器模式事件计数器溢出中断 1——处理器当前有处于等待状态的机器模式事件计数器溢出中断
[16:12]	—	保留位。写操作无效，读操作值为 0
[11]	0	机器模式外部中断等待位 0——处理器当前没有处于等待状态的机器模式外部中断 1——处理器当前有处于等待状态的机器模式外部中断
[10]	—	保留位。写操作无效，读操作值为 0
[9]	0	超级用户模式外部中断等待位 0——处理器当前没有处于等待状态的超级用户模式外部中断 1——处理器当前有处于等待状态的超级用户模式外部中断
[8]	—	保留位。写操作无效，读操作值为 0
[7]	0	机器模式计数器中断等待位 0——处理器当前没有处于等待状态的机器模式计数器中断 1——处理器当前有处于等待状态的机器模式计数器中断
[6]	—	保留位。写操作无效，读操作值为 0
[5]	0	超级用户模式计数器中断等待位 0——处理器当前没有处于等待状态的超级用户模式计数器中断 1——处理器当前有处于等待状态的超级用户模式计数器中断
[4]	—	保留位。写操作无效，读操作值为 0
[3]	0	机器模式软件中断等待位，只读 0——处理器当前没有处于等待状态的机器模式软件中断 1——处理器当前有处于等待状态的机器模式软件中断
[2]	—	保留位。写操作无效，读操作值为 0
[1]	0	超级用户模式软件中断等待位 0——处理器当前没有处于等待状态的超级用户模式软件中断 1——处理器当前有处于等待状态的超级用户模式软件中断 在机器模式下可读写，SSIP 委托（Delegate）到超级用户模式下之后，在超级用户模式下可读写，否则在超级用户模式下只读
[0]	—	保留位。写操作无效，读操作值为 0

8）SIP

SIP 是超级用户模式中断等待状态寄存器，用于保存处理器的中断等待状态。当处理器出现中断无法立即被响应的情况时，SIP 中的对应位会被置位，该寄存器在超级用户模式下可读。SIP 字段的含义见表 2.69。

表 2.69 SIP 字段的含义

比 特 位	复 位	含 义
[63:18]	—	保留位。写操作无效，读操作值为 0
[17]	0	机器模式事件计数器溢出中断等待位 0——处理器当前没有处于等待状态的机器模式事件计数器溢出中断 1——处理器当前有处于等待状态的机器模式事件计数器溢出中断
[16:10]	—	保留位。写操作无效，读操作值为 0
[9]	0	超级用户模式外部中断等待位 0——处理器当前没有处于等待状态的超级用户模式外部中断 1——处理器当前有处于等待状态的超级用户模式外部中断
[8:6]	—	保留位。写操作无效，读操作值为 0
[5]	0	超级用户模式计数器中断等待位 0——处理器当前没有处于等待状态的超级用户模式计数器中断 1——处理器当前有处于等待状态的超级用户模式计数器中断
[4:2]	—	保留位。写操作无效，读操作值为 0
[1]	0	超级用户模式软件中断等待位 0——处理器当前没有处于等待状态的超级用户模式软件中断 1——处理器当前有处于等待状态的超级用户模式软件中断 在机器模式下可读写，SSIP 委托（Delegate）到超级用户模式下之后，在超级用户模式下可读写，否则在超级用户模式下只读
[0]	—	保留位。写操作无效，读操作值为 0

9）MTVAL

MTVAL 是机器模式异常事件原因寄存器。当产生异常或者中断，且在机器模式下响应时，处理器会更新 PC 到 MEPC，并根据异常类型更新 MTVAL。发生中断时，MEPC 更新为下一条指令的 PC，MTVAL 的值更新为 0。发生异常时，MEPC更新为发生异常的 PC，MTVAL 根据不同异常进行更新。中断/异常发生时 MTVAL的更新见表 2.70。

表 2.70 中断/异常发生时 MTVAL 的更新

中 断 标 记	异常向量号	异 常 类 型	MTVAL 更新值
1	0	未实现	—
1	1	超级用户模式软件中断	0
1	2	保留	—
1	3	机器模式软件中断	0
1	4	未实现	—
1	5	超级用户模式计数器中断	0
1	6	保留	—
1	7	机器模式计数器中断	0
1	8	未实现	—

中 断 标 记	异常向量号	异 常 类 型	MTVAL 更新值
1	9	超级用户模式外部中断	0
1	10	保留	—
1	11	机器模式外部中断	0
1	16	保留	—
1	17	性能检测溢出中断	0
1	其他	保留	—
0	1	取指指令访问错误异常	取指访问的虚拟地址
0	2	非法指令异常	指令码
0	3	调试断点异常	0
0	4	加载指令非对齐访问异常	加载访问的虚拟地址
0	5	加载指令访问错误异常	0
0	6	存储/原子指令非对齐访问异常	存储/原子访问的虚拟地址
0	7	存储/原子指令访问错误异常	0
0	8	用户模式环境调用异常	0
0	9	超级用户模式环境调用异常	0
0	10	保留	—
0	11	机器模式环境调用异常	0
0	12	取指页面错误异常	取指访问的虚拟地址
0	13	加载指令页面错误异常	加载访问的虚拟地址
0	14	保留	—
0	15	存储/原子指令页面错误异常	存储/原子访问的虚拟地址
0	≥16	保留	—

8．地址转换寄存器

SATP 是超级用户模式虚拟地址转换和保护寄存器,用于控制 MMU 单元的模式切换、硬件回填基地址和进程号,在超级用户模式下可读写。SATP 字段的含义见表 2.71。

表 2.71　SATP 字段的含义

比 特 位	复 位	含 义
[63:60]	0	MMU 地址翻译模式位 0000——空的,没有翻译或保护 0001～0111——保留 1000——基于页面的 39 位虚拟寻址 1001～1111——保留
[59:44]	0	当前 ASID 位,表示当前程序的 ASID 号

比 特 位	复 位	含 义
[43:28]	—	保留位。写操作无效，读操作值为 0
[27:0]	0	硬件回填根 PPN（第一级硬件回填使用的 PPN）

9. 信息寄存器

MHARTID 是机器模式逻辑内核编号寄存器，该寄存器存储了处理器的硬件逻辑内核编号。该寄存器的位长是 64 位，在机器模式下只读。MHARTID 字段的含义见表 2.72。

表 2.72　MHARTID 字段的含义

比 特 位	复 位	含 义
[63:3]	—	保留位。写操作无效，读操作值为 0
[2:0]	—	CPU 内核编号位 内核编号由硬连线引入，每个 CPU 内核都有一个唯一的编号值。对于核 0，该编号值为 3'b000；对于核 1，该编号值为 3'b001；对于核 2，该编号值为 3'b010；对于核 3，该编号值为 3'b011

10. 内存保护寄存器

1）PMPCFG0

PMPCFG0 是机器模式物理内存保护配置寄存器，该寄存器用于配置物理内存的访问权限、地址匹配模式。该寄存器的位长是 64 位，可提供 8 个表项的权限设置，每个表项对应 8bit 在机器模式下可读写。PMPCFG0 字段的含义见表 2.73。PMP 表项权限设置的描述见表 2.74。

表 2.73　PMPCFG0 字段的含义

比 特 位	复 位	含 义
[63:56]	0	表项 7 的权限设置
[55:48]	0	表项 6 的权限设置
[47:40]	0	表项 5 的权限设置
[39:32]	0	表项 4 的权限设置
[31:24]	0	表项 3 的权限设置
[23:16]	0	表项 2 的权限设置
[15:8]	0	表项 1 的权限设置
[7:0]	0	表项 0 的权限设置

表 2.74　PMP 表项权限设置的描述

比　特　位	名　　称	描　　　　述
[0]	R	表项的可读属性位 0——表项匹配地址不可读 1——表项匹配地址可读
[1]	W	表项的可写属性位 0——表项匹配地址不可写 1——表项匹配地址可写
[2]	X	表项的可执行属性位 0——表项匹配地址不可执行 1——表项匹配地址可执行
[4:3]	A	表项的地址匹配模式位 00——OFF，无效表项 01——最大区域（Top Of Region，TOR），使用相邻表项的地址作为匹配区间的模式 10——自然对齐的 4 字节区域（Naturally Aligned Four-byte Region，NA4），区间大小为 4 字节的匹配模式，该模式不支持 11——自然对齐的区间大小为 2 的幂次方的区域（Naturally Aligned Power-Of-2 Regions，NAPOT），区间大小为 2 的幂次方的匹配模式，至少为 4KB
[6:5]	—	保留位
[7]	L	表项的锁使能位 0——机器模式的访问都将成功；系统模式/用户模式的访问根据 R/W/X 判定是否成功 1——表项被锁住，无法对相关表项进行修改；当配置在最大区域（TOR）模式时，其前一个表项的地址寄存器也无法被修改；所有模式都需要根据 R/W/X 判定是否访问成功

2）PMPADDRx

PMPADDRx（x=0,1,2,…,7）是机器模式物理内存保护基址寄存器 x，其用于配置物理内存的每个表项的地址区间，在机器模式下可读写。RISC-V 规定 PMP 地址寄存器存放的是物理地址的[39:2]位，因为 C910 的 PMP 表项粒度最低支持 4KB，因此该寄存器的[8:0]位不会用于地址鉴权逻辑。PMPADDRx 字段的含义见表 2.75。

表 2.75　PMPADDRx 字段的含义

比　特　位	复　　位	含　　义
[63:38]	—	保留位。写操作无效，读操作值为 0
[37:9]	0	用于存放物理地址信息
[8:0]	—	保留位。写操作无效，读操作值为 0

第3章　神经网络加速器

神经网络加速器（Neural Network Accelerator，NNA）在魂芯 V-A 智能处理器中作为核心计算核承载了神经网络加速计算的任务。

NNA 内部部署了大量带本地存储的计算单元，或称为处理引擎（Processing Engine）。对于深度学习网络来说，处理的瓶颈在于访存，每个乘累加操作需要 3 次读访存（权重、激活及部分和）和一次写访存（更新部分和）。NNA 的设计原则就是通过引入多层次的本地存储来减少数据移动的能量消耗。AI 引擎通过专用数据流来利用多层次的本地存储，数据流决定数据的存储层次和何时被处理。因为深度学习网络的处理不是随机的，所以我们可以根据深度学习网络的形状和大小优化最佳效率，使优化后的数据流对于高能耗的存储层次访问最少。表 3.1 列出了 NNA 内部的主要模块。

表 3.1　NNA 内部的主要模块

模 块 名 称	功 能 特 点
向量处理引擎（Vector Processing Engine，VPE）	可使用 OpenCL/OpenVX 进行编程，主要用于图形图像的处理
神经网络引擎（Neural Network Engine，NNE）	不可编程，只能基于简单的命令对数据进行处理，主要对神经网络计算进行加速
卷积运算加速核（Convolution Processor，CP）	包含在 NNE 内部，主要对卷积运算进行加速
张量加速核（Tensor Processor，TP）	包含在 NNE 内部，主要对张量计算进行加速

NNA 的内部共有 4 个计算核，每个计算核拥有独立的总线接口和中断接口。每个核的内部拥有 2 个 VPE、3 个 NNE。每个 NNE 内部有 192 个 int16 的乘累加单元，这些乘累加单元也可以当作 768 个 int8 的乘累加单元使用。NNA 的内部共有 9216（4×3×768）个 int8 的乘累加单元，一个周期可以完成 9216 个乘运算和 9216 个加运算，共 18432 个 int8 类型的运算。

除此之外，每个 VPE 拥有 8GFLOPS 的浮点计算能力，NNA 的内部拥有 8（4×2）个 VPE，共有 64（8×8）GFLOPS 的浮点计算能力。

深度学习是一个快速更新的领域，体现在深度学习网络设计中就是不断出现各种网络层。由于 NNA 是计算的主要载体，主要负责卷积、全连接等密集型的算子计算，不适合处理深度学习网络中出现的新算子。为此，我们需要在 NNA 中加入一个 TP。TP 的设计目标是灵活、可编程，主要负责处理深度学习网络中出现的新算子，以帮助适应深度学习领域的未来变化。

3.1　主要特征

魂芯 V-A 智能处理器中的 NNA 具有如下特点：

- 4 个核；
- 每个核有 2304 个 int8 乘累加计算单元，等同于 576 个 fp16 乘累加计算单元；
- 每个核有 16GFLOPS 的浮点计算能力；
- 支持增强视觉 EVIS 指令；
- 两组 128bit AXI 总线；
- 每个核拥有独立的 AHB 总线、中断信号和控制寄存器；
- 自动时钟控制，根据核的工作状态决定是否打开、关闭核的时钟。

3.2　整体结构

整个 NNA 的硬件架构如图 3.1 所示，其中 NNE 的硬件架构如图 3.2 所示。

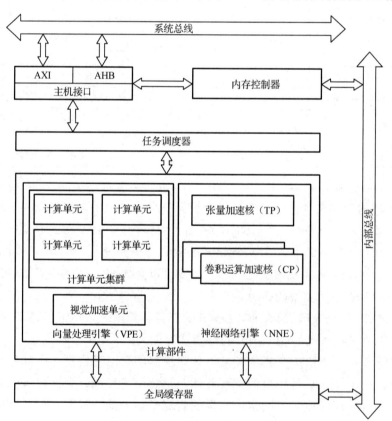

图 3.1　整个 NNA 的硬件架构

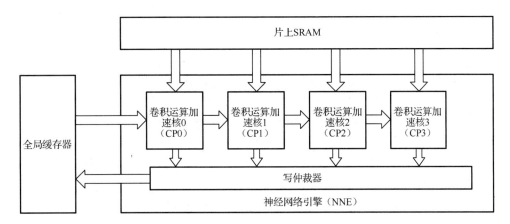

图 3.2　NNE 的硬件架构

每个 NNE 拥有 768 个 int8 的乘累加单元，而 NNE 内部又由 4 个 CP 组成，所以每个 CP 拥有 192 个 int8 的乘累加单元。进行卷积运算时，4 个 CP 分别处理一部分图像，其运算的结果通过写仲裁器写回全局缓存器中，CP 的内部结构如图 3.3 所示。

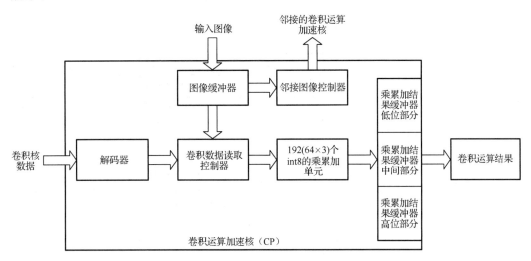

图 3.3　CP 的内部结构

为减少片上 SRAM 的使用，以压缩格式存储卷积核数据。需要进行卷积运算时，首先对卷积核数据进行解码。卷积数据读取控制器控制着整个卷积运算过程，它从解码器中获取卷积核数据，从图像缓冲器中获取输入图像，控制乘累加单元的运行。图像缓冲器把一部分图像通过邻接图像控制器送给邻接的卷积运算加速核做卷积运算。乘累加的结果存储在乘累加结果缓冲器中，作为卷积运算结果输出。

3.3 功能描述

表 3.2 列出了目前 NNA 支持的神经网络加速操作。

表 3.2 目前 NNA 支持的神经网络加速操作

操 作 类 型	名 称
全连接层	Fullyconnected_relu
滑动窗口	Convolution
	Convolution_relu_pool
	DepthwiseConvolution
	MaxPooling
	AvgPooling
	MaxUnpooling
	Upsampling
	DilatedConvolution
	Deconvolution
重组数据	Split
	Concat
	Reshape
	Flatten
	Squeeze
	Permute
	Depth_to_space
	Space_to_depth
	Reverse
	ShuffleChannel
逐项操作	Add
	Sub
	Mul
	Div
	Floor
	Mean
激活函数	ELU
	ReluN
	LeakyRelu

续表

操 作 类 型	名 称
	Softmax
激活函数	Prelu
	Sigmoid
归一化	BatchNorm
反馈神经网络	Lstm
	Rnn
	Roi_pool
其他	NMS
	Dequantize
图像处理	Scale_image

3.4 中断

NNA 共有 4 个核，每个核会产生一个中断。中断由 NNA 自定义的命令产生，而 NNA 自定义的命令由 NNA 的驱动软件生成。表 3.3 列出了 NNA 中各核的中断号。

表 3.3 NNA 中各核的中断号

NNA 中的核	中 断 号
核 0	26
核 1	27
核 2	28
核 3	29

当产生中断后，它会一直保持高电平状态，直至主处理器通过读取 NNA 中的 AQIntrAcknowledge 中的值清除了这个中断。每个核的 AQIntrAcknowledge 清除每个核的中断。每个核的 AQIntrAcknowledge 的地址不同，表 3.4 列出了 NNA 中各核的 AQIntrAcknowledge 的地址。

表 3.4 NNA 中各核的 AQIntrAcknowledge 的地址

NNA 中的核	地 址
核 0	0x8000010
核 1	0x8100010
核 2	0x8200010
核 3	0x8300010

AQIntrAcknowledge 共 32 位，每一位代表一类中断事件。其中，为 0 时代表无对应类型的中断；为 1 时代表产生了对应类型的中断。但每一位代表的中断含义并不是硬件确定的，而是由软件确定的。只有第 31 位代表 AXI 总线错误中断的类型。

AQIntrEnbl 可以使能 NNA 某些类型的中断，具体见下节内容。

3.5 寄存器

1．寄存器列表

NNA 中的每个核的 AHB 总线上包含的寄存器如表 3.5 所示。表中的寄存器实际上在 NNA 内部有 4 个，每个核各一个。

表 3.5 NNA 中的每个核的 AHB 总线上包含的寄存器

寄 存 器 名	地　址	读 写 属 性
AQHiIdle	0x004	只读（R）
AQIntrAcknowledge	0x010	只读（R）
AQIntrEnbl	0x014	读/写（R/W）
gcregCmdBufferAHBCtrl	0x3A4	写（W）
AQCmdBufferAddr	0x654	写（W）

2．寄存器描述

1）空闲状态寄存器（AQHiIdle）

空闲状态寄存器，每一位代表一个模块目前是否处于空闲状态，其各位的含义见表 3.6。

表 3.6 AQHiIdle 各位的含义

位 域 名 称	位	读 写 属 性	复 位 值	含　义
IDLE_FE	0	R	0x1	为 1 时表示前端（Front End，FE）处于空闲状态
IDLE_SH	3	R	0x1	为 1 时表示 VPE 处于空闲状态
IDLE_NN	18	R	0x1	为 1 时表示 NNE 处于空闲状态
IDLE_TP	19	R	0x1	为 1 时表示 TP 处于空闲状态
IDLE_VSC	20	R	0x1	为 1 时表示 VIP Scaler 模块处于空闲状态
AXI_LP	31	R	0x0	为 1 时表示 AXI 总线处于空闲状态

2）中断标志寄存器（AQIntrAcknowledge）

中断标志寄存器，每一位代表相应的中断是否发生，其各位的含义如表 3.7 所示。

表 3.7 AQIntrAcknowledge 各位的含义

位域名称	位	读写属性	复位值	含义
INTR_VEC	31:0	R	0x00000000	对每一位来说：为 1 时表示产生了对应类型的中断；为 0 时表示无对应类型的中断；第 31 位代表 AXI 总线错误中断的类型

3）中断使能寄存器（AQIntrEnbl）

中断使能寄存器，每一位代表是否使能一个相应的中断，其各位的含义如表 3.8 所示。

表 3.8 AQIntrEnbl 各位的含义

位域名称	位	读写属性	复位值	含义
INTR_ENBL_VEC	31:0	R/W	0x00000000	0：中断禁止 1：中断使能

4）命令缓冲区控制寄存器（gcregCmdBufferAHBCtrl）

命令缓冲区控制寄存器，其各位的含义如表 3.9 所示。

表 3.9 gcregCmdBufferAHBCtrl 各位的含义

位域名称	位	读写属性	复位值	含义
PREFETCH	15:0	W	0x0000	从命令缓冲区中获取的命令的数量，以 64bit 为单位
ENABLE	16	W	0x0	使能命令解析

5）命令缓冲区地址寄存器（AQCmdBufferAddr）

命令缓冲区控制地址寄存器，其各位的含义如表 3.10 所示。

表 3.10 AQCmdBufferAddr 各位的含义

位域名称	位	读写属性	复位值	含义
ADDRESS	30:0	W	0x0	命令缓冲区地址
TYPE	31	W	0x0	缓冲区类型

3.6 应用说明

NNA 的一般工作流程如图 3.4 所示。

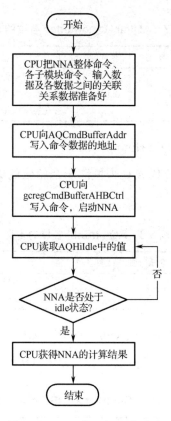

图 3.4　NNA 的一般工作流程

第4章　存储子系统和地址空间

4.1　存储子系统

魂芯 V-A 智能处理器内部可寻址的存储空间包括 ROM 模块的地址空间、OCM 存储模块的地址空间和 DDR 存储模块的地址空间。

1. ROM

魂芯 V-A 智能处理器内部集成了 ROM 模块，其地址空间如表 4.1 所示。

表 4.1　魂芯 V-A 智能处理器内部 ROM 模块的地址空间

存储空间类型	大　小	起 始 地 址	结 束 地 址
BOOT ROM data	128KB	00_0E30_0000	00_0E31_FFFF

该地址空间用来引导固化的一级引导程序，不对用户开放。

2. OCM

魂芯 V-A 智能处理器内部集成了 OCM 存储模块，其地址空间如表 4.2 所示。

表 4.2　魂芯 V-A 智能处理器内部 OCM 存储模块的地址空间

存储空间类型	大　小	起 始 地 址	结 束 地 址
OCM data	4MB	00_7000_0000	00_703F_FFFF

该地址空间可以被 CPU、NPU，以及其他外设访问。CPU、NPU 与 OCM 之间有高速通道，可以满足 CPU 与 NPU 的高带宽访问要求。

3. DDR

魂芯 V-A 智能处理器内部集成了两个 DDR 存储模块，其地址空间如表 4.3 所示。

表 4.3　魂芯 V-A 智能处理器内部两个 DDR 存储模块的地址空间

存储空间类型	大　小	起 始 地 址	结 束 地 址
DDR0 data	64GB	00_8000_0000	10_7FFF_FFFF
DDR1 data	64GB	30_0000_0000	3F_FFFF_FFFF

该地址空间可以被所有处理模块或外设访问。其中，CPU、NPU、PCIE、SRIO 使用高速数据传输通道对 DDR 空间进行高带宽数据访问。

4.2 地址空间

魂芯 V-A 智能处理器的 CPU 采用字节寻址，40bit 的地址位宽，寻址空间为 1TB。根据地址空间的安排和使用需求，CPU 可访问不同地址段，分 3 种不同访问属性：不可缓存外设、可高速缓存内存、可缓存外设。魂芯 V-A 智能处理器的全局地址空间映射如表 4.4 所示。

表 4.4　魂芯 V-A 智能处理器的全局地址空间映射

位 域 名 称	大　　小	起 始 地 址	结 束 地 址	CPU 访问属性
保留	128MB	00_0000_0000	00_07FF_FFFF	
NNA space	4MB	00_0800_0000	00_083F_FFFF	
保留	12MB	00_0840_0000	00_08FF_FFFF	
DMAC config	1MB	00_0900_0000	00_090F_FFFF	
DDR0 config	64KB	00_0910_0000	00_0910_FFFF	
DDR1 config	64KB	00_0911_0000	00_0911_FFFF	
QSPI Flash config	64KB	00_0912_0000	00_0912_FFFF	
EMMC/SD config	64KB	00_0913_0000	00_0913_FFFF	
保留	768KB	00_0914_0000	00_091F_FFFF	
保留	18MB	00_0920_0000	00_0A3F_FFFF	
保留	256KB	00_0A40_0000	00_0A43_FFFF	
SYS config	64KB	00_0A44_0000	00_0A44_FFFF	
CRMU config	64KB	00_0A45_0000	00_0A45_FFFF	不可缓存外设
保留	64KB	00_0A46_0000	00_0A46_FFFF	
保留	576KB	00_0A47_0000	00_0A4F_FFFF	
保留	15MB	00_0A50_0000	00_0B3F_FFFF	
GMAC Serdes PHY	256KB	00_0B40_0000	00_0B43_FFFF	
GMAC Controller	128KB	00_0B44_0000	00_0B45_FFFF	
保留	128KB	00_0B46_0000	00_0B47_FFFF	
I^2C0	64KB	00_0B48_0000	00_0B48_FFFF	
I^2C1	64KB	00_0B49_0000	00_0B49_FFFF	
保留	128KB	00_0B4A_0000	00_0B4B_FFFF	
SPI0	64KB	00_0B4C_0000	00_0B4C_FFFF	
SPI1	64KB	00_0B4D_0000	00_0B4D_FFFF	
I^2S0	64KB	00_0B4E_0000	00_0B4E_FFFF	

续表

位 域 名 称	大　　小	起 始 地 址	结 束 地 址	CPU 访问属性
I^{2}S1	64KB	00_0B4F_0000	00_0B4F_FFFF	不可缓存外设
SRIO Serdes PHY	256KB	00_0B50_0000	00_0B53_FFFF	
SRIO Controller	64KB	00_0B54_0000	00_0B54_FFFF	
SRIO-config	64KB	00_0B55_0000	00_0B55_FFFF	
保留	640KB	00_0B56_0000	00_0B5F_FFFF	
保留	14MB	00_0B60_0000	00_0C3F_FFFF	
UART0	64KB	00_0C40_0000	00_0C40_FFFF	
UART1	64KB	00_0C41_0000	00_0C41_FFFF	
TIMER0～TIMER7	64KB	00_0C42_0000	00_0C42_FFFF	
WDT	64KB	00_0C43_0000	00_0C43_FFFF	
GPIO	64KB	00_0C44_0000	00_0C44_FFFF	
TEMP sensor	64KB	00_0C45_0000	00_0C45_FFFF	
GMAC Wrapper	64KB	00_0C46_0000	00_0C46_FFFF	
保留	64KB	00_0C47_0000	00_0C47_FFFF	
PCIE Serdes PHY	256KB	00_0C48_0000	00_0C4B_FFFF	
保留	1280KB	00_0C4C_0000	00_0C5F_FFFF	
保留	2MB	00_0C60_0000	00_0C7F_FFFF	
PCIE Controller	8MB	00_0C80_0000	00_0CFF_FFFF	
保留	4MB	00_0D00_0000	00_0D3F_FFFF	
保留	15MB	00_0D40_0000	00_0E2F_FFFF	可高速缓存内存
BOOT ROM data	128KB	00_0E30_0000	00_0E31_FFFF	
保留	896KB	00_0E32_0000	00_0E3F_FFFF	
保留	28MB	00_0E40_0000	00_0FFF_FFFF	
QSPI XIP data	256MB	00_1000_0000	00_1FFF_FFFF	可缓存外设
PCIE data	256MB	00_2000_0000	00_2FFF_FFFF	
SRIO data	256MB	00_3000_0000	00_3FFF_FFFF	
保留	768MB	00_4000_0000	00_6FFF_FFFF	可高速缓存内存
OCM data	4MB	00_7000_0000	00_703F_FFFF	
保留	252MB	00_7040_0000	00_7FFF_FFFF	
DDR0 data	64GB	00_8000_0000	10_7FFF_FFFF	
保留	64GB	10_8000_0000	20_7FFF_FFFF	
保留	62GB	20_8000_0000	2F_FFFF_FFFF	
DDR1 data	64GB	30_0000_0000	3F_FFFF_FFFF	
保留	64GB	40_0000_0000	4F_FFFF_FFFF	

位 域 名 称	大　　小	起 始 地 址	结 束 地 址	CPU 访问属性
CPU INT	128MB	50_0000_0000	50_07FF_FFFF	不可缓存外设
保留	896MB	50_0800_0000	50_3FFF_FFFF	
保留	703GB	50_4000_0000	FF_FFFF_FFFF	

第5章 中断系统

魂芯 V-A 智能处理器的中断管理主要由 C910 的中断控制器负责。C910 的中断控制器包括处理器核局部中断控制器（CLINT）和平台级中断控制器（PLIC）。其中，CLINT 处理软件中断和计数器中断；PLIC 用于对外部的中断源采样、优先级仲裁及分发。

对于软件中断：可通过配置软件中断寄存器（MSIP/SSIP）产生和清除中断。在机器模式下可访问和修改所有相关的软件中断寄存器。在超级用户模式下仅可访问和修改其对应模式下的软件中断寄存器。

对于计数器中断：多核系统中有一个 64bit 的系统计数器（MTIME），该计数器只可读，只能通过 CPU 的复位信号清零。同时每一个核的内部有一组 64bit 的机器模式时钟计数器比较值寄存器{MTIMECMPH[31:0]，MTIMECMPL[31:0]}和一组 64bit 的超级用户模式时钟计数器比较值寄存器 {STIMECMPH[31:0]，STIMECMPL[31:0]}。当 {MTIMECMPH[31:0], MTIMECMPL[31:0]}或{STIMECMPH[31:0], STIMECMPL[31:0]} 大于 MTIME 时，不产生计数器中断。当{MTIMECMPH[31:0]，MTIMECMPL[31:0]}或 {STIMECMPH[31:0]，STIMECMPL[31:0]}中的值小于或等于 MTIME 中的值时，产生计数器中断。软件可以改写 MTIMECMP/STIMECMP 的值来清除中断。

注：在超级用户模式下发起计数器中断和软件中断时，需要将机器模式扩展寄存器（MXSTATUS）的 CLINTEE 位置 1 才能被响应。在用户模式下没有访问、修改软件中断寄存器和计数器中断寄存器的权限。

C910 MP 实现的 PLIC 的基本功能如下：

- 最多支持 4 个核/8 个中断目标的中断分发；
- 最多支持 1023 个中断源采样，支持电平中断、脉冲中断；
- 32 个级别的中断优先级；
- 每个中断目标的中断使能独立维护；
- 每个中断目标的中断阈值独立维护；
- PLIC 的访问权限可配置。

5.1 PLIC 中断处理机制

1. 中断仲裁

在 PLIC 中，只有符合条件的中断源才会参与对某个中断目标的仲裁。满足的条件如下：

- 中断源处于等待状态（IP=1）；
- 中断优先级大于 0；
- 该中断目标的使能位打开。

对于某个中断目标，当 PLIC 中有多个中断处于挂起状态时，PLIC 仲裁出优先级最高的中断。在 C910 MP 的 PLIC 实现中，机器模式下的中断优先级始终高于超级用户模式下的中断优先级。当模式相同的情况下，优先级配置寄存器中的值越大，优先级越高，优先级为 0 的中断无效；若多个中断拥有相同的优先级，则优先处理 ID 较小的中断。

PLIC 会将仲裁结果以中断 ID 的形式更新到对应中断目标的中断响应/完成寄存器中。

2．中断请求与响应

当 PLIC 对特定中断目标存在有效中断请求，且优先级大于该中断目标的中断阈值时，会向该中断目标发起中断请求。

当该中断目标收到中断请求，且可响应该中断请求时，需要向 PLIC 发送中断响应消息。中断响应机制如下：

- 中断目标向其对应的中断响应/完成寄存器发起一个读操作。该读操作将返回一个 ID，表示当前 PLIC 仲裁出的中断 ID。中断目标根据所获得的 ID 进行下一步处理。如果获得的中断 ID 为 0，表示没有有效中断请求，中断目标结束中断处理。
- 当 PLIC 收到中断目标发起的读操作，且返回相应 ID 后，会将该 ID 对应的中断源 IP 位清零，并且在中断完成之前屏蔽该中断源的后续采样。
- 当配置 L2 ECC 功能时，PLIC 内的 1 号中断固定为 L2 ECC FATAL 中断。

3．中断完成

对于中断目标，完成中断处理后，需要向 PLIC 发送中断完成消息。中断完成机制如下：

- 中断目标向中断响应/完成寄存器发起写操作，写操作的值为本次完成的中断 ID。如果中断类型为电平中断，还须清除外部中断源。
- PLIC 收到该中断完成请求后，不更新中断响应/完成寄存器中的值，解除 ID 对应的中断源采样屏蔽，结束整个中断处理过程。

5.2 中断号映射表

魂芯 V-A 智能处理器的中断事件与中断号如表 5.1 所示。

表 5.1　魂芯 V-A 智能处理器的中断事件与中断号

中　断　号	中　断　名　称	描　　述
0～15	保留	硬件保留
16～25	保留	保留
26	NNA CORE0_INT	NNA 核 0 中断
27	NNA CORE1_INT	NNA 核 1 中断
28	NNA CORE2_INT	NNA 核 2 中断
29	NNA CORE3_INT	NNA 核 3 中断
30～33	保留	保留
34	DMAC_INT	DMAC 所有中断或组合
35～47	保留	保留
48	PCIE_MSI_INT0	PCIE MSI 中断
49	PCIE_MSI_INT1	
50	PCIE_MSI_INT2	
51	PCIE_MSI_INT3	
52	PCIE_MSI_INT4	
53	PCIE_MSI_INT5	
54	PCIE_MSI_INT6	
55	PCIE_MSI_INT7	
56	PCIE_MESSAGE_N_O	PCIE MESSAGE FIFO 非空
57	PCIE_LEGACY_INTA	PCIE 传统中断
58	PCIE_LEGACY_INTB	
59	PCIE_LEGACY_INTC	
60	PCIE_LEGACY_INTD	
61	PCIE_DMA_INT	PCIE DMA 中断
62	PCIE_POWER_STATE_CHANGE_INTERRUPT	PCIE 功耗状态发生改变中断
63	PCIE_DPA_INTERRUPT	PCIE 改变 DPA 状态中断
64	PCIE_PHY_INTERRUPT_OUT	PCIE PHY 中断
65	PCIE_LOCAL_INTERRUPT	PCIE 错误中断
66	PCIE_HOT_RESET	
67	PCIE_LINK_DOWN_RESET	
68～72	RESERVED	保留
73	SRIO0_RAB_INTR	SRIO0 传输中断
74～76	保留	保留
77	GMAC_INT	GMAC 中断
78	保留	保留

中　断　号	中　断　名　称	描　　述
79	DDR0_INT	DDR0 控制器中断
80	DDR1_INT	DDR1 控制器中断
81	保留	保留
82	QSPI_INT	QSPI 中断
83	保留	保留
84	EMMC_INT	EMMC 中断
85	EMMC_WAKEUP_INT	EMMC 唤醒中断
86	保留	保留
87	UART0_INT	UART0 中断
88	UART1_INT	UART1 中断
89	保留	保留
90	SPI0_INT	SPI0 中断
91	SPI1_INT	SPI1 中断
92	保留	保留
93	I2C0_INT	I^2C0 中断
94	I2C1_INT	I^2C1 中断
95	RESERVED	保留
96	I2S0_INT	I^2S0 中断
97	I2S1_INT	I^2S1 中断
98	保留	保留
99	Timer0_INT	计数器 0 中断
100	Timer1_INT	计数器 1 中断
101	Timer2_INT	计数器 2 中断
102	Timer3_INT	计数器 3 中断
103	Timer4_INT	计数器 4 中断
104	Timer5_INT	计数器 5 中断
105	Timer6_INT	计数器 6 中断
106	Timer7_INT	计数器 7 中断
107~110	保留	保留
111	WatchDog_INT	看门狗中断
112~116	保留	保留
117	GPIO_INT0	GPIO 中断
118	GPIO_INT1	GPIO 中断
119	GPIO_INT2	GPIO 中断
120	GPIO_INT3	GPIO 中断

中 断 号	中 断 名 称	描 述
121	GPIO_INT4	GPIO 中断
122	GPIO_INT5	GPIO 中断
123	GPIO_INT6	GPIO 中断
124	GPIO_INT7	GPIO 中断
125	GPIO_INT8	GPIO 中断
126	GPIO_INT9	GPIO 中断
127	GPIO_INT10	GPIO 中断
128	GPIO_INT11	GPIO 中断
129	GPIO_INT12	GPIO 中断
130	GPIO_INT13	GPIO 中断
131	GPIO_INT14	GPIO 中断
132	GPIO_INT15	GPIO 中断
133～1023	保留	保留

第 6 章　时钟与复位

时钟与复位管理单元（Clock And Reset Management Unit，CRMU）为整个处理器中除 SERDES-PMA 相关模块外的所有模块提供需要的时钟，为所有模块提供需要的复位。

6.1　简介

CRMU 的主要特征如下。

1）时钟管理

（1）CRMU 内部包括 4 个 PLL（PLL0～PLL3）。其中，PLL0 用于生成 NNA 核、NNA 核控制的 AXI 总线（NNA-/AXI）、OCM、DMAC、RIO-AXI、AHB BUS 的工作时钟；PLL1 用于生成 CPU 核的工作时钟；PLL2 用于生成 DDR-CTL/PHY 的工作时钟；PLL3 用于生成 GMAC 等其他低速模块的工作时钟（这些模块的时钟频率基本固定）。4 个 PLL 在 CRMU 层次上有独立的输入参考时钟引脚。

（2）用于各个模块的时钟频率可以在智能处理器上电复位后被重新设置。

（3）支持规模较大模块的时钟门控（Clock Gating）。

（4）CRMU 不产生给 SERDES-PMA 的参考时钟及部分 SERDES 控制器的工作时钟。

（5）按照规定的动作改变时钟配置，不会有不稳定的时钟毛刺产生。

2）复位管理

（1）支持 3 种复位类型，即上电复位（Power-On Reset）、硬复位（Hard Reset）、本地复位（Local Reset）。

（2）复位有效动作是异步的，即只要复位信号有效，就会立即对对应的硬件模块（DFF）进行复位。

（3）复位释放是同步的，即会将各模块复位信号的释放同步在其对应时钟域中，确保复位的释放不会导致亚稳态的出现。

6.2　功能框图

如图 6.1 所示，CRMU 的顶层是 CRMU_WRAP，内部包含 2 个子模块：CRMU_core 和 clk_reset_mux。其中，CRMU_core 实现的是 CRMU 的核心功能；

clk_reset_mux 用来支持魂芯 V-A 智能处理器的测试功能，正常功能模式下可忽略。

　　CRMU_core 内部含时钟管理单元（Clock Management Unit，CMU）、复位管理单元（Reset Management Unit，RMU）、寄存器堆（Register File，RF），分别对应时钟管理、复位管理、寄存器配置三个功能。通过 AHB 接口配置 RF 中的寄存器，可以满足不同的时钟管理和复位管理的需求。

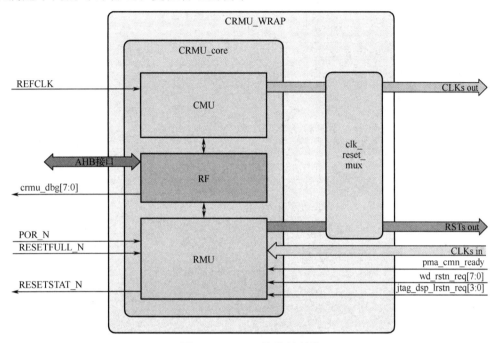

图 6.1　CRMU 的整体结构

6.3　系统时钟

　　图 6.2 中描述了各个时钟的生成路径、选择控制、分频系数、门控信息；图中"（）"中的数据表示默认/复位值，"[ ]"中的数据表示范围。

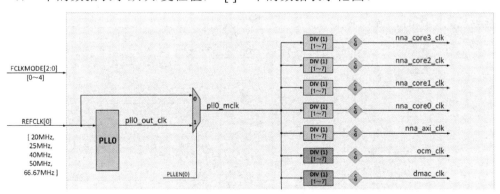

图 6.2　CRMU 时钟生成方案

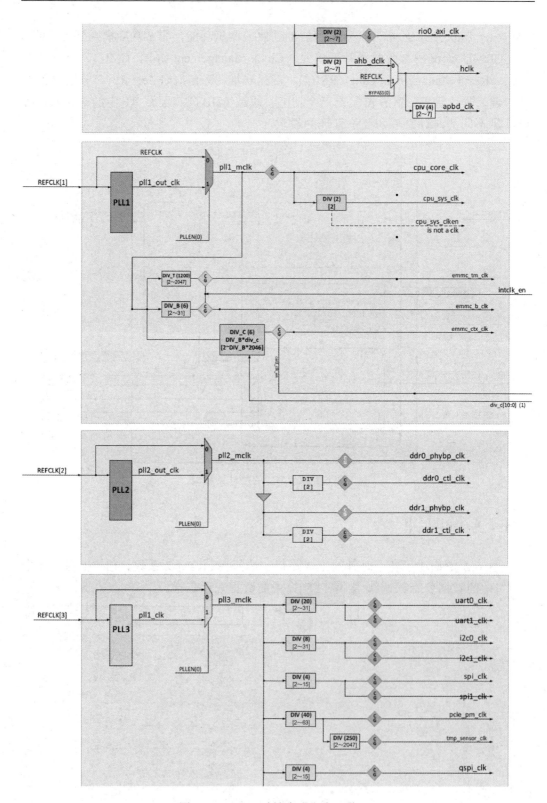

图 6.2　CRMU 时钟生成方案（续）

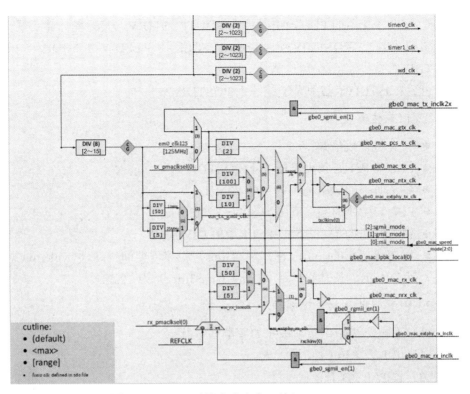

图 6.2　CRMU 时钟生成方案（续）

6.4　PLL 介绍

1）PLL 结构

PLL 的结构如图 6.3 所示。

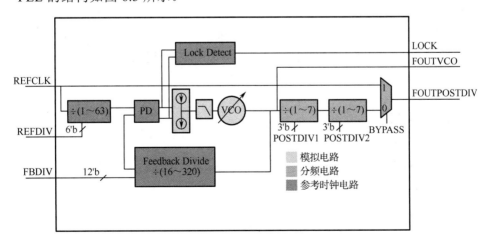

图 6.3　PLL 的结构

CRMU 中使用的 PLL 输出时钟为 FOUTPOSTDIV，其频率计算公式为

Freq（FOUTPOSTDIV）= Freq(REFCLK) / REFDIV * FBDIV / POSTDIV1/ POSTDIV2。

注：POSTDIV1 必须大于或等于 POSTDIV2。

2）PLL 主要特征

- 只支持整数倍频；
- POSTDIV1 必须大于或等于 POSTDIV2；
- 参考时钟的频率范围为 10～80MHz；
- FOUTVCO 的频率范围为 800～3200MHz；
- 锁定时间为 1500 个 REFCLK/REFDIV 周期；
- 周期抖动（Period Jitter）为 0.30ps，相邻周期间抖动（Cycle to Cycle Jitter）为 0.42ps，长时间抖动（Long Time Jitter）为 12.5ps。

3）PLL 上电及初始化顺序

PLL 上电及初始化必须按照如下顺序进行：

（1）PLL 及 REFCLK 源上电；

（2）置 PLL PD 有效；

（3）给 PLL 一组新的有效配置；

（4）等待至少 1μs 后置 PLL PD 无效；

（5）等待至少 1500 个 REFCLK 周期，PLL 输出时钟稳定（PLL LOCK）。

4）PLL 配置修改顺序

PLL 配置的修改必须按如下顺序进行：

（1）在更改 PLL 前先通过 PLL 外部的抗抖动选通电路（de-glitch mux）把 clkout 选到 REFCLK；

（2）修改 PLL 配置［执行上电及初始化顺序的（2）～（5）步］；

（3）等 PLL 稳定后，通过 PLL 外部的抗抖动选通电路（de-glitch mux）把 clkout 选到 pll_clk_out。

6.5 系统复位

魂芯 V-A 智能处理器支持 3 种类型的复位，按优先级从高到低依次说明如下。

1）上电复位

上电复位用于复位整个魂芯 V-A 智能处理器，处理器上的所有单元都会被复位到默认状态。

上电复位阶段，PLL 控制将起始于旁路模式（Bypass Mode）并且 PLL 处于未

被使用的状态。复位结束后，PLL 需要执行完初始化进程后才能被正常使用；PLL 的初始化及其他控制在复位之后由软件来控制。

除上电复位外其他类型的复位不会影响 PLL 本身和 PLL 控制器中的分频器。

上电复位可以由 2 种方式实现。

- POR_N PAD：该复位仅在系统上电时进行。
- RESETFULL_N PAD：该复位由外部单元控制，可以在处理器的正常工作状态下进行。

2）硬复位

硬复位用于复位除 PLL、TEST 外的整个处理器。硬复位可以由 2 种方式实现。

- RST_CTL (SWRST)寄存器：由寄存器触发的硬复位会持续一段时间后自动释放。
- Watchdog RSTN REQUEST (wd_rstn_req[7:0])：wd_rstn_req 的每 1 位都可能会触发硬复位或本地复位；如果要触发硬复位，则寄存器 RST_CTL 中的 WDRSTN_TYPE[7:0]对应位要配置为 1。

3）本地复位

本地复位用于只复位某个 CPU 核，而不会影响处理器中的其他单元。本地复位可以由 2 种方式实现。

- RST_CORE_CTRL (CPU_LRST_MR/AR 字段)寄存器。
- Watchdog RSTN REQUEST (wd_rstn_req[7:4])；wd_rstn_req 的每 1 位都可能会触发硬复位或本地复位；如果要触发本地复位，则寄存器 RST_CTL 中的 wd_rstn_type[7:4]对应比特位要配置为 0。

6.6　寄存器描述

6.6.1　寄存器列表

CRMU 在魂芯 V-A 智能处理器中的基地址（Base Address）是 0x00_0a45_0000（字节地址），其内部的寄存器如表 6.1 所示。

表 6.1　CRMU 内部的寄存器

寄存器名称	偏 移 地 址	访 问 属 性	描　　述
时钟管理寄存器：PLL0 相关控制寄存器			
PLL0_STATUS	0x000	R	PLL0 状态
PLL0_CTL0	0x001	R/W	PLL0 控制 0
PLL0_CTL1	0x002	R/W	PLL0 控制 1
PLL0_CTL2	0x003	R/W	PLL0 控制 2

寄存器名称	偏移地址	访问属性	描述
—	0x004～0x006	R	保留
CLK_PLL0_EN	0x007	R/W	使用 PLL0 输出时钟使能
CLK_SYS_CTL	0x008	R/W	系统时钟控制
CLK_NNA_CTL	0x009	R/W	NNA 核时钟控制
—	0x00a～0x0f	R	保留
CLK_OCM_CTL	0x010	R/W	OCM 时钟控制
CLK_DMAC_CTL	0x011	R/W	DMAC 时钟控制
CLK_RIO_CTL	0x012	R/W	RIO 时钟控制
—	0x013～0x0ff	R/W	保留
时钟管理寄存器：PLL1 相关控制寄存器			
PLL1_STATUS	0x100	R	PLL1 状态
PLL1_CTL0	0x101	R/W	PLL1 控制 0
PLL1_CTL1	0x102	R/W	PLL1 控制 1
PLL1_CTL2	0x103	R/W	PLL1 控制 2
—	0x104～0x106	R	保留
CLK_PLL1_EN	0x107	R/W	使用 PLL1 输出时钟使能
CLK_CPU_CTL	0x108	R/W	CPU 时钟控制
—	0x109～0x110	R	保留
CLK_EMMC_CTL	0x111	R/W	EMMC 时钟控制
—	0x112～0x1ff	R	保留
时钟管理寄存器：PLL2 相关控制寄存器			
PLL2_STATUS	0x200	R	PLL2 状态
PLL2_CTL0	0x201	R/W	PLL2 控制 0
PLL2_CTL1	0x202	R/W	PLL2 控制 1
PLL2_CTL2	0x203	R/W	PLL2 控制 2
—	0x204～0x206	R	保留
CLK_PLL2_EN	0x207	R/W	使用 PLL2 输出时钟使能
CLK_DDR_CTL	0x208	R/W	DDR 时钟控制
—	0x209～0x2ff	R	保留
时钟管理寄存器：PLL3 相关控制寄存器			
PLL3_STATUS	0x300	R	PLL3 状态
PLL3_CTL0	0x301	R/W	PLL3 控制 0
PLL3_CTL1	0x302	R/W	PLL3 控制 1
PLL3_CTL2	0x303	R/W	PLL3 控制 2
—	0x304～0x306	R	保留

寄存器名称	偏移地址	访问属性	描 述
CLK_PLL3_EN	0x307	R/W	使用 PLL3 输出时钟使能
—	0x308	R	保留
CLK_UART_CTL	0x309	R/W	UART 时钟控制
CLK_I2C_CTL	0x30a	R/W	I^2C 时钟控制
CLK_SPI_CTL	0x30b	R/W	SPI 时钟控制
CLK_PCIE_CTL	0x30c	R/W	PCIE 时钟控制
CLK_TMPSS_CTL	0x30d	R/W	TMP SENSOR 时钟控制
—	0x30e	R	保留
—	0x30f	R	保留
CLK_QSPI_CTL	0x310	R/W	QSPI 时钟控制
—	0x311	R	保留
CLK_TIMER0_CTL	0x312	R/W	计数器 CLK0 的控制寄存器
CLK_TIMER1_CTL	0x313	R/W	计数器 CLK1 的控制寄存器
CLK_WD_CTL	0x314	R/W	看门狗 CLK 的控制寄存器
—	0x315~0x317	R	保留
CLK_GBE0M_CTL	0x318	R/W	1Gb/s 以太网 0 MAC 时钟控制
—	0x319~0x3ff	R	保留
时钟管理寄存器：为 PLL 扩展保留			
—	0x400~0x7ff	R	保留
复位管理寄存器			
RST_STATUS	0x800	R/W	复位状态
RST_TYPE_STATUS	0x801	R	复位类型状态
—	0x802	R	保留
—	0x803	R	保留
RST_CTL	0x804	R/W	复位控制
RST_INIT_CTL	0x805	R/W	复位及初始化控制
RST_CORE_CTL	0x806	R/W	NNA/CPU 核控制
—	0x807	R	保留
RST_SDS_CTL	0x808	R/W	SERDES 复位控制
RST_SDS_STATUS	0x809	R/W	SERDES 复位状态
—	0x809~0x80d	R	保留
DBG_CTL	0x80e	R/W	Debug 信号控制
—	0x80f	R	保留
—	0x810~0xfff	R	保留

6.6.2　寄存器功能定义

1. PLL*i*_STATUS

PLL*i*_STATUS 寄存器是 PLL*i* 状态寄存器（*i*=0,1,2,3），其字段的含义如表 6.2 所示。

表 6.2　PLL*i*_STATUS 寄存器字段的含义

比 特 位	域 名	读（R）/写（W）	复 位	含 义
[31:19]	—	R	0	保留
[18:16]	FCLKMODE	R	—	REFCLK 时钟的频率标识位，即 0x0：20MHz 0x1：25MHz 0x2：40MHz 0x3：50MHz 0x4：66.67MHz 0x5～0x7：保留
[15:1]	—	R	0	保留
[0]	PLLLOCK	R	0	PLL 锁定标识位 0：不锁定 1：锁定

2. PLL*i*_CTL0

PLL*i*_CTL0 寄存器是 PLL*i* 控制 0 号寄存器（*i*=0,1,2,3），其字段的含义如表 6.3 所示。

表 6.3　PLL*i*_CTL0 寄存器字段的含义

比 特 位	域 名	读（R）/写（W）	复 位	含 义
[31:6]	—	R	0	保留
[5]	PLLPDVCO	R/W	0	PLL VCO 的无效标识位 0：PLL VCO 正常 1：PLL VCO 无效
[4]	PLLPDPOSTDIV	R/W	0	PLL POSTDIV 的无效标识位 0：PLL POSTDIV 正常 1：PLL POSTDIV 无效
[3:2]	—	R	0	保留
[1]	PLLPD	R/W	1	PLL 的无效标识位 0：PLL 正常 1：PLL 无效
[0]	PLLBP	R/W	0	PLL 的旁路位 0：PLL 内部 VCO 驱动的时钟正常输出 1：PLL 输出 REFCLK

3. PLL*i*_CTL1

PLL*i*_CTL1 寄存器是 PLL*i* 控制 1 号寄存器（*i*=0,1,2,3），其字段的含义如表 6.4 所示。

表 6.4　PLL*i*_CTL1 寄存器字段的含义

比 特 位	域　　名	读（R）/写（W）	复　　位	含　　义
[31:24]	—	R	0	保留
[23:22]	—	R	0	保留
[21:16]	REFCLKDIV	R/W	1	REFCLK 倍频之前先分频的系数位，范围为 1～63
[15:12]	—	R	0	保留
[11:0]	FBDIV	R/W	0x28(*i*=0) 0x30(*i*=1) 0x30(*i*=2) 0x28(*i*=3)	PLL 倍频系数位

4. PLL*i*_CTL2

PLL*i*_CTL2 寄存器是 PLL*i* 控制 2 号寄存器（*i*=0,1,2,3），其字段的含义如表 6.5 所示。

表 6.5　PLL*i*_CTL2 寄存器字段的含义

比 特 位	域　　名	读（R）/写（W）	复　　位	含　　义
[31]	—	R	0	保留
[30:28]	POSTDIV2	R/W	1	VCO 后面分频器 2 的系数位 0：保留 1：/1 … 7：/7
[27]	—	R	0	保留
[26:24]	POSTDIV1	R/W	1 (*i*=0) 1 (*i*=1) 1 (*i*=2) 1 (*i*=3)	VCO 后面分频器 1 的系数位 0：保留 1：/1 … 7：/7
[23:0]	—	R	0	保留

5. CLK_PLL0_EN

CLK_PLL0_EN 寄存器使能以 PLL0 输出为源的时钟，其字段的含义如表 6.6 所示。

表 6.6　CLK_PLL0_EN 寄存器字段的含义

比　特　位	域　　名	读（R）/写（W）	复　位	含　　义
[31:1]	—	R	0	保留
[0]	PLLEN	R/W	0	pll_mclk 选择位 0：选择 REFCLK 1：选择 pll_out_clk

6. CLK_SYS_CTL

CLK_SYS_CTL 寄存器是系统时钟控制寄存器，其字段的含义如表 6.7 所示。

表 6.7　CLK_SYS_CTL 寄存器字段的含义

比　特　位	域　　名	读（R）/写（W）	复　位	含　　义
[31]	—	R	0	保留
[30:28]	DIV_APBD	R/W	4	APB LOW CLK 相对于 HCLK 的分频系数位 0~1：保留 2~7：2~7
[22:20]	DIV_AHB	R/W	2	HCLK 的分频系数位 0~1：保留 2~7：2~7
[19:17]	—	R	0	保留
[16]	BP_AHB	R/W	0	HCLK BYPASS 控制位 0：使用分频后的时钟 1：使用 REFCLK
[15:5]	—	R	0	保留
[4]	CG_NNA_AXI	R/W	0	NNA 的 AXI 总线的时钟门控使能位 0：不使能时钟门控 1：使能时钟门控
[3]	CG_NNA3	R/W	0	NNA 核 3 的时钟门控使能位 0：不使能时钟门控 1：使能时钟门控
[2]	CG_NNA2	R/W	0	NNA 核 2 的时钟门控使能位 0：不使能时钟门控 1：使能时钟门控
[1]	CG_NNA1	R/W	0	NNA 核 1 的时钟门控使能位 0：不使能时钟门控 1：使能时钟门控
[0]	CG_NNA0	R/W	0	NNA 核 0 的时钟门控使能位 0：不使能时钟门控 1：使能时钟门控

7. CLK_NNA_CTL

CLK_NNA_CTL 寄存器是 NNA 核时钟控制寄存器，其字段的含义如表 6.8 所示。

表 6.8 CLK_NNA_CTL 寄存器字段的含义

比 特 位	域 名	读（R）/写（W）	复 位	含 义
[31:19]	—	R	0	保留
[18:16]	DIV_NNA_AXI	R/W	1	NNA 的 AXI 总线的时钟分频系数位 0：保留 1～7：1～7
[15]	—	R	0	保留
[14:12]	DIV_NNA3	R/W	1	NNA 核 3 的时钟分频系数位 0：保留 1～7：1～7
[11]	—	R	0	保留
[10:8]	DIV_NNA2	R/W	1	NNA 核 2 的时钟分频系数位 0：保留 1～7：1～7
[7]	—	R	0	保留
[6:4]	DIV_NNA1	R/W	1	NNA 核 1 的时钟分频系数位 0：保留 1～7：1～7
[3]	—	R	0	保留
[2:0]	DIV_NNA0	R/W	1	NNA 核 0 的时钟分频系数位 0：保留 1～7：1～7

8. CLK_OCM_CTL

CLK_OCM_CTL 寄存器是 OCM 时钟控制寄存器，其字段的含义如表 6.9 所示。

表 6.9 CLK_OCM_CTL 寄存器字段的含义

比 特 位	域 名	读（R）/写（W）	复 位	含 义
[31:19]	—	R	0	保留
[18:16]	DIV	R/W	0x1	时钟分频系数位 0：保留 1～7：1～7
[15:1]	—	R	0	保留
[0]	CG	R/W	0	时钟门控使能位 0：不使能时钟门控 1：使能时钟门控

9. CLK_DMAC_CTL

CLK_DMAC_CTL 寄存器是 DMAC 时钟控制寄存器，其字段的含义如表 6.10 所示。

表 6.10 CLK_DMAC_CTL 寄存器字段的含义

比　特　位	域　　　名	读（R）/写（W）	复　　位	含　　　义
[31:19]	—	R	0	保留
[18:16]	DIV	R/W	0x1	时钟分频系数位 0：保留 1～7：1～7
[15:1]	—	R	0	保留
[0]	CG	R/W	0	时钟门控使能位 0：不使能时钟门控 1：使能时钟门控

10. CLK_RIO_CTL

CLK_RIO_CTL 寄存器是 RIO 时钟控制寄存器，其字段的含义如表 6.11 所示。

表 6.11 CLK_RIO_CTL 寄存器字段的含义

比　特　位	域　　　名	读（R）/写（W）	复　　位	含　　　义
[31:19]	—	R	0	保留
[18:16]	DIV	R/W	0x1	RIO AXI 总线的时钟分频系数位 0～1：保留 2～7：2～7
[15:1]	—	R	0	保留
[0]	CG	R/W	0	时钟门控使能位 0：不使能时钟门控 1：使能时钟门控

11. CLK_PLL1_EN

CLK_PLL1_EN 寄存器使能以 PLL1 输出为源的时钟，其字段的含义如表 6.12 所示。

表 6.12 CLK_PLL1_EN 寄存器字段的含义

比　特　位	域　　　名	读（R）/写（W）	复　　位	含　　　义
[31:1]	—	R	0	保留
[0]	PLLEN	R/W	0	pll_mclk 选择位 0：选择 REFCLK 1：选择 pll_out_clk

12．CLK_CPU_CTL

CLK_CPU_CTL 寄存器是 CPU 时钟控制寄存器，其字段的含义如表 6.13 所示。

表 6.13　CLK_CPU_CTL 寄存器字段的含义

比 特 位	域 名	读（R）/写（W）	复 位	含 义
[31:20]	—	R	0	保留
[19:16]	DIV_SYS	R/W	2	CPU 总线的时钟分频系数位 0：保留 1～8：1～8 9～15：保留
[15:1]	—	R	0	保留
[0]	CG	R/W	0	CPU 的时钟门控使能位 0：不使能时钟门控 1：使能时钟门控

13．CLK_EMMC_CTL

CLK_EMMC_CTL 寄存器是 EMMC 时钟控制寄存器，其字段的含义如表 6.14 所示。

表 6.14　CLK_EMMC_CTL 寄存器字段的含义

比 特 位	域 名	读（R）/写（W）	复 位	含 义
[31:27]	—	R	0	保留
[26:16]	DIV_T	R/W	1200 (0x4b0)	tm_clk 的时钟分频系数位 1：保留 2～2047：2～2047
[15:13]	—	R	0	保留
[12:8]	DIV_B	R/W	6	b_clk 的时钟分频系数位 1：保留 2～31：2～31
[7:0]	—	R	0	保留

14．CLK_PLL2_EN

CLK_PLL2_EN 寄存器使能以 PLL2 输出为源的时钟，其字段的含义如表 6.15 所示。

表 6.15　CLK_PLL2_EN 寄存器字段的含义

比 特 位	域 名	读（R）/写（W）	复 位	含 义
[31:1]	—	R	0	保留
[0]	PLLEN	R/W	0	pll_mclk 选择位 0：选择 REFCLK 1：选择 pll_out_clk

15. CLK_DDR_CTL

CLK_DDR_CTL 寄存器是 DDR 时钟控制寄存器，其字段的含义如表 6.16 所示。

表 6.16　CLK_DDR_CTL 寄存器字段的含义

比 特 位	域 名	读（R）/写（W）	复 位	含 义
[31:8]	—	R	0	保留
[7:6]	—	R	0	保留
[5]	CG_DDR1_PHYBP	R/W	1	DDR1 的物理层旁路时钟门控使能位 0：不使能时钟门控 1：使能时钟门控
[4]	CG_DDR0_PHYBP	R/W	1	DDR0 的物理层旁路时钟门控使能位 0：不使能时钟门控 1：使能时钟门控
[3:2]	—	R	0	保留
[1]	CG_DDR1_CTL	R/W	0	DDR1 控制器的时钟门控使能位 0：不使能时钟门控 1：使能时钟门控
[0]	CG_DDR0_CTL	R/W	0	DDR0 控制器的时钟门控使能位 0：不使能时钟门控 1：使能时钟门控

16. CLK_PLL3_EN

CLK_PLL3_EN 寄存器使能以 PLL3 输出为源的时钟，其字段的含义如表 6.17 所示。

表 6.17　CLK_PLL3_EN 寄存器字段的含义

比 特 位	域 名	读（R）/写（W）	复 位	含 义
[31:1]	—	R	0	保留
[0]	PLLEN	R/W	0	pll_mclk 选择位 0：选择 REFCLK 1：选择 pll_out_clk

17．CLK_UART_CTL

CLK_UART_CTL 寄存器是 UART 时钟控制寄存器，其字段的含义如表 6.18 所示。

表 6.18　CLK_UART_CTL 寄存器字段的含义

比　特　位	域　名	读（R）/写（W）	复　位	含　义
[31:21]	—	R	0	保留
[20:16]	DIV	R/W	0x14	控制器的时钟分频系数位 1：保留 2～31：2～31
[15:2]	—	R	0	保留
[1]	CG	R/W	0	控制器 1 的时钟门控使能位 0：不使能时钟门控 1：使能时钟门控
[0]	CG	R/W	0	控制器 0 的时钟门控使能位 0：不使能时钟门控 1：使能时钟门控

18．CLK_I2C_CTL

CLK_I2C_CTL 寄存器是 I^2C 时钟控制寄存器，其字段的含义如表 6.19 所示。

表 6.19　CLK_I2C_CTL 寄存器字段的含义

比　特　位	域　名	读（R）/写（W）	复　位	含　义
[31:21]	—	R	0	保留
[20:16]	DIV	R/W	0x8	控制器的时钟分频系数位 1：保留 2～31：2～31
[15:2]	—	R	0	保留
[1]	CG	R/W	0	控制器 1 的时钟门控使能位 0：不使能时钟门控 1：使能时钟门控
[0]	CG	R/W	0	控制器 0 的时钟门控使能位 0：不使能时钟门控 1：使能时钟门控

19．CLK_SPI_CTL

CLK_SPI_CTL 寄存器是 SPI 时钟控制寄存器，其字段的含义如表 6.20 所示。

表 6.20　CLK_SPI_CTL 寄存器字段的含义

比　特　位	域　　名	读（R）/写（W）	复　位	含　　义
[31:20]	—	R	0	保留
[19:16]	DIV	R/W	0x6	控制器时钟分频系数位 0~1：保留 2~15：2~15
[15:2]	—	R	0	保留
[1]	CG	R/W	0	控制器 1 的时钟门控使能位 0：不使能时钟门控 1：使能时钟门控
[0]	CG	R/W	0	控制器 0 的时钟门控使能位 0：不使能时钟门控 1：使能时钟门控

20．CLK_PCIE_CTL

CLK_PCIE_CTL 寄存器是 PCIE 时钟控制寄存器，其字段的含义如表 6.21 所示。

表 6.21　CLK_PCIE_CTL 寄存器字段的含义

比　特　位	域　　名	读（R）/写（W）	复　位	含　　义
[31:22]	—	R	0	保留
[21:16]	DIV	R/W	0x28	PCIE PM 的时钟分频系数位 1：保留 2~63：2~63
[15:1]	—	R	0	保留
[0]	CG	R/W	0	PCIE PM 的时钟门控使能位 0：不使能时钟门控 1：使能时钟门控

21．CLK_TMPSS_CTL

CLK_TMPSS_CTL 寄存器是 TMP SENSOR 时钟控制寄存器，其字段的含义如表 6.22 所示。

表 6.22　CLK_TMPSS_CTL 寄存器字段的含义

比　特　位	域　　名	读（R）/写（W）	复　位	含　　义
[31:27]	—	R	0	保留
[26:16]	DIV	R/W	0xFA	时钟分频系数位 1：保留 2~2047：2~2047

比 特 位	域 名	读（R）/写（W）	复 位	含 义
[15:1]	—	R	0	保留
[0]	CG	R/W	0	时钟门控使能位 0：不使能时钟门控 1：使能时钟门控

22. CLK_QSPI_CTL

CLK_QSPI_CTL 寄存器是 QSPI 时钟控制寄存器,其字段的含义如表 6.23 所示。

表 6.23 CLK_QSPI_CTL 寄存器字段的含义

比 特 位	域 名	读（R）/写（W）	复 位	含 义
[31:20]	—	R	0	保留
[19:16]	DIV	R/W	0x6	时钟分频系数位 1：保留 2～15：2～15
[15:1]	—	R	0	保留
[0]	CG	R/W	0	时钟门控使能位 0：不使能时钟门控 1：使能时钟门控

23. CLK_TIMER0_CTL

CLK_TIMER0_CTL 寄存器字段的含义如表 6.24 所示。

表 6.24 CLK_ TIMER0_CTL 寄存器字段的含义

比 特 位	域 名	读（R）/写（W）	复 位	含 义
[31:26]	—	R	0	保留
[25:16]	DIV	R/W	0x2	时钟分频系数位 1：保留 2～1023：2～1023
[15:1]	—	R	0	保留
[0]	CG	R/W	0	时钟门控使能位 0：不使能时钟门控 1：使能时钟门控

24. CLK_TIMER1_CTL

CLK_TIMER1_CTL 寄存器字段的含义如表 6.25 所示。

表 6.25　CLK_TIMER1_CTL 寄存器字段的含义

比　特　位	域　　名	读（R）/写（W）	复　位	含　　义
[31:26]	—	R	0	保留
[25:16]	DIV	R/W	0x2	时钟分频系数位 1：保留 2～1023：2～1023
[15:1]	—	R	0	保留
[0]	CG	R/W	0	时钟门控使能位 0：不使能时钟门控 1：使能时钟门控

25．CLK_WD_CTL

CLK_WD_CTL 寄存器字段的含义如表 6.26 所示。

表 6.26　CLK_QSPI_CTL 寄存器字段的含义

比　特　位	域　　名	读（R）/写（W）	复　位	含　　义
[31:26]	—	R	0	保留
[25:16]	DIV	R/W	0x2	时钟分频系数位 1：保留 2～1023：2～1023
[15:1]	—	R	0	保留
[0]	CG	R/W	0	时钟门控使能位 0：不使能时钟门控 1：使能时钟门控

26．CLK_GBE0M_CTL

CLK_GBE0M_CTL 寄存器是 1Gb/s 以太网 0 MAC 时钟控制寄存器，其字段的含义如表 6.27 所示。

表 6.27　CLK_GBE0M_CTL 寄存器字段的含义

比　特　位	域　　名	读（R）/写（W）	复　位	含　　义
[31:28]	—	R	0	保留
[27]	RX_PMA_CKSEL	R/W	0	选择 PMA 的输出时钟作为以太网接收时钟（MAC rx clk）的源位 0：选择 REFCLK 1：选择 PMA 的输出时钟
[26]	TX_CK_INV	R/W	0	发送时钟反转控制位 0：不反转 1：反转

比　特　位	域　　名	读（R）/写（W）	复　位	含　　义
[25]	RX_CK_INV	R/W	0	接收时钟反转控制位 0：不反转 1：反转
[24]	TX_PMA_CKSEL	R/W	0	选择 PMA 的输出时钟作为 MAC tx clk 的源位 0：选择芯片内部时钟 1：选择 PMA 的输出时钟
[23:20]	—	R	0	保留
[19:16]	DIV	R/W	0x8	以太网 MAC 时钟的分频系数位 1：保留 2～15：2～15
[15:10]	—	R	0	保留
[9]	RGMII_EN	R/W	1	RGMII 模式的使能位，若工作在非 RGMII 模式下，则该位必须被设置为 0 1：使能 0：不使能
[8]	SGMII_EN	R/W	1	SGMII 模式的使能位，若工作在非 SGMII 模式下，则该位必须被设置为 0 1：使能 0：不使能
[7:1]	—	R	0	保留
[0]	CG	R/W	0	以太网 MAC 的时钟门控使能位 0：不使能时钟门控 1：使能时钟门控

27．RST_STATUS

RST_STATUS 寄存器是复位状态寄存器，该寄存器捕获全局复位（Global Reset，GR），以及内核本地复位（Local Reset，LR）的状态。其中，GR 包括 Power-On Reset 和 Hard Reset。

■ LR 发生时：LR 位被置 1，GR 位被置 0。

■ GR 发生时：LR 位被置 0，GR 位被置 1。

RST_STATUS 寄存器字段的含义如表 6.28 所示。

表 6.28　RST_STATUS 寄存器字段的含义

比　特　位	域　　名	读（R）/写（W）	复　位	含　　义
[31]	GR	R/W	1	全局复位状态位 0：未发生 GR 1：发生了 GR 写 0 到该位的操作实际会被忽略 写 1 到该位会将该位清零

续表

比 特 位	域 名	读（R）/写（W）	复 位	含 义
[30:20]	—	R	0	保留
[19:16]	LR_CPU	R/W	0	CPU 核 0～核 3 的本地复位状态位 1'b0：该 CPU 核未发生本地复位 1'b1：该 CPU 核发生了本地复位 写 0 到该位的操作实际会被忽略 写 1 到该位会将该位清零
[15:4]	—	R	0	保留
[3:0]	LR_NNA	R/W	0	NNA 核 0～核 3 的本地复位状态位 1'b0：该 NNA 核未发生本地复位 1'b1：该 NNA 核发生了本地复位 写 0 到该位的操作实际会被忽略 写 1 到该位会将该位清零

28．RST_TYPE_STATUS

RST_TYPE_STATUS 寄存器是复位类型状态寄存器，保存最近发生的复位的类型，该寄存器字段的含义如表 6.29 所示。

表 6.29　RST_TYPE_STATUS 寄存器字段的含义

比 特 位	域 名	读（R）/写（W）	复 位	含 义
[31:16]	—	R	0	保留
[15:13]	—	R	0	保留
[12]	JTGLRST	R	0	JTAG 触发本地复位位 0：不复位 1：复位
[11:9]	—	R	0	保留
[8]	WDRST	R	0	看门狗触发复位位 0：不复位 1：复位
[7:5]	—	R	0	保留
[4]	PLLCTLRST	R	0	RST_CTL 寄存器触发复位位 0：不复位 1：复位
[3:1]	—	R	0	保留
[0]	POR	R	1	上机复位位 0：不复位 1：复位

29．RST_CTL

RST_CTL 寄存器是复位控制寄存器，其字段的含义如表 6.30 所示。

表 6.30　RST_CTL 寄存器字段的含义

比 特 位	域 名	读（R）/写（W）	复 位	含 义
[31:24]	RST_PERIOD	R/W	0x4	RST_CTL[16]触发的复位保持的时间为 16×RST_PERIOD，单位是 HCLK 周期时长；达到时间后复位自动释放
[23:17]	—	R	0	保留
[16]	SWRSTN	R/W	1	复位（触发硬复位）位 0：复位 1：不复位
[15:8]	—	R	0	保留
[7:0]	WDRSTN_TYPE	R/W	0	看门狗[7:0]复位源的类型位 对于每一位： 0：本地复位 1：硬复位 注：对于本地复位，看门狗[7:4] ←→ CPU 核 3/2/1/0；看门狗[3:0] ←→ 保留

30．RST_INIT_CTL

RST_INIT_CTL 寄存器是复位及初始化控制寄存器，完全由软件控制，其字段的含义如表 6.31 所示。

表 6.31　RST_INIT_CTL 寄存器字段的含义

比 特 位	域 名	读（R）/写（W）	复 位	含 义
[31:1]	—	R	0	保留
[0]	INIT_CPLT	R/W	0	处理器复位及初始化完成位 0：未完成 1：完成

31．RST_CORE_CTL

RST_CORE_CTL 寄存器是 CPU/NNA 核复位控制寄存器，其字段的含义如表 6.32 所示。

表 6.32　RST_CORE_CTL 寄存器字段的含义

比 特 位	域 名	读（R）/写（W）	复 位	含 义
[31:24]	—	R	0	保留
[23:20]	—	R	0	保留
[19:16]	CPU_LRSTN_MR	R/W	0xf	CPU_LRSTN_MR[3:0]分别对 CPU 核 3/2/1/0 进行本地复位控制，不会自动释放，释放必须像复位一样通过总线写该寄存器才能实现

续表

比 特 位	域　名	读（R）/写（W）	复　位	含　义
[19:16]	CPU_LRSTN_MR	R/W	0xf	对于每一位： 1'b0：复位 1'b1：不复位
[15:8]	—	R	0	保留
[7:4]	—	R	0	保留
[3:0]	NNA_LRSTN_MR	R/W	0xf	NNA_LRSTN_MR[3:0]分别对 NNA 核 3/2/1/0 进行本地复位控制，不会自动释放，释放必须像复位一样通过总线写该寄存器才能实现 对于每一位： 1'b0：复位 1'b1：不复位

32．RST_SDS_CTL

RST_SDS_CTL 寄存器是串行器复位控制寄存器，其字段的含义如表 6.33 所示。

表 6.33　RST_SDS_CTL 寄存器字段的含义

比 特 位	域　名	读（R）/写（W）	复　位	含　义
[31:19]	—	R	0	保留
[18]	RIO0_PHYPCS_RM	R/W	0	串行器 0 的 PHY_PCS_RSTN 释放使能位 0：保持复位状态 1：释放复位
[17]	GbE0_PHYPCS_RM	R/W	0	1Gb/s 以太网接口 0 的 PHY_PCS_RSTN 释放使能位 0：保持复位状态 1：释放复位
[16]	PCIE_PHYPCS_RM	R/W	0	PCIE 的 PHY_PCS_RSTN（PHY_PIPE_RSTN)释放使能位 0：保持复位状态 1：释放复位
[15:11]	—	R	0	保留
[10]	RIO0_CTL_RM	R/W	0	串行 0 的 RIO0_CTL_RSTN 释放使能位 0：保持复位状态 1：释放复位
[9:8]	—	R	0	保留
[7:3]	—	R	0	保留
[2]	RIO0_LRSTN	R/W	1	串行器 0 的本地复位位 0：复位 1：不复位
[1]	—	R	0	保留
[0]	—	R	0	保留

33．RST_SDS_STATUS

RST_SDS_STATUS 寄存器是串行器复位状态寄存器，其字段的含义如表 6.34 所示。

表 6.34　RST_SDS_STATUS 寄存器字段的含义

比 特 位	域　名	读（R）/写（W）	复　位	含　义
[31:8]	—	R	0	保留
[7]	—	R	0	保留
[6]	—	R	1	保留
[5]	—	R	1	保留
[4]	—	R	1	保留
[3]	RIO0_PMA_CMN_READY	R	0	0：未准备好 1：准备好
[2]	—	R	1	保留
[1]	GBE0_PMA_CMN_READY	R	0	0：未准备好 1：准备好
[0]	PCIE_PMA_CMN_READY	R	0	0：未准备好 1：准备好

34．DBG_CTL

DBG_CTL 寄存器是 Debug 信号控制寄存器，其字段的含义如表 6.35 所示。

表 6.35　DBG_CTL 寄存器字段的含义

比 特 位	域　名	读（R）/写（W）	复　位	含　义
[31:3]	—	R	0	保留
[2:0]	DBG_SEL	R/W	0	3'b000：选择 PLL0 的 Debug 信号作为输出 crmu_dbg = { 1'b0, hclk_div32, nna3_clk_div32, nna2_clk_div32, nna1_clk_div32, nna0_clk_div32, pll0_clk_div64, pll0_lock } 3'b001：选择 PLL1 的 Debug 信号作为输出 crmu_dbg = { 5'h00 sys_clk_div64, pll1_clk_div128, pll1_lock } 3'b010：选择 PLL2 的 Debug 信号作为输出 crmu_dbg = { 5'h00 1'b0,

比　特　位	域　　　名	读（R）/写（W）	复　　位	含　　义

[2:0]	DBG_SEL	R/W	0	pll2_clk_div128, pll2_lock
				}
				3'b011：选择 PLL3 的 Debug 信号作为输出
				crmu_dbg = {
				qspi_clk_div16, spi_clk_div16,
				i2c_clk_div16, uart_clk_div16, 1'b0,
				pll3_clk_div64, pll3_lock
				}
				默认：保留

6.7　引脚说明

引脚说明如表 6.36 所示。

表 6.36　引脚说明

名　　称	类　　型	频　　率	描　　述
REFCLK	单端输入	20MHz (FCLKMODE='b000) 25MHz (FCLKMODE='b001) 40MHz (FCLKMODE='b010) 50MHz (FCLKMODE='b011) 66.67MHz (FCLKMODE='b100)	PLL 的参考时钟输入（具体频率值要与 FCLKMODE[2:0]匹配）
POR_N	单端输入	—	上电复位
RESETFULL_N	单端输入	—	全芯片复位
RESETSTAT_N	输入输出	—	复位状态（软件控制）

第 7 章 系统的加载与配置

7.1 系统的加载

魂芯 V-A 智能处理器的启动模式分为 ROM 启动和 XIP（QSPI Flash）启动。当使用 XIP 启动模式时，CPU 通过 AXI 转 AHB 总线将命令发送到 QSPI 控制器，从 Flash 中读取内容，完成加载。其中，QSPI 控制器工作在两线模式下。当使用 ROM 启动模式时，可以通过 SPI Flash、QSPI Flash、EMMC 和 SD 四种介质中的任意一种读取映像文件，完成加载。启动方式分为：一级启动（Level0 启动），即 ROM Boot Loader，以下简称 RBL；二级启动（Level1 启动），即 Universal Boot Loader，以下简称 UBL。

7.1.1 加载配置

在 RBL 启动方式下，根据拨码开关确定系统时钟、启动模式和启动介质的类型等。表 7.1 给出了每个拨码开关的具体含义。

表 7.1 各拨码开关的具体含义

拨 码 开 关	寄 存 器	含 义
FCLKMODE(3 位) 000：20MHz 001：25MHz 010：40MHz 011：50MHz 100：66.67MHz	PLLi_STATUS[18:16]	选择输入的参考时钟值
BOOT_L0_SW(1 位) 0：从 ROM 启动 1：从 QSPI Flash 启动	**BOOT_L0_SW[0]**	选择启动模式
BOOT_L1_SW(2 位) 00：从 QSPI Flash 中获取图像 01：从 EMMC 中获取图像 10：从 SD 中获取图像 11：从 SPI Flash 中获取图像	**BOOT_L1_SW[1:0]**	选择启动介质

拨 码 开 关	寄 存 器	含 义
CHIP_MODE(2 位) 00：存储器内建自测试模式（Memory Bist） 01：扫描链模式（Scan） 10：调试模式（Debug） 11：工作模式（Function）	**CHIP_MODE[1:0]**	选择工作模式
CPU_FREQ_SEL(2 位) 00：CPU 1380MHz，NNA 750MHz，DDR 666MHz； 01：CPU 1200MHz，NNA 660MHz，DDR 600MHz； 10：CPU 800MHz，NNA 440MHz，DDR 500MHz； **11：CPU 400MHz，NNA 220MHz，DDR 400MHz**	CPU_FREQ_SEL[1:0]	选择 CPU、NNA 和 DDR 的工作频率
QSPI/SPI_CLOCK_FREQ(2 位) 00：5MHz 01：12.5MHz 10：25MHz 11：30MHz	QSPI_STATUS[1:0]	选择 QSPI/SPI 的工作时钟，非控制器时钟
QSPI_POLARITY(1 位) 0：CPOL=0，CPHA=0； 1：CPOL=1，CPHA=1	QSPI_STATUS[2]	选择 QSPI/SPI 的相位与极性
QSPI_MODE(2 位) 00：标准模式 01：双线模式 10：四线模式 11：保留	QSPI_STATUS[4:3]	选择 QSPI/SPI 的数据位宽
EMMC_MODE(2 位) 00：数据位宽为 1 位 01：数据位宽为 4 位 10：数据位宽为 8 位 11：保留	EMMC_MODE[1:0]	选择 EMMC/SD 的数据位宽

7.1.2 映像文件生成工具

魂芯 V-A 智能处理器的映像文件生成工具（adx2bit32_HXAI）用于生成映像文件，其输入为以.bin 结尾的二进制文件，输出为映像文件(.ldr)。表 7.2 对映像文件生成工具做了详细说明。

表 7.2 映像文件生成工具

选 项	含 义	备 注
-b	加载的目标地址和.bin 文件	
-B	设备树的地址	
-E	程序入口点	
-d	DDR 配置文件	包含 DDR0、DDR1 或 DDR0/1 的寄存器配置
-t	1：配置 DDR0 2：配置 DDR1 3：配置 DDR0 和 DDR1	
-c	修改 DDR 控制器频率	
-N	移除映像首部信息	
-o	输出的映像文件名称	
-h	打印帮助信息	

7.1.3　ROM 加载过程

图 7.1 给出了魂芯 V-A 智能处理器的启动流程，具体说明如下。

（1）系统上电时，主核根据拨码开关指示，选择 ROM 启动模式或 XIP 启动模式。如果是 XIP 启动模式，则进入第（2）步，否则进入第（3）步。

（2）主核通过 AHB 总线向 QSPI 控制器发送 XIP 空间的地址，获取指令或数据，并执行自定义的加载核。

（3）主核开启 L1 ICache、L1 DCache 和 L2 Cache，并释放从核复位，从核跳转到复位地址开始执行。

（4）从核等待主核加载完成。

（5）主核根据拨码开关，初始化系统时钟 PLL0～PLL3。

（6）主核根据拨码开关，选择工作模式（Memory Bist、Scan、Debug 和 Function）。如果是非工作模式，则主核进入循环等待。

（7）主核根据配置参数，初始化 DDR 控制器，完成 DDR 训练过程。

（8）主核根据选择的启动介质，从 QSPI Flash、SPI Flash、EMMC/SD 介质中的一种读取映像文件。

（9）主核完成映像文件的加载后，通知其他从核引导完成。

（10）主核和从核分别跳转到各自的程序入口点执行程序。

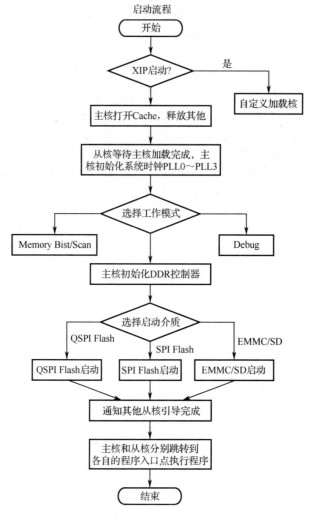

图 7.1 魂芯 V-A 智能处理器的启动流程

7.1.4 二次加载过程

魂芯 V-A 智能处理器中提供了预定义的 CPU UBL 程序，可供用户直接使用，也可供用户参考与修改。

CPU UBL 程序作为 RBL 的被加载对象被加载执行。CPU UBL 程序可以存放于 Flash 或 EMMC/SD 中，具体支持情况由 RBL 指定。

CPU UBL 支持以下加载方式：

➢ CPU 通过以太网加载纯 CPU Linux 操作系统。

➢ CPU 通过 EMMC 加载纯 CPU Linux 操作系统。

这里的"纯 CPU Linux 操作系统"指仅包括 CPU Linux 程序镜像，采用 uImage

格式，以期在最大程度上兼容当前主流的文件格式。

启动 CPU UBL 程序之后，用户可以在命令行界面中进行操作。

默认情况下，CPU UBL 进入自动启动（自启动）流程，依次尝试以上加载方式。也允许用户打断自启动流程，通过命令行方式选择一种指定的加载方式。

命令行界面如图 7.2 所示。需要说明的是，图中的具体数值与板卡的实际情况和 UBL 的编译时间等相关，最终发布的具体数值会发生变化。

```
U-Boot 2019.10-g404626b-dirty (May 19 2021 - 09:42:18 +0800)

CPU:    rv64imafdcsu
Model:  hxrvdsp,qemu
DRAM:   1 GiB
MMC:    base clock = 50000000
sdhci@100010000: 0
In:     uart@295c0000
Out:    uart@295c0000
Err:    uart@295c0000
Net:
Warning: ethernet@28260000 (eth0) using random MAC address - 7e:4c:80:a0:92:74
eth0: ethernet@28260000
Warning: ethernet@28240000 (eth1) using random MAC address - 8a:06:df:ed:d1:00
, eth1: ethernet@28240000
Hit any key to stop autoboot:  0
```

图 7.2　命令行界面

1. CPU 通过以太网加载纯 CPU Linux 操作系统

在这种加载方式中，CPU UBL 程序作为 RBL 的加载对象被加载执行。CPU UBL 程序的待加载镜像存储于主机，使用 TFTP 协议进行传输，要求主机启动 TFTP 服务器端程序。待加载镜像文件是 uImage 格式的文件。

在这种加载方式中，不支持从多个待加载镜像文件中选择一个作为当前的加载镜像文件。

进入命令行界面，用户可通过串口进行操作。用户在命令行界面中依次执行的命令如下：

⇨ Setenv ipaddr a.b.c.d

⇨ Setenv serverip e.f.g.h

⇨ Setenv netmask i.j.k.l

⇨ Tftp 0x2000400000 uImage_filename

⇨ Tftp 0x2002200000 dtb_filename

⇨ Bootm 0x2000400000-0x2002200000

其命令依次为：设置本地 IP 地址；设置本次传输使用的服务器端的 IP 地址；设置本次传输的子网掩码；通过 TFTP 协议传输 uImage_filename 文件至指定地址（0x2000400000）；通过 TFTP 协议传输设备树文件至指定地址（0x2002200000）；使用 Bootm 命令启动内核。

示例如下：

⇨ Setenv ipaddr 10.0.2.15

⇨ Setenv serverip 10.0.2.2

⇨ Setenv netmask 255.255.255.0

⇨ Tftp 0x2000400000 uuImage

⇨ Tftp 0x2002200000 d_pxp_4core.dtb

⇨ Bootm 0x2000400000-0x2002200000

其中，uuImage 为被加载镜像文件（uImage 格式）的文件名，d_pxp_4core.dtb 为被加载镜像所需的设备树文件。这两份文件均存放在主设备端。

执行命令后，CPU UBL 程序会完成加载过程，启动镜像。

2. CPU 通过 EMMC 加载纯 CPU Linux 操作系统

在这种加载方式中，CPU UBL 程序作为 RBL 的加载对象被加载执行。CPU UBL 程序的待加载镜像文件存储于 EMMC 接口的存储介质中（支持 SD 和 EMMC）。待加载镜像文件是 uImage 格式的文件。

在这种加载方式中，不支持从多个待加载镜像文件中选择一个作为当前的加载镜像文件。

进入命令行界面，用户可通过串口进行操作。用户在命令行界面中依次执行的命令如下：

⇨ Mmc read 0x2000400000 0x10800 0x10000

⇨ Mmc read 0x2002200000 0x50800 0x800

⇨ Bootm 0x2000400000-0x2002200000

其中，0x10800 为被加载镜像文件（uImage 格式）在 EMMC 存储介质中的存放地址，0x50800 是被加载镜像所需的设备树文件在 EMMC 存储介质中的存放地址。这两份文件均以二进制形式存放于 EMMC 存储介质中。

执行命令后，CPU UBL 会完成加载过程，启动镜像。

3. CPU UBL 程序自启动过程

启动 CPU UBL 程序之后，用户可以在命令行界面中进行操作。默认情况下（或者无串口输出命令行的情况下），CPU UBL 程序进入自启动流程。

自启动流程可以根据板卡需要定制。当前设计的自启动流程如图 7.3 所示（注意，该流程为展示 CPU UBL 程序具备自启动能力的示例）。

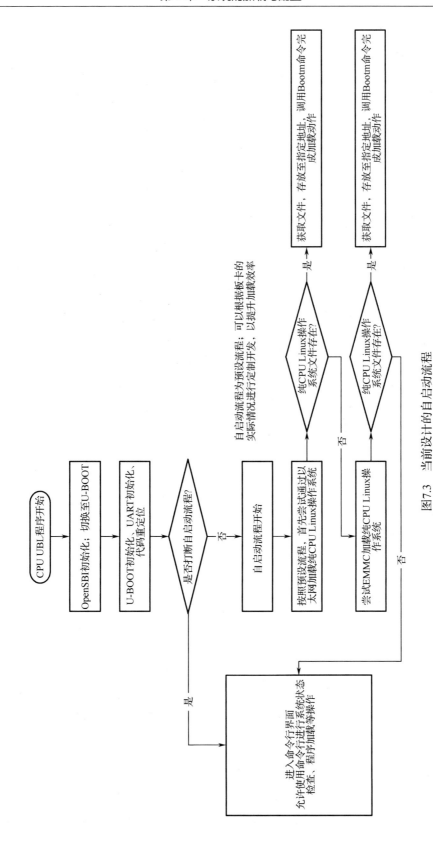

图7.3　当前设计的自启动流程

7.2 系统的配置

系统配置模块是魂芯 V-A 智能处理器的一个内部模块，负责完成对魂芯 V-A 智能处理器的辅助配置，它是挂接在 AHB 总线上的一个 Slave 模块。CPU 通过总线读写系统配置模块中的各寄存器进行相应控制信号的生成及状态读取。

7.2.1 引脚说明

系统配置模块涉及的引脚及其描述如表 7.3 所示。

表 7.3　系统配置模块涉及的引脚及其描述

引脚名称	方向	位宽	描述
BOOT_L0_SW	输入	1	Level0 启动选择引脚
CPU_FREQ_SEL	输入	2	CPU 时钟频率选择引脚
CHIP_MODE	输入	2	CHIP 工作模式选择引脚
BOOT_L1_SW	输入	2	Level1 启动选择引脚
QSPI_CLOCK_FREQ	输入	2	QSPI 时钟频率选择引脚
QSPI_POLARITY	输入	1	QSPI 极性选择引脚
QSPI_MODE	输入	2	QSPI 工作模式选择引脚
EMMC_MODE	输入	2	EMMC 工作模式选择引脚
PCIE_MODE	输入	1	PCIE 工作模式选择引脚
DEBUG_SEL	输入	1	CRMU 调试模式或 GPIO 选择引脚

7.2.2 寄存器

1. 寄存器列表

系统配置模块中的寄存器如表 7.4 所示。

表 7.4　系统配置模块中的寄存器

寄存器名称	偏移地址	访问属性	描述
全局控制寄存器			
BOOT_L0_SW	0x000	R	Leve0 启动开关
CPU_FREQ_SEL	0x001	R	CPU 时钟频率选择
CHIP_MODE	0x002	R	工作模式 2'b00：Memory Bist 2'b01：Scan 2'b10：Debug 2'b11：Function

续表

寄存器名称	偏移地址	访问属性	描述
BOOT_L1_SW	0x003	R	Level1 启动开关
BOOT_L0_ADDR	0x004	R	Level0 启动 ADDR
SERDES_DTB_SEL	0x005	R/W	SERDES 模式选择
QSPI_STATUS	0x006	R	QSPI 上电后的工作状态
CHIP_ID	0x007	R	处理器 ID
PCIE 寄存器			
PGSR	0x008	R/W	PCIE 版本选择寄存器
PLACR	0x009	R/W	PCIE 通道数寄存器
PLICR	0x00a	R/W	PCIE 链路配置寄存器
PPSR	0x00b	R	PCIE 的电源状态寄存器
PLIPMR	0x00c	R/W	PCIE 的链路电源管理寄存器
PLISR	0x00d	R	PCIE 的链路状态寄存器
PCER	0x00e	R/W	PCIE 的配置使能寄存器
PPSCAR	0x00f	R/W	PCIE 的电源状态改变确认寄存器
PEFR	0x010	R/W	PCIE 的错误标志寄存器
PMSGR0	0x011	R/W	PCIE 的消息寄存器 0
PMSGR1	0x012	R/W	PCIE 的消息寄存器 1
PMSGR2	0x013	R/W	PCIE 的消息寄存器 2
PMSGR3	0x014	R/W	PCIE 的消息寄存器 3
PMSGR4	0x015	R/W	PCIE 的消息寄存器 4
PMSGR5	0x016	R/W	PCIE 的消息寄存器 5
PMUER	0x017	R/W	PCIE 的消息更新使能寄存器
PECNR	0x018	R/W	PCIE 的 ECN 使能寄存器
保留	0x019	R/W	保留
EP_IRQ_SET	0x01a	R/W	中断置位寄存器
EP_IRQ_CLR	0x01b	R/W	中断清除寄存器
EP_IRQ_STATUS	0x01c	R	中断状态寄存器
MSI_DATA	0x01d	R/W	MSI 数据寄存器
MSI0_IRQ_STATUS	0x01e	R	MSI0 中断状态寄存器
MSI0_IRQ_ENABLE	0x01f	R/W	MSI0 中断使能寄存器
MSI0_IRQ_CLR	0x020	R/W	MSI0 中断清除寄存器
MSI1_IRQ_STATUS	0x021	R	MSI1 中断状态寄存器
MSI1_IRQ_ENABLE	0x022	R/W	MSI1 中断使能寄存器
MSI1_IRQ_CLR	0x023	R/W	MSI1 中断清除寄存器
MSI2_IRQ_STATUS	0x024	R	MSI2 中断状态寄存器

续表

寄存器名称	偏移地址	访问属性	描述
MSI2_IRQ_ENABLE	0x025	R/W	MSI2 中断使能寄存器
MSI2_IRQ_CLR	0x026	R/W	MSI2 中断清除寄存器
MSI3_IRQ_STATUS	0x027	R	MSI3 中断状态寄存器
MSI3_IRQ_ENABLE	0x028	R/W	MSI3 中断使能寄存器
MSI3_IRQ_CLR	0x029	R/W	MSI3 中断清除寄存器
MSI4_IRQ_STATUS	0x02a	R	MSI4 中断状态寄存器
MSI4_IRQ_ENABLE	0x02b	R/W	MSI4 中断使能寄存器
MSI4_IRQ_CLR	0x02c	R/W	MSI4 中断清除寄存器
MSI5_IRQ_STATUS	0x02d	R	MSI5 中断状态寄存器
MSI5_IRQ_ENABLE	0x02e	R/W	MSI5 中断使能寄存器
MSI5_IRQ_CLR	0x02f	R/W	MSI5 中断清除寄存器
MSI6_IRQ_STATUS	0x030	R	MSI6 中断状态寄存器
MSI6_IRQ_ENABLE	0x031	R/W	MSI6 中断使能寄存器
MSI6_IRQ_CLR	0x032	R/W	MSI6 中断清除寄存器
MSI7_IRQ_STATUS	0x033	R	MSI7 中断状态寄存器
MSI7_IRQ_ENABLE	0x034	R/W	MSI7 中断使能寄存器
MSI7_IRQ_CLR	0x035	R/W	MSI7 中断清除寄存器
PCIE_MODE	0x036	R	PCIE 模式寄存器
PHTR	0x037	R/W	PCIE 的热复位触发寄存器
PVCR	0x038	R/W	PCIE 的 VC 寄存器
MSI_BASE_CTL	0x039	R/W	PCIE 的 MSI 基数据寄存器
PPMAC	0x03a	R/W	PCIE 的 PMA 配置寄存器
QSPI 寄存器			
XIP_EN	0x040	R/W	QSPI XIP 模式配置寄存器
QSPI_CTL	0x041	R/W	QSPI 配置和状态寄存器
DDR 寄存器			
DDR0_CTL_STATUS	0x048	R	DDR0 控制器状态寄存器
DDR1_CTL_STATUS	0x049	R	DDR1 控制器状态寄存器
PMA 寄存器			
PMA_CODE_SEL	0x050	R/W	PMA 终端匹配电阻选择寄存器
EMMC 寄存器			
EMMC_STATUS	0x051	R	EMMC 状态寄存器
SAMPLE_CCLK_SEL	0x052	R	TUNING 时钟选择寄存器
PHY0_IDLOUT_EN_CLK	0x053	R/W	传输时钟来源配置寄存器
EMMC_MODE	0x054	R	EMMC/SD 工作模式选择寄存器

续表

寄存器名称	偏 移 地 址	访 问 属 性	描　　　述
I²S 寄存器			
I2S_CONFIG	0x060	R/W	I²S 模块配置寄存器
CPU 寄存器			
CPU_INT_CFG0	0x070	R/W	CPU 中断触发类型配置寄存器，每一位代表一个中断源，0 表示中断触发类型为电平触发，1 表示边沿触发
CPU_INT_CFG1	0x071	R/W	CPU 中断触发类型配置寄存器 1
CPU_INT_CFG2	0x072	R/W	CPU 中断触发类型配置寄存器 2
CPU_INT_CFG3	0x073	R/W	CPU 中断触发类型配置寄存器 3
CPU_INT_CFG4	0x074	R/W	CPU 中断触发类型配置寄存器 4
NNA 寄存器			
NNA_CLOCKGATE	0x080	R/W	NNA 门控时钟信号
NNA_DEBUG	0x081	R	NNA Debug 信号

2. 寄存器描述

（1）BOOT_L0_SW 寄存器字段的含义如表 7.5 所示。

表 7.5　BOOT_L0_SW 寄存器字段的含义

比 特 位	域　　　名	访 问 属 性	复　　位	含　　　义
[31:1]	—	R	0	保留
[0]	BOOT_L0_SW	R	0	Level0 启动模式位 0：从 ROM 启动 1：从 QSPI Flash 启动

（2）CPU_FREQ_SEL 寄存器字段的含义如表 7.6 所示。

表 7.6　CPU_FREQ_SEL 寄存器字段的含义

比 特 位	域　　　名	访 问 属 性	复　　位	含　　　义
[31:2]	—	R	0	保留
[1:0]	CPU_FREQ_SEL	R	2'b00	启动过程中 CPU、NNA、DDR 工作频率的选择位 2'b00：CPU 1500MHz，NNA 870MHz，DDR 666MHz； 2'b01：CPU 1200MHz，NNA 660MHz，DDR 600MHz； 2'b10：CPU 800MHz，NNA 440MHz，DDR 500MHz； 2'b11：CPU 400MHz，NNA 220MHz，DDR 400MHz

（3）CHIP_MODE 寄存器字段的含义如表 7.7 所示。

表 7.7 CHIP_MODE 寄存器字段的含义

比 特 位	域 名	访问属性	复 位	含 义
[31:2]	—	R	0	保留
[1:0]	CHIP_MODE	R	2'b11	处理器的工作模式位 2'b00：Memory Bist 2'b01：Scan 2'b10：Debug 2'b11：Function

（4）BOOT_L1_SW 寄存器字段的含义如表 7.8 所示。

表 7.8 BOOT_L1_SW 寄存器字段的含义

比 特 位	域 名	访问属性	复 位	含 义
[31:2]	—	R	0	保留
[1:0]	BOOT_L1_SW	R	2'b00	Level1 启动开关位 2'b00：从 QSPI Flash 中获取图像 2'b01：从 EMMC 中获取图像 2'b10：从 SD 卡中获取图像 2'b11：从 SPI Flash 中获取图像

（5）BOOT_L0_ADDR 寄存器字段的含义如表 7.9 所示。

表 7.9 BOOT_L0_ADDR 寄存器字段的含义

比 特 位	域 名	访问属性	复 位	含 义
[31:0]	BOOT_L0_ADDR	R	0	Level0 启动 ADDR 位 0x0e300000：从 ROM 启动 0x10000000：从 QSPI Flash 启动

（6）SERDES_DTB_SEL 寄存器字段的含义如表 7.10 所示。

表 7.10 SERDES_DTB_SEL 寄存器字段的含义

比 特 位	域 名	访问属性	复 位	含 义
[31:3]	—	R	0	保留
[2]	PIN_MUX	R	1'b0	输出信号的复用选择位 1'b0：GPIO 信号 1'b1：串行差分调试信号和频率管理调试信号
[1:0]	SERDES_DTB_SEL	R/W	2'b00	串行差分调试信号的选择位 2'b00：SRIO 串行差分调试信号 2'b01：PCIE 串行差分调试信号 2'b10：GMAC 串行差分调试信号 4'b11：SRIO 串行差分调试信号

（7）QSPI_STATUS 寄存器字段的含义如表 7.11 所示。

表 7.11　QSPI_STATUS 寄存器字段的含义

比 特 位	域　　名	访问属性	复　　位	含　　义
[31:5]	—	R	0	保留
[4:3]	QSPI_MODE	R	2'b00	QSPI 的工作模式位 2'b00：SPI（标准模式） 2'b01：Dual SPI（双线模式） 2'b10：Quad SPI（四线模式） 2'b11：保留
[2]	QSPI_POLARITY	R	1'b0	QSPI 的相位及极性位 1'b0：CPOL=0，CPHA=0 1'b1：CPOL=1，CPHA=1
[1:0]	QSPI_CLOCK_FREQ	R	2'b00	QSPI 的工作时钟位 2'b00：5MHz（工作时钟 32 分频） 2'b01：20MHz（工作时钟 8 分频） 2'b10：41MHz（工作时钟 4 分频） 4'b11：83MHz（工作时钟 2 分频）

（8）CHIP_ID 寄存器字段的含义如表 7.12 所示。

表 7.12　CHIP_ID 寄存器字段的含义

比 特 位	域　　名	访问属性	复　　位	含　　义
[31:0]	CHIP_ID	R	32'h64	处理器的 ID

（9）PGSR（PCIE Generation Select Register）字段的含义如表 7.13 所示。

表 7.13　PGSR 字段的含义

比 特 位	域　　名	访问属性	复　　位	含　　义
[31:2]	保留			保留
[1:0]	PGSR	R/W	2'b11	PCIE 版本的选择位 00：GEN1 01：GEN2 10：GEN3 11：GEN4

（10）PLACR（PCIE Lane Count Register）字段的含义如表 7.14 所示。

表 7.14　PLACR 字段的含义

比 特 位	域　　名	访问属性	复　　位	含　　义
[31:2]	保留			保留

比 特 位	域 名	访问属性	复 位	含 义
[1:0]	PLACR	R/W	2'b10	PCIE 通道数的选择位 00：1 个通道 01：2 个通道 10：4 个通道

（11）PLICR（PCIE Link Config Register）字段的含义如表 7.15 所示。

表 7.15　PLICR 字段的含义

比 特 位	域 名	访问属性	复 位	含 义
[31]	BYPASS_PHASE23	R/W	0x0	仅在 PCIE 核心的根端口模式下使用 如果 BYPASS_PHASE23==1： • 在链路均衡过程中都绕过了第 2 阶段和第 3 阶段 如果 BYPASS_PHASE23==0： • 在链路均衡过程中执行第 2 阶段和第 3 阶段
[30]	BYPASS_REMOTE_ TX_EQUALI ZATION	R/W	0x0	用于在链路均衡期间绕过调整过程 PHY TX 如果 BYPASS_REMOTE_TX_EQUALIZATION== 1： • 在端点模式下，将绕过链路均衡的第 2 阶段 • 在根端口模式下，将绕过链路均衡的第 3 阶段 如果 BYPASS_REMOTE_TX_EQUALIZATION== 0： • 在链路均衡期间执行远程 TX 均衡
[29:19]	SUPPORTED_PRESET	R/W	0x7ff	SUPPORTED_PRESET[i]=1：表示预设由 PHY 支持 SUPPORTED_PRESET[i]=0：表示 PHY 不支持预设
[18:15]	保留			保留
[14:8]	MAX_EVAL_ITERATI ON	R/W	0x1	—
[7:2]	保留			保留
[1]	DISABLE_GEN3_DC_ BALANCE	R/W	0x0	PCIE 直流平衡使能位 0：允许在 TS1 训练序列中传输特殊的符号 1：禁用 TS1 训练序列中特殊符号的传输，以 8.0GT/s 的速度提高比特流的直流平衡

比 特 位	域 名	访问属性	复 位	含 义
[0]	LINK_TRAINING_ ENABLE	R/W	0x1	PCIE 链路训练使能位 0：强制 LTSSM 保持在检测中 1：启用 LTSSM 到边缘的链接

（12）PPSR（PCIE Power State Register）字段的含义如表 7.16 所示。

表 7.16　PPSR 字段的含义

比 特 位	域 名	访问属性	复 位	含 义
[31:17]	保留			保留
[16]	REG_ACCESS_CLK_ SHUTOFF	R	0x0	关闭 core_clk 后，APB 总线是否有控制器访问 1：当前有访问 0：当前无访问
[15]	CORE_CLK_SHUTOFF	R	0x0	指示是否关闭 core_clk，1 表示关闭，0 表示未关闭
[14:12]	FUNCTION_POWER_ STATE	R	0x0	指示每个函数的功耗状态 000：D0 未初始化 001：D0_active 010：D1 100：D3 hot
[11:4]	L1_PM_SUBSTATE_ OUT	R	0x1	低功耗状态机位 00000001：LTSSM 未处于 L1 状态 00000010：L1.0 子状态 00000100：L1.1 子状态 00001000：保留 00010000：L1.2 入口子状态 00100000：L1.2 空闲子状态 01000000：L1.2 退出子状态 其他：保留
[3:0]	LINK_POWER_STATE	R	0x0	链路电源状态位 0001：L0 0010：L0s 0100：L1 1000：L2

（13）PLIPMR（PCIE Link Power Manager Register）字段的含义如表 7.17 所示。

表 7.17　PLIPMR 字段的含义

比 特 位	域 名	访问属性	复 位	含 义
[31]	保留			保留
[30:26]	APB_CORE_CLK_RATIO	R/W	0x0	—

续表

比 特 位	域 名	访问属性	复 位	含 义
[25]	CORE_CLK_SHUTOFF_DETECT_EN	R/W	0x1	—
[24]	CLIENT_REQ_EXIT_L1_SUBSTATE	R/W	0x0	—
[23:17]	保留		保留	
[16]	REQ_PM_TRANSITION_L23_READY	R/W	0x0	L2/L3 状态下系统请求退出低功耗状态
[15:9]	保留		保留	
[8]	CLIENT_REQ_EXIT_L2	R/W	0x0	L2 状态下系统请求退出低功耗状态
[7:1]	保留		保留	
[0]	CLIENT_REQ_EXIT_L1	R/W	0x0	L1 状态下系统请求退出低功耗状态

（14）PLISR（PCIE Link State Register）字段的含义如表 7.18 所示。

表 7.18　PLISR 字段的含义

比 特 位	域 名	访问属性	复 位	含 义
[31:9]	保留		保留	
[8]	LINK0_CLOCK_STABLE	R	0x0	—
[7:6]	NEGOTIATED_SPEED	R	0x0	—
[5:4]	NEGOTIATED_LINK_WIDTH	R	0x0	—
[3:0]	LINK_STATUS	R	0x0	链路状态位 0001：未发现对端设备 0010：链路训练 0100：数据层初始化 1000：数据层初始化完成

（15）PCER（PCIE Config Enable Register）字段的含义如表 7.19 所示。

表 7.19　PCER 字段的含义

比 特 位	域 名	访问属性	复 位	含 义
[31:2]	保留		保留	
[1]	ASF_PAR_PASSTHRU_ENABLE	R/W	0x0	—
[0]	CONFIG_ENABLE	R/W	0x1	PCIE 配置使能位 0：对端无法进行远程配置 1：对端可以进行远程配置

（16）PPSCAR（PCIE Power State Change Acknowledge Register）字段的含义如表 7.20 所示。

表 7.20　PPSCAR 字段的含义

比　特　位	域　　名	访问属性	复　位	含　　义
[31:1]	保留			保留
[0]	POWER_STATE_ CHANGE_ACK	R/W	0x0	PCIE 功耗状态发生改变的确认位 0：不确认 1：确认

（17）PEFR（PCIE Error Flag Register）字段的含义如表 7.21 所示。

表 7.21　PEFR 字段的含义

比　特　位	域　　名	访问属性	复　位	含　　义
[31:5]	保留			保留
[4]	CORRECTABLE_ERROR_ OUT	R	0x0	
[3]	NON_FATAL_ERROR_ OUT	R	0x0	PCIE 向系统发送的数据有无非致命错误 0：无错误 1：有错误
[2]	FATAL_ERROR_OUT	R	0x0	PCIE 向系统发送的数据有无致命错误 0：无错误 1：有错误
[1]	UNCORRECTABLE_ ERROR_IN	R/W	0x0	系统向 PCIE 发送的数据是否有不可恢复的错误 0：无错误 1：有错误
[0]	CORRECTABLE_ERROR	R/W	0x0	系统向 PCIE 发送的数据是否有可恢复的错误 0：无错误 1：有错误

（18）PMSGR0（PCIE Message Register0）字段的含义如表 7.22 所示。

表 7.22　PMSGR0 字段的含义

比　特　位	域　　名	访问属性	复　位	含　　义
[31:0]	CLIENT_MSG[31:0]	R	0x0	消息（Message）数据

（19）PMSGR1（PCIE Message Register1）字段的含义如表 7.23 所示。

表 7.23　PMSGR1 字段的含义

比　特　位	域　　名	访问属性	复　位	含　　义
[31:0]	CLIENT_MSG[63:32]	R	0x0	消息数据

（20）PMSGR2（PCIE Message Register2）字段的含义如表 7.24 所示。

表 7.24　PMSGR2 字段的含义

比　特　位	域　　名	访 问 属 性	复　位	含　　义
[31:0]	CLIENT_MSG[95:64]	R	0x0	消息数据

（21）PMSGR3（PCIE Message Register3）字段的含义如表 7.25 所示。

表 7.25　PMSGR3 字段的含义

比　特　位	域　　名	访 问 属 性	复　位	含　　义
[31:0]	CLIENT_MSG[127:96]	R	0x0	消息数据

（22）PMSGR4（PCIE Message Register4）字段的含义如表 7.26 所示。

表 7.26　PMSGR4 字段的含义

比　特　位	域　　名	访 问 属 性	复　位	含　　义
[31:16]	保留			保留
[15:0]	CLIENT_MSG_BYTE_EN [15:0]	R	0x0	消息数据字节的有效标志位 1）CLIENT_MSG_BYTE_EN[0] 0：CLIENT_MSG [7:0]无效 1：CLIENT_MSG [7:0]有效 2）CLIENT_MSG_BYTE_EN[1] 0：CLIENT_MSG [15:8]无效 1：CLIENT_MSG [15:8]有效 3）CLIENT_MSG_BYTE_EN[2] 0：CLIENT_MSG [23:16]无效 1：CLIENT_MSG [23:16]有效 … 以此类推

（23）PMSGR5（PCIE Message Register5）字段的含义如表 7.27 所示。

表 7.27　PMSGR5 字段的含义

比　特　位	域　　名	访 问 属 性	复　位	含　　义
[31:3]	保留			保留
[2]	CLIENT_MSG_END	R	0x0	消息的起始和结束标志位 0：消息的起始 1：消息的结束
[1]	CLIENT_MSG_VDH	R	0x0	消息的消息头（Message Header）标志位 0：标准的消息头 1：自定义的消息头 配合 CLIENT_MSG_DATA 使用

比　特　位	域　　名	访问属性	复　位	含　义
[0]	CLIENT_MSG_DATA	R	0x0	消息数据（Message Data）标志 0：消息头 1：消息数据

（24）PMUER（PCIE Message Update Enable Register）字段的含义如表 7.28 所示。

表 7.28　PMUER 字段的含义

比　特　位	域　　名	访问属性	复　位	含　义
[31:1]	保留			保留
[0]	CLIENT_MSG_UPD ATE_ENABLE	R/W	0x0	PMSGR0～PMSGR5 值的更新使能位 0：PMSGR0～PMSGR5 维持原值 1：由 PCIE 消息更新 PMSGR0～PMSGR5 的值 软件置 1 后由硬件自动清零

（25）PECNR（PCIE ECN Enable Register）字段的含义如表 7.29 所示。

表 7.29　PECNR 字段的含义

比　特　位	域　　名	访问属性	复　位	含　义
[31:23]	保留			保留
[22:20]	TPH_ST_MODE	R	0x0	TPH ECN 模式设置位 000：无转向标签 001：中断矢量模式 010：设备专用模式 其他地址保留
[19]	TPH_REQUESTER_ENABLE	R	0x0	TPH ECN 请求使能位
[18:17]	OBFF_ENABLE	R	0x0	OBFF ECN 使能位
[16]	LTR_MECHANISM_ENABLE	R	0x0	LTR ECN 使能位
[15:1]	保留			保留
[0]	SRIS_ENABLE	R/W	0x0	SRIS ECN 使能位

（26）EP_IRQ_SET 寄存器（Endpoint Interrupt Request Set Register）字段的含义如表 7.30 所示。

表 7.30　EP_IRQ_SET 寄存器字段的含义

比　特　位	域　　名	访问属性	复　位	含　义
[31:2]	保留			保留
[1]	INT_PENDING_STATUS	W	0x0	

比 特 位	域 名	访问属性	复 位	含 义
[0]	EP_IRQ_SET	W		PCIE 遗留（Legacy）中断使能且写 1 时，EP_IRQ_STATUS[0]置 1，发起遗留中断断言信息（Legacy Interrupt Assert Message） 虚拟寄存器，只有全局编址，读返回 0，写 0 无效

（27）EP_IRQ_CLR 寄存器（Endpoint Interrupt Request Clear Register）字段的含义如表 7.31 所示。

表 7.31　EP_IRQ_CLR 寄存器字段的含义

比 特 位	域 名	访问属性	复 位	含 义
[31:1]	保留			保留
[0]	EP_IRQ_CLR	W		PCIE Legacy 中断使能且写 1 时，EP_IRQ_STATUS[0]清零，发起遗留中断无效断言消息（Legacy Interrupt Deassert Message） 虚拟寄存器，只有全局编址，读返回 0，写 0 无效

（28）EP_IRQ_STATUS 寄存器（Endpoint Interrupt Request Status Register）字段的含义如表 7.32 所示。

表 7.32　EP_IRQ_STATUS 寄存器字段的含义

比 特 位	域 名	访问属性	复 位	含 义
[31:2]	保留			保留
[1]	INT_PENDING_STATUS	R	0x0	
[0]	EP_IRQ_STATUS	R	0x0	EP PCIE 遗留（Legacy）中断标志位 0：EP 功能 0 未发起遗留中断 1：EP 功能 0 发起遗留中断 只读，写无效

（29）PCIE EP 端设置 RC 端 MSI_DATA 寄存器中的值为 A，若 A 与预设值 B 的高 11 位匹配，则根据 A 的低 5 位产生 N 个 MSI 中断之一。若 A 的低 5 位为 1，则产生 MSI 中断 1；若 A 的低 5 位为 31，则产生 MSI 中断 31。MSI_DATA 寄存器字段的含义如表 7.33 所示。

表 7.33　MSI_DATA 寄存器字段的含义

比 特 位	域 名	访问属性	复 位	含 义
[31:0]	MSI_DATA	R/W	0x0	设置 MSI_DATA，同时与预设值 0x01234560 比较

（30）MSI0_IRQ_STATUS 寄存器（MSI0 Interrupt Request Status Register）字段的含义如表 7.34 所示。

表 7.34　MSI0_IRQ_STATUS 寄存器字段的含义

比 特 位	域　　名	访 问 属 性	复　　位	含　　义
[31:4]	保留			保留
[3:0]	MSI0_IRQ_STATUS	R	0x0	MSI0_IRQ_STATUS[0]：对应 MSI 中断 0。1 为有中断，0 为无中断 MSI0_IRQ_STATUS[1]：对应 MSI 中断 8。1 为有中断，0 为无中断 MSI0_IRQ_STATUS[2]：对应 MSI 中断 18。1 为有中断，0 为无中断 MSI0_IRQ_STATUS[3]：对应 MSI 中断 24。1 为有中断，0 为无中断

（31）MSI0_IRQ_ENABLE 寄存器（MSI0 Interrupt Request Enable Register）字段的含义如表 7.35 所示。

表 7.35　MSI0_IRQ_ENABLE 寄存器字段的含义

比 特 位	域　　名	访 问 属 性	复　　位	含　　义
[31:4]	保留			保留
[3:0]	MSI0_IRQ_ENABLE	R/W	0x0	MSI0_IRQ_ENABLE[0]：MSI 中断 0 使能。1 使能，0 禁止 MSI0_IRQ_ENABLE[1]：MSI 中断 8 使能。1 使能，0 禁止 MSI0_IRQ_ENABLE[2]：MSI 中断 18 使能。1 使能，0 禁止 MSI0_IRQ_ENABLE[3]：MSI 中断 24 使能。1 使能，0 禁止 若 MSI0_IRQ_ENABLE[3:0] &MSI0_IRQ_STATUS[3:0]不为 4'h0，则产生 PCIE_MSI_INT0 中断

（32）MSI0_IRQ_CLR 寄存器（MSI0 Interrupt Request Clear Register）字段的含义如表 7.36 所示。

表 7.36　MSI0_IRQ_CLR 寄存器字段的含义

比 特 位	域　　名	访 问 属 性	复　　位	含　　义
[31:4]	保留			保留
[3:0]	MSI0_IRQ_CLR	W		MSI0_IRQ_CLR[0]：置 1 将 MSI0_IRQ_STATUS[0] 清零，写 0 无效 MSI0_IRQ_CLR[1]：置 1 将 MSI0_IRQ_STATUS[1] 清零，写 0 无效

比 特 位	域 名	访问属性	复 位	含 义
[3:0]	MSI0_IRQ_CLR	W		MSI0_IRQ_CLR[2]：置 1 将 MSI0_IRQ_STATUS[2] 清零，写 0 无效 MSI0_IRQ_CLR[3]：置 1 将 MSI0_IRQ_STATUS[3] 清零，写 0 无效 虚拟寄存器

（33）MSI1_IRQ_STATUS 寄存器（MSI1 Interrupt Request Status Register）字段的含义如表 7.37 所示。

表 7.37　MSI1_IRQ_STATUS 寄存器字段的含义

比 特 位	域 名	访问属性	复 位	含 义
[31:4]	保留			保留
[3:0]	MSI1_IRQ_STATUS	R	0x0	MSI1_IRQ_STATUS[0]：对应 MSI 中断 1。1 为有中断，0 为无中断 MSI1_IRQ_STATUS[1]：对应 MSI 中断 9。1 为有中断，0 为无中断 MSI1_IRQ_STATUS[2]：对应 MSI 中断 17。1 为有中断，0 为无中断 MSI1_IRQ_STATUS[3]：对应 MSI 中断 25。1 为有中断，0 为无中断

（34）MSI1_IRQ_ENABLE 寄存器（MSI1 Interrupt Request Enable Register）字段的含义如表 7.38 所示。

表 7.38　MSI1_IRQ_ENABLE 寄存器字段的含义

比 特 位	域 名	访问属性	复 位	含 义
[31:4]	保留			保留
[3:0]	MSI1_IRQ_ENABLE	R/W	0x0	MSI1_IRQ_ENABLE[0]：MSI 中断 1 使能。1 使能，0 禁止 MSI1_IRQ_ENABLE[1]：MSI 中断 9 使能。1 使能，0 禁止 MSI1_IRQ_ENABLE[2]：MSI 中断 17 使能。1 使能，0 禁止 MSI1_IRQ_ENABLE[3]：MSI 中断 25 使能。1 使能，0 禁止 若 MSI1_IRQ_ENABLE[3:0]&MSI1_IRQ_STATUS[3:0]不为 4'h0，则产生 PCIE_MSI_INT1 中断

（35）MSI1_IRQ_CLR 寄存器（MSI1 Interrupt Request Clear Register）字段的含义如表 7.39 所示。

表 7.39　MSI1_IRQ_CLR 寄存器字段的含义

比 特 位	域 名	访问属性	复 位	含 义
[31:4]	保留			保留
[3:0]	MSI1_IRQ_CLR	W		MSI1_IRQ_CLR[0]：置 1 将 MSI1_IRQ_STATUS[0] 清零，写 0 无效 MSI1_IRQ_CLR[1]：置 1 将 MSI1_IRQ_STATUS[1] 清零，写 0 无效 MSI1_IRQ_CLR[2]：置 1 将 MSI1_IRQ_STATUS[2] 清零，写 0 无效 MSI1_IRQ_CLR[3]：置 1 将 MSI1_IRQ_STATUS[3] 清零，写 0 无效 虚拟寄存器

（36）MSI2_IRQ_STATUS 寄存器（MSI2 Interrupt Request Status Register）字段的含义如表 7.40 所示。

表 7.40　MSI2_IRQ_STATUS 寄存器字段的含义

比 特 位	域 名	访问属性	复 位	含 义
[31:4]	保留			保留
[3:0]	MSI2_IRQ_STATUS	R	0x0	MSI2_IRQ_STATUS[0]：对应 MSI 中断 2。1 为有中断，0 为无中断 MSI2_IRQ_STATUS[1]：对应 MSI 中断 10。1 为有中断，0 为无中断 MSI2_IRQ_STATUS[2]：对应 MSI 中断 18。1 为有中断，0 为无中断 MSI2_IRQ_STATUS[3]：对应 MSI 中断 26。1 为有中断，0 为无中断

（37）MSI2_IRQ_ENABLE 寄存器（MSI2 Interrupt Request Enable Register）字段的含义如表 7.41 所示。

表 7.41　MSI2_IRQ_ENABLE 寄存器字段的含义

比 特 位	域 名	访问属性	复 位	含 义
[31:4]	保留			保留
[3:0]	MSI2_IRQ_ENABLE	R/W	0x0	MSI2_IRQ_ENABLE[0]：MSI 中断 2 使能。1 使能，0 禁止 MSI2_IRQ_ENABLE[1]：MSI 中断 10 使能。1 使能，0 禁止 MSI2_IRQ_ENABLE[2]：MSI 中断 18 使能。1 使能，0 禁止

比 特 位	域 名	访问属性	复 位	含 义
[3:0]	MSI2_IRQ_ENABLE	R/W	0x0	MSI2_IRQ_ENABLE[3]: MSI 中断 26 使能。1 使能，0 禁止 若 MSI2_IRQ_ENABLE[3:0]&MSI2_IRQ_STATUS[3:0]不为 4'h0，则产生 PCIE_MSI_INT2 中断

（38）MSI2_IRQ_CLR 寄存器（MSI2 Interrupt Request Clear Register）字段的含义如表 7.42 所示。

表 7.42　MSI2_IRQ_CLR 寄存器字段的含义

比 特 位	域 名	访问属性	复 位	含 义
[31:4]	保留			保留
[3:0]	MSI2_IRQ_CLR	W		MSI2_IRQ_CLR[0]: 置 1 将 MSI2_IRQ_STATUS[0] 清零，写 0 无效 MSI2_IRQ_CLR[1]: 置 1 将 MSI2_IRQ_STATUS[1] 清零，写 0 无效 MSI2_IRQ_CLR[2]: 置 1 将 MSI2_IRQ_STATUS[2] 清零，写 0 无效 MSI2_IRQ_CLR[3]: 置 1 将 MSI2_IRQ_STATUS[3] 清零，写 0 无效 虚拟寄存器

（39）MSI3_IRQ_STATUS 寄存器（MSI3 Interrupt Request Status Register）字段的含义如表 7.43 所示。

表 7.43　MSI3_IRQ_STATUS 寄存器字段的含义

比 特 位	域 名	访问属性	复 位	含 义
[31:4]	保留			保留
[3:0]	MSI3_IRQ_STATUS	R	0x0	MSI3_IRQ_STATUS[0]: 对应 MSI 中断 3。1 为有中断，0 为无中断 MSI0_IRQ_STATUS[1]: 对应 MSI 中断 11。1 为有中断，0 为无中断 MSI0_IRQ_STATUS[2]: 对应 MSI 中断 19。1 为有中断，0 为无中断 MSI0_IRQ_STATUS[3]: 对应 MSI 中断 27。1 为有中断，0 为无中断

（40）MSI3_IRQ_ENABLE 寄存器（MSI3 Interrupt Request Enable Register）字段的含义如表 7.44 所示。

表 7.44　MSI3_IRQ_ENABLE 寄存器字段的含义

比　特　位	域　　名	访问属性	复　位	含　　义
[31:4]	保留			保留
[3:0]	MSI3_IRQ_ENABLE	R/W	0x0	MSI3_IRQ_ENABLE[0]: MSI 中断 3 使能。 1 使能，0 禁止 　MSI3_IRQ_ENABLE[1]: MSI 中断 11 使能。 1 使能，0 禁止 　MSI3_IRQ_ENABLE[2]: MSI 中断 19 使能。 1 使能，0 禁止 　MSI3_IRQ_ENABLE[3]: MSI 中断 27 使能。 1 使能，0 禁止 　若 MSI3_IRQ_ENABLE[3:0]&MSI3_IRQ_ STATUS[3:0]不为 4'h0，则产生 PCIE_MSI_ INT3 中断

（41）MSI3_IRQ_CLR 寄存器（MSI3 Interrupt Request Clear Register）字段的含义如表 7.45 所示。

表 7.45　MSI3_IRQ_CLR 寄存器字段的含义

比　特　位	域　　名	访问属性	复　位	含　　义
[31:4]	保留			保留
[3:0]	MSI3_IRQ_CLR	W		MSI3_IRQ_CLR[0]: 置 1 将 MSI3_IRQ_STATUS[0] 清零，写 0 无效 　MSI3_IRQ_CLR[1]: 置 1 将 MSI3_IRQ_STATUS[1] 清零，写 0 无效 　MSI3_IRQ_CLR[2]: 置 1 将 MSI3_IRQ_STATUS[2] 清零，写 0 无效 　MSI3_IRQ_CLR[3]: 置 1 将 MSI3_IRQ_STATUS[3] 清零，写 0 无效 　虚拟寄存器

（42）MSI4_IRQ_STATUS 寄存器（MSI4 Interrupt Request Status Register）字段的含义如表 7.46 所示。

表 7.46　MSI4_IRQ_STATUS 寄存器字段的含义

比　特　位	域　　名	访问属性	复　位	含　　义
[31:4]	保留			保留
[3:0]	MSI4_IRQ_STATUS	R	0x0	MSI4_IRQ_STATUS[0]: 对应 MSI 中断 4。 1 为有中断，0 为无中断 　MSI4_IRQ_STATUS[1]: 对应 MSI 中断 12。 1 为有中断，0 为无中断

比 特 位	域 名	访问属性	复 位	含 义
[3:0]	MSI4_IRQ_STATUS	R	0x0	MSI4_IRQ_STATUS[2]：对应 MSI 中断 20。1 为有中断，0 为无中断 MSI4_IRQ_STATUS[3]：对应 MSI 中断 28。1 为有中断，0 为无中断

（43）MSI4_IRQ_ENABLE 寄存器（MSI4 Interrupt Request Enable Register）字段的含义如表 7.47 所示。

表 7.47　MSI4_IRQ_ENABLE 寄存器字段的含义

比 特 位	域 名	访问属性	复 位	含 义
[31:4]	保留			保留
[3:0]	MSI4_IRQ_ENABLE	R/W	0x0	MSI4_IRQ_ENABLE[0]：MSI 中断 4 使能。1 使能，0 禁止 MSI4_IRQ_ENABLE[1]：MSI 中断 12 使能。1 使能，0 禁止 MSI4_IRQ_ENABLE[2]：MSI 中断 20 使能。1 使能，0 禁止 MSI4_IRQ_ENABLE[3]：MSI 中断 28 使能。1 使能，0 禁止 若 MSI4_IRQ_ENABLE[3:0]&MSI4_IRQ_STATUS[3:0]不为 4'h0，则产生 PCIE_MSI_INT4 中断

（44）MSI4_IRQ_CLR 寄存器（MSI4 Interrupt Request Clear Register）字段的含义如表 7.48 所示。

表 7.48　MSI4_IRQ_CLR 寄存器字段的含义

比 特 位	域 名	访问属性	复 位	含 义
[31:4]	保留			保留
[3:0]	MSI4_IRQ_CLR	W		MSI4_IRQ_CLR[0]：置 1 将 MSI4_IRQ_STATUS[0]清零，写 0 无效 MSI4_IRQ_CLR[1]：置 1 将 MSI4_IRQ_STATUS[1]清零，写 0 无效 MSI4_IRQ_CLR[2]：置 1 将 MSI4_IRQ_STATUS[2]清零，写 0 无效 MSI4_IRQ_CLR[3]：置 1 将 MSI4_IRQ_STATUS[3]清零，写 0 无效 虚拟寄存器

（45）MSI5_IRQ_STATUS 寄存器（MSI5 Interrupt Request Status Register）字段的含义如表 7.49 所示。

表 7.49　MSI5_IRQ_STATUS 寄存器字段的含义

比　特　位	域　　名	访　问　属　性	复　位	含　　义
[31:4]	保留			保留
[3:0]	MSI5_IRQ_STATUS	R	0x0	MSI5_IRQ_STATUS[0]：对应 MSI 中断 5。 1 为有中断，0 为无中断 MSI5_IRQ_STATUS[1]：对应 MSI 中断 13。 1 为有中断，0 为无中断 MSI5_IRQ_STATUS[2]：对应 MSI 中断 21。 1 为有中断，0 为无中断 MSI5_IRQ_STATUS[3]：对应 MSI 中断 29。 1 为有中断，0 为无中断

（46）MSI5_IRQ_ENABLE 寄存器（MSI5 Interrupt Request Enable Register）字段的含义如表 7.50 所示。

表 7.50　MSI5_IRQ_ENABLE 寄存器字段的含义

比　特　位	域　　名	访　问　属　性	复　位	含　　义
[31:4]	保留			保留
[3:0]	MSI5_IRQ_ENABLE	R/W	0x0	MSI5_IRQ_ENABLE[0]：MSI 中断 5 使能。1 使能，0 禁止 MSI5_IRQ_ENABLE[1]：MSI 中断 13 使能。1 使能，0 禁止 MSI5_IRQ_ENABLE[2]：MSI 中断 21 使能。1 使能，0 禁止 MSI5_IRQ_ENABLE[3]：MSI 中断 29 使能。1 使能，0 禁止 若 MSI5_IRQ_ENABLE[3:0]&MSI5_IRQ_STATUS[3:0]不为 4'h0，则产生 PCIE_MSI_INT5 中断

（47）MSI5_IRQ_CLR 寄存器（MSI5 Interrupt Request Clear Register）字段的含义如表 7.51 所示。

表 7.51　MSI5_IRQ_CLR 寄存器字段的含义

比　特　位	域　　名	访　问　属　性	复　位	含　　义
[31:4]	保留			保留
[3:0]	MSI5_IRQ_CLR	W		MSI5_IRQ_CLR[0]：置 1 将 MSI5_IRQ_STATUS[0] 清零，写 0 无效 MSI5_IRQ_CLR[1]：置 1 将 MSI5_IRQ_STATUS[1] 清零，写 0 无效 MSI5_IRQ_CLR[2]：置 1 将 MSI5_IRQ_STATUS[2] 清零，写 0 无效

续表

比 特 位	域 名	访问属性	复 位	含 义
[3:0]	MSI5_IRQ_CLR	W		MSI5_IRQ_CLR[3]: 置 1 将 MSI5_IRQ_STATUS[3] 清零，写 0 无效 虚拟寄存器

（48）MSI6_IRQ_STATUS 寄存器（MSI6 Interrupt Request Status Register）字段的含义如表 7.52 所示。

表 7.52 MSI6_IRQ_STATUS 寄存器字段的含义

比 特 位	域 名	访问属性	复 位	含 义
[31:4]	保留			保留
[3:0]	MSI6_IRQ_STATUS	R	0x0	MSI6_IRQ_STATUS[0]: 对应 MSI 中断 6。1 为有中断，0 为无中断 MSI6_IRQ_STATUS[1]: 对应 MSI 中断 14。1 为有中断，0 为无中断 MSI6_IRQ_STATUS[2]: 对应 MSI 中断 22。1 为有中断，0 为无中断 MSI6_IRQ_STATUS[3]: 对应 MSI 中断 30。1 为有中断，0 为无中断

（49）MSI6_IRQ_ENABLE 寄存器（MSI6 Interrupt Request Enable Register）字段的含义如表 7.53 所示。

表 7.53 MSI6_IRQ_ENABLE 寄存器字段的含义

比 特 位	域 名	访问属性	复 位	含 义
[31:4]	保留			保留
[3:0]	MSI6_IRQ_ENABLE	R/W	0x0	MSI6_IRQ_ENABLE[0]: MSI 中断 6 使能。1 使能，0 禁止 MSI6_IRQ_ENABLE[1]: MSI 中断 14 使能。1 使能，0 禁止 MSI6_IRQ_ENABLE[2]: MSI 中断 22 使能。1 使能，0 禁止 MSI6_IRQ_ENABLE[3]: MSI 中断 30 使能。1 使能，0 禁止 若 MSI6_IRQ_ENABLE[3:0]&MSI6_IRQ_STATUS[3:0]不为 4'h0，则产生 PCIE_MSI_INT6 中断

（50）MSI6_IRQ_CLR 寄存器（MSI6 Interrupt Request Clear Register）字段的含义如表 7.54 所示。

表 7.54　MSI6_IRQ_CLR 寄存器字段的含义

比 特 位	域 名	访 问 属 性	复 位	含 义
[31:4]	保留			保留
[3:0]	MSI6_IRQ_CLR	W	0x0	MSI6_IRQ_CLR[0]：置 1 将 MSI6_IRQ_STATUS[0] 清零，写 0 无效 MSI6_IRQ_CLR[1]：置 1 将 MSI6_IRQ_STATUS[1] 清零，写 0 无效 MSI6_IRQ_CLR[2]：置 1 将 MSI6_IRQ_STATUS[2] 清零，写 0 无效 MSI6_IRQ_CLR[3]：置 1 将 MSI6_IRQ_STATUS[3] 清零，写 0 无效 虚拟寄存器

（51）MSI7_IRQ_STATUS 寄存器（MSI7 Interrupt Request Status Register）字段的含义如表 7.55 所示。

表 7.55　MSI7_IRQ_STATUS 寄存器字段的含义

比 特 位	域 名	访 问 属 性	复 位	含 义
[31:4]	保留			保留
[3:0]	MSI7_IRQ_STATUS	R	0x0	MSI7_IRQ_STATUS[0]：对应 MSI 中断 7。1 为有中断，0 为无中断 MSI7_IRQ_STATUS[1]：对应 MSI 中断 15。1 为有中断，0 为无中断 MSI7_IRQ_STATUS[2]：对应 MSI 中断 23。1 为有中断，0 为无中断 MSI7_IRQ_STATUS[3]：对应 MSI 中断 31。1 为有中断，0 为无中断

（52）MSI7_IRQ_ENABLE 寄存器（MSI7 Interrupt Request Enable Register）字段的含义如表 7.56 所示。

表 7.56　MSI7_IRQ_ENABLE 寄存器字段的含义

比 特 位	域 名	访 问 属 性	复 位	含 义
[31:4]	保留			保留
[3:0]	MSI7_IRQ_ENABLE	R/W	0x0	MSI7_IRQ_ENABLE[0]：MSI 中断 7 使能。1 使能，0 禁止 MSI7_IRQ_ENABLE[1]：MSI 中断 15 使能。1 使能，0 禁止 MSI7_IRQ_ENABLE[2]：MSI 中断 23 使能。1 使能，0 禁止 MSI7_IRQ_ENABLE[3]：MSI 中断 31 使能。1 使能，0'禁止

续表

比 特 位	域 名	访问属性	复 位	含 义
[3:0]	MSI7_IRQ_ENABLE	R/W	0x0	若 MSI7_IRQ_ENABLE[3:0]&MSI7_IRQ_STATUS[3:0]不为 4'h0，则产生 PCIE_MSI_INT7 中断

（53）MSI7_IRQ_CLR 寄存器（MSI7 Interrupt Request Clear Register）字段的含义如表 7.57 所示。

表 7.57 MSI7_IRQ_CLR 寄存器字段的含义

比 特 位	域 名	访问属性	复 位	含 义
[31:4]	保留			保留
[3:0]	MSI7_IRQ_CLR	W		MSI7_IRQ_CLR[0]：置 1 将 MSI7_IRQ_STATUS[0]清零，写 0 无效 MSI7_IRQ_CLR[1]：置 1 将 MSI7_IRQ_STATUS[1]清零，写 0 无效 MSI7_IRQ_CLR[2]：置 1 将 MSI7_IRQ_STATUS[2]清零，写 0 无效 MSI7_IRQ_CLR[3]：置 1 将 MSI7_IRQ_STATUS[3]清零，写 0 无效 虚拟寄存器

（54）PCIE_MODE 寄存器字段的含义如表 7.58 所示。

表 7.58 PCIE_MODE 寄存器字段的含义

比 特 位	域 名	访问属性	复 位	含 义
[31:1]	保留			保留
[0]	PCIE_MODE_SELECT	R	0x0	PCIE 模式的选择位，从拨码开关接入 1：当前为 RC 模式 0：当前为 EP 模式

（55）PHTR 寄存器字段的含义如表 7.59 所示。

表 7.59 PHTR 寄存器字段的含义

比 特 位	域 名	访问属性	复 位	含 义
[31:1]	保留			保留
[0]	HOT_RESET_IN	R/W	0x0	RC 模式触发从机热复位（Hot Reset）位 1：触发从机热复位 0：不触发从机热复位

（56）PVCR 寄存器字段的含义如表 7.60 所示。

表 7.60 PVCR 寄存器字段的含义

比 特 位	域 名	访问属性	复 位	含 义
[31]	NPD_CREDIT_AVAIL3	R	0x0	配置通道 3 NPD 值
[30]	NPH_CREDIT_AVAIL3	R	0x0	配置通道 3 NPH 值
[29]	PD_CREDIT_AVAIL3	R	0x0	配置通道 3 PD 值
[28]	PH_CREDIT_AVAIL3	R	0x0	配置通道 3 PH 值
[27]	NPD_CREDIT_AVAIL2	R	0x0	配置通道 2 NPD 值
[26]	NPH_CREDIT_AVAIL2	R	0x0	配置通道 2 NPH 值
[25]	PD_CREDIT_AVAIL2	R	0x0	配置通道 2 PD 值
[24]	PH_CREDIT_AVAIL2	R	0x0	配置通道 2 PH 值
[23]	NPD_CREDIT_AVAIL1	R	0x0	配置通道 1 NPD 值
[22]	NPH_CREDIT_AVAIL1	R	0x0	配置通道 1 NPH 值
[21]	PD_CREDIT_AVAIL1	R	0x0	配置通道 1 PD 值
[20]	PH_CREDIT_AVAIL1	R	0x0	配置通道 1 PH 值
[19]	NPD_CREDIT_AVAIL0	R	0x0	配置通道 0 NPD 值
[18]	NPH_CREDIT_AVAIL0	R	0x0	配置通道 0 NPH 值
[17]	PD_CREDIT_AVAIL0	R	0x0	配置通道 0 PD 值
[16]	PH_CREDIT_AVAIL0	R	0x0	配置通道 0 PH 值
[15:2]	复位			保留
[1:0]	VC_COUNT	R/W	0x0	VC 通道数量,最大支持 4 个通道 00:1 个通道 01:2 个通道 10:3 个通道 11:4 个通道

（57）MSI_BASE_CTL 寄存器字段的含义如表 7.61 所示。

表 7.61 MSI_BASE_CTL 寄存器字段的含义

比 特 位	域 名	访问属性	复 位	含 义
[31:19]	保留			保留
[18:16]	MSI_COUNT	R/W	0x0	配置当前 MSI 最大数量 000:1 001:2 010:4 011:8 100:16 101:32
[15:0]	MSI_BASE_DATA	R/W	0x0	MSI 当前基数据,通过配置该基数据来支持不同类型的 16 位 MSI 基数据

（58）PPMAC 寄存器字段的含义如表 7.62 所示。

表 7.62　PPMAC 寄存器字段的含义

比 特 位	域　　名	访问属性	复　位	含　　义
[31:28]	PHY_LINK_CFG_LN_3	R/W	0x0	配置 PHY 通道 3
[27:24]	PHY_LINK_CFG_LN_2	R/W	0x0	配置 PHY 通道 2
[23:20]	PHY_LINK_CFG_LN_1	R/W	0x0	配置 PHY 通道 1
[19:16]	PHY_LINK_CFG_LN_0	R/W	0x0	配置 PHY 通道 0
[15:14]	PMA_CMN_REFCLK1_DIG_DIV	R/W	0x2	REFCLK1 时钟的分频选择
[13:12]	PMA_CMN_REFCLK_DIG_DIV	R/W	0x2	REFCLK 时钟的分频选择
[11:10]	PMA_CMN_REFCLK_DIG_SEL	R/W	0x0	参考时钟来源的选择
[9]	PMA_CMN_EXT_REFCLK1_DETECTED_CFG	R/W	0x0	REFCLK1 PMA 外部参考时钟活动检测配置
[8]	PMA_CMN_EXT_REFCLK_DETECTED_CFG	R/W	0x0	REFCLK PMA 外部参考时钟活动检测配置
[7]	PMA_CMN_REFCLK1_SEL	R/W	0x0	REFCLK1 PMA 时钟的选择
[6]	PMA_CMN_REFCLK_SEL	R/W	0x0	REFCLK PMA 时钟的选择
[5]	PMA_RX_TERMINATION_LN_3	R/W	0x1	通道 3 的最终数值
[4]	PMA_RX_TERMINATION_LN_2	R/W	0x1	通道 2 的最终数值
[3]	PMA_RX_TERMINATION_LN_1	R/W	0x1	通道 1 的最终数值
[2]	PMA_RX_TERMINATION_LN_0	R/W	0x1	通道 0 的最终数值
[1]	PMA_CMN_REFCLK1_TERM_EN	R/W	0x1	REFCLK1 PMA 的最终使能
[0]	PMA_CMN_REFCLK_TERM_EN	R/W	0x1	REFCLK PMA 的最终使能

（59）XIP_EN 寄存器字段的含义如表 7.63 所示。

表 7.63　XIP_EN 寄存器字段的含义

比 特 位	域　　名	访问属性	复　位	含　　义
[31:1]	—	R	0	保留
[0]	XIP_EN	R/W	1	QSPI 的 XIP 模式使能位 0：QSPI 的 XIP 模式被禁止 1：QSPI 的 XIP 模式被使能

（60）QSPI_CTL 寄存器字段的含义如表 7.64 所示。

表 7.64　QSPI_CTL 寄存器字段的含义

比 特 位	域　　名	访问属性	复　位	含　　义
[31:4]	—	R	0	保留

续表

比 特 位	域　名	访 问 属 性	复　位	含　义
[3:2]	QSPI_MODE	R	2'b00	QSPI 的工作模式位 2'b00：标准 SPI 模式 2'b01：SPI 双线模式 2'b10：SPI 四线模式 2'b11：SPI 八线模式
[1]	QSPI_SLEEP	R	1'b0	QSPI 的睡眠模式使能位 0：不使能 QSPI 的睡眠模式 1：使能 QSPI 的睡眠模式
[0]	QSPI_M_S_SEL	R/W	1'b1	用于确认该控制器是否已被接入系统中，低有效

（61）DDR0_CTL_STATUS 寄存器字段的含义如表 7.65 所示。

表 7.65　DDR0_CTL_STATUS 寄存器字段的含义

比 特 位	域　名	访 问 属 性	复　位	含　义
[31:29]	—	R	0	保留
[28]	REFRESH_IN_PROCESS	R		高有效位，DDR 执行刷新（REFRESH）命令
[27:25]	—	R		
[24]	CONTROLLER_BUSY	R		DDR 控制器状态标志位，空闲时为低
[23:16]	PORT_BUSY	R		每个端口 1 位，空闲时为低
[15:8]	ECC_DATA_UNCORRECTED	R		在读写数据发生 2bit ECC 错误时拉高
[7:5]	—	R		保留
[4]	Q_ALMOST_FULL	R	1'b0	标志命令队列达到设置的 q_fullness
[3:1]	保留	R	0	保留
[0]	MEM_RST_VALID	R	0	标志着对系统进行了复位，当 MEM_RST_VALID 信号有效时，DFI 的命令都会送到 PHY

（62）DDR1_CTL_STATUS 寄存器字段的含义如表 7.66 所示。

表 7.66　DDR1_CTL_STATUS 寄存器字段的含义

比 特 位	域　名	访 问 属 性	复　位	含　义
[31:29]	—	R	0	保留
[28]	REFRESH_IN_PROCESS	R		高有效位，DDR 执行刷新（REFRESH）命令
[27:25]	—	R		
[24]	CONTROLLER_BUSY	R		DDR 控制器状态标志位，空闲时为低
[23:16]	PORT_BUSY	R		每个端口 1 位，空闲时为低
[15:8]	ECC_DATA_UNCORRECTED	R		在读写数据发生 2 位 ECC 错误时拉高

续表

比 特 位	域 名	访问属性	复 位	含 义
[7:5]	—	R		保留
[4]	Q_ALMOST_FULL	R	1'b0	标志命令队列达到设置的 q_fullness
[3:1]	保留	R	0	保留
[0]	MEM_RST_VALID	R	0	标志着对系统进行了复位，当 MEM_RST_VALID 信号有效时，DFI 的命令都会送到 PHY

（63）PMA_CODE_SEL 寄存器字段的含义如表 7.67 所示。

表 7.67　PMA_CODE_SEL 寄存器字段的含义

比 特 位	域 名	访问属性	复 位	含 义
[31:1]	—	R	0	保留
[0]	PMA_CODE_SEL	R/W	0	PMA 终端匹配电阻的选择

（64）EMMC_STATUS 寄存器字段的含义如表 7.68 所示。

表 7.68　EMMC_STATUS 寄存器字段的含义

比 特 位	域 名	访问属性	复 位	含 义
[31:4]	—	R	0	保留
[3:2]	UHS1_DRV_STH	R		UHS 的驱动类型 00：驱动类型 B（默认） 01：驱动类型 A 10：驱动类型 C 11：驱动类型 D
[1:0]	SD_DATXFER_WIDTH	R		EMMC/SD 数据总线的位宽 00：1bit 01：4bit 10 或 11：8bit

（65）SAMPLE_CCLK_SEL 寄存器字段的含义如表 7.69 所示。

表 7.69　SAMPLE_CCLK_SEL 寄存器字段的含义

比 特 位	域 名	访问属性	复 位	含 义
[31:4]	—	R	0	保留
[3]	OPD_LEAD1_LAG0	R		
[2]	DLLSLV_SWDC_UPDATE	R		
[1]	SMPDL_OVERRIDE	R		
[0]	SAMPLE_CCLK_SEL	R		Tuning 时钟选择信号

（66）PHY0_IDLOUT_EN_CLK 寄存器字段的含义如表 7.70 所示。

表 7.70 PHY0_IDLOUT_EN_CLK 寄存器字段的含义

比 特 位	域 名	访 问 属 性	复 位	含 义
[31:1]	—	R	0	保留
[1]	PHY1_IDLOUT_EN_CLK	R/W	0	传输时钟来源的选择位 0：cclk_tx 时钟 1：延时后的时钟
[0]	PHY0_IDLOUT_EN_CLK	R/W	0	传输时钟来源的选择位 0：cclk_tx 时钟 1：延时后的时钟

（67）EMMC_MODE 寄存器字段的含义如表 7.71 所示。

表 7.71 EMMC_MODE 寄存器字段的含义

比 特 位	域 名	访 问 属 性	复 位	含 义
[31:2]	—	R	0	保留
[1:0]	—	R	0	EMMC/SD 的模式选择位 2'b00：1 线 2'b01：4 线 2'b10：8 线 2'b11：保留

（68）I2S_CONFIG 寄存器字段的含义如表 7.72 所示。

表 7.72 I2S_CONFIG 寄存器字段的含义

比 特 位	访 问 属 性	复 位	含 义
[31:28]	R/W	0	I^2S1 中的 osc clk 分频系数
[27:24]	R/W	0	I^2S1 中的 mclk 分频系数
[23:21]	R	0	保留
[20]	R/W	0	I^2S1 的全/从机选择位（0：I^2S1 作为主机；1：I^2S1 作为从机）
[19:18]	R	0	保留
[17]	R/W	0	I^2S1 的 mclk 源选择（0：i2s_96k_mclk；1：i2s_48k_mclk）
[16]	R/W	0	I^2S1 的 sclk 方向选择（0：i2s_sclk_out；1：i2s_sclk_in）
[15:12]	R/W	0	I^2S0 中的 osc clk 分频系数
[11:8]	R/W	0	I^2S0 中的 mclk 分频系数
[7:5]	R	0	保留
[4]	R/W	0	I^2S0 的主/从机选择位（0：I^2S0 作为主机，1：I^2S0 作为从机）

续表

比　特　位	访问属性	复　　位	含　　义
[3:2]	R	0	保留
[1]	R/W	0	I²S0 的 mclk 源选择位（0：i2s_96k_mclk，1：i2s_48k_mclk）
[0]	R/W	0	I²S0 的 sclk 方向选择位（0：i2s_sclk_out，1：i2s_sclk_in）

备注：I2S_CONFIG[0]应与 I2S_CONFIG[4]保持一致，I2S_CONFIG[16]应与 I2S_CONFIG[21]保持一致。

（69）CPU_INT_CFG0 寄存器字段的含义如表 7.73 所示。

表 7.73　CPU_INT_CFG0 寄存器字段的含义

比　特　位	访问属性	复　　位	含　　义
[31]	R/W	0	plic_int_cfg31，0 代表电平触发，1 代表边沿触发
[30]	R/W	0	plic_int_cfg30，0 代表电平触发，1 代表边沿触发
…	…	…	…
[1]	R/W	0	plic_int_cfg1，0 代表电平触发，1 代表边沿触发
[0]	R/W	0	plic_int_cfg0，0 代表电平触发，1 代表边沿触发

（70）CPU_INT_CFG1 寄存器字段的含义如表 7.74 所示。

表 7.74　CPU_INT_CFG1 寄存器字段的含义

比　特　位	访问属性	复　　位	含　　义
[31]	R/W	0	plic_int_cfg63，0 代表电平触发，1 代表边沿触发
[30]	R/W	0	plic_int_cfg62，0 代表电平触发，1 代表边沿触发
…	…	…	…
[1]	R/W	0	plic_int_cfg33，0 代表电平触发，1 代表边沿触发
[0]	R/W	0	plic_int_cfg32，0 代表电平触发，1 代表边沿触发

（71）CPU_INT_CFG2 寄存器字段的含义如表 7.75 所示。

表 7.75　CPU_INT_CFG2 寄存器字段的含义

比　特　位	访问属性	复　　位	含　　义
[31]	R/W	0	plic_int_cfg95，0 代表电平触发，1 代表边沿触发
[30]	R/W	0	plic_int_cfg94，0 代表电平触发，1 代表边沿触发
…	…	…	…
[1]	R/W	0	plic_int_cfg65，0 代表电平触发，1 代表边沿触发
[0]	R/W	0	plic_int_cfg64，0 代表电平触发，1 代表边沿触发

（72）CPU_INT_CFG3 寄存器字段的含义如表 7.76 所示。

表 7.76　CPU_INT_CFG3 寄存器字段的含义

比 特 位	访问属性	复 位	含 义
[31]	R/W	0	plic_int_cfg127，0 代表电平触发，1 代表边沿触发
[30]	R/W	0	plic_int_cfg126，0 代表电平触发，1 代表边沿触发
…	…	…	…
[1]	R/W	0	plic_int_cfg97，0 代表电平触发，1 代表边沿触发
[0]	R/W	0	plic_int_cfg96，0 代表电平触发，1 代表边沿触发

（73）CPU_INT_CFG4 寄存器字段的含义如表 7.77 所示。

表 7.77　CPU_INT_CFG4 寄存器字段的含义

比 特 位	访问属性	复 位	含 义
[31:16]	R	0	保留
[15]	R/W	0	plic_int_cfg143，0 代表电平触发，1 代表边沿触发
[14]	R/W	0	plic_int_cfg142，0 代表电平触发，1 代表边沿触发
…	…	…	…
[1]	R/W	0	plic_int_cfg129，0 代表电平触发，1 代表边沿触发
[0]	R/W	0	plic_int_cfg128，0 代表电平触发，1 代表边沿触发

（74）NNA_CLOCKGATE 寄存器字段的含义如表 7.78 所示。

表 7.78　NNA_CLOCKGATE 寄存器字段的含义

比 特 位	域 名	访问属性	复 位	含 义
[31:1]	—	R	0	保留
[0]	DISABLERAMECLOCKGATE_EN	R/W	0	时钟门信号

（75）NNA_DEBUG 寄存器字段的含义如表 7.79 所示。

表 7.79　NNA_DEBUG 寄存器字段的含义

比 特 位	域 名	访问属性	复 位	含 义
[31:0]	NNA_DEBUG	R		[7:0]:NNA0 调试信号 [15:8]:NNA1 调试信号 [23:16]:NNA2 调试信号 [31:24]:NNA3 调试信号

第8章　CPU 用户编程

8.1　CPU 软件环境概述

1. 目标机平台

1）前后台环境

CPU 前后台运行环境主要为用户开发 CPU 侧裸机程序提供环境支持。CPU 前后台运行环境的总体框架如图 8.1 所示。

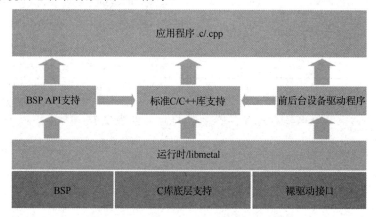

图 8.1　CPU 前后台运行环境的总体框架

其中，"运行时/ibmetal"为底层支持文件，包含 3 部分：C 库底层支持、BSP、裸驱动接口。具体的软件清单包括 crt0MC.o、crt0.o、entry.o、libmetal.a。

图 8.1 中，标准 C/C++库采用的是 ucLibc，crt0MC.o、crt0.o 为 C 运行库的多核与单核版本，crt0MC.o 库提供一部分封装后的多核版 C 库接口，用于在多核情况下使用，单核下直接使用 crt0.o，两个运行库在程序执行时为其提供 C 库接口支持。BSP API 及裸驱动接口集成在 libmetal.a 库中，其中 BSP 实现对 CPU、系统级中断控制器、定时器等的支持。

2）Linux 操作系统

（1）目标机运行的 Linux 内核版本为 Linux 5.4.36。

（2）目标机集成了 glibc 动态库，支持用户动态编译，有效降低用户程序的大小。

（3）目标机集成了 GDBServer 与 GDB 调试工具，支持用户进行远程调试与本地调试。

2．上位机平台

1）前后台环境

CPU 前后台运行环境中的软件是非可执行软件，集成在 ECS 中，不需要单独安装。具体的使用流程为：在 ECS 软件环境下编写应用程序，然后应用程序直接调用驱动程序提供的接口、C/C++接口及 BSP 接口。用户所编写的程序与 CPU 前后台运行环境连编后，形成单一的可执行文件，将可执行文件导入目标机即可运行。该可执行文件的代码段、数据段等各个段落的地址和入口地址由 linker.lds 文件指定。执行程序前，需要将可执行文件的各个段落放置到对应位置，并且将各 CPU 核的 PC值设置为入口地址。该过程可以由调试器完成，也可以由加载核完成。

软件环境包括依赖库文件、交叉编译工具链、Makefile 文件。

（1）依赖库文件。

应用程序编译后链接时所需要的库文件有 crt0MC.o、crt0.o、entry.o、libmetal.a、libgcc.a、libc_nano.a、libm.a、libc.a\libstdc++.a。

（2）交叉编译工具链。

① 汇编工具：riscv64-unknown-elf-as。

汇编器将应用程序汇编成二进制文件，可由 riscv64-unknown-elf-gcc-C 代替。例如：

riscv64-unknown-elf-as [option...] [asmfile...];

② 静态创建工具：riscv64-unknown-elf-ar。

用于创建静态库，将生成的目标文件打包成静态链接库。例如：

riscv64-unknown-elf-ar rcs mylib.a obj1.o obj2.o;

③ 链接工具：riscv64-unknown-elf-ld。

链接器将二进制目标文件与所需要的库文件链接后生成可执行文件，可由 gcc代替。例如：

riscv64-unknown-elf-ld [options] file...;

④ C 程序编译工具：riscv64-unknown-elf-gcc。

编译器将 C 应用程序编译后生成可执行文件。例如：

riscv64-unknown-elf-gcc main.c -o obj.out;

⑤ C++程序编译工具：riscv64-unknown-elf-g++。

编译器将 C++应用程序编译后生成可执行文件。例如：

riscv64-unknown-elf-g++ main.cpp -o obj.out;

⑥ 调试工具：riscv64-unknown-elf-gdb。

调试器用于调试可执行程序。例如：

riscv64-unknown-elf-gdb obj.elf;

（3）Makefile 文件。

① Makefile.lp64：C 语言应用程序编译文件，不支持浮点数。

② Makefile.lp64d：C 语言应用程序编译文件，支持浮点数。

③ Makefile.lp64d_mc_cpp：C++语言应用程序编译文件。

2）Linux 操作系统

（1）上位机具备完整的 RISC-V 架构交叉工具链。

（2）上位机集成了 ECS 开发环境，支持用户在 ECS 开发环境中创建 Linux 工程，并远程调试。

8.2　CPU 硬件环境概述

8.2.1　通用寄存器

C910 的通用寄存器说明如表 8.1 所示。

表 8.1　C910 的通用寄存器说明

寄　存　器	ABI 名称	说　　明
x0	zero	硬件绑 0
x1	ra	返回地址
x2	sp	堆栈指针
x3	gp	全局指针
x4	tp	线程指针
x5	t0	临时/备用链接寄存器
x6～x7	t1～t2	临时寄存器
x8	s0/fp	保留寄存器/帧指针
x9	s1	保留寄存器
x10～x11	a0～a1	函数参数/返回值
x12～x17	a2～a7	函数参数
x18～x27	s2～s11	保留寄存器
x28～x31	t3～t6	临时寄存器
-	PC	程序指针

8.2.2　中断和异常机制

异常处理（包括指令异常和外部中断）是处理器的一项重要功能。当某些异常事件发生时，该功能用来使处理器转入对这些事件的处理。这些事件包括硬件错误、指令执行错误、用户程序请求服务等。

异常处理的关键是在异常发生时保存 CPU 当前运行的状态、在退出异常处理时恢复异常处理前的状态。

以在机器模式下响应异常为例，对 C910 的中断与异常机制进行简述。

第一步：处理器保存 PC 到 MEPC 中。

第二步：根据发生的异常类型设置 MCAUSE，并更新 MTVAL 为出错的取指地址、存储/加载地址或者指令码。

第三步：将 MSTATUS 的中断使能位 MIE 保存到 MPIE 中，将 MIE 清零，禁止响应中断。

第四步：将发生异常之前的权限模式保存到 MSTATUS 的 MPP 中，切换到机器模式。

第五步：根据 MTVEC 中的基址和模式得到异常服务程序的入口地址。处理器从异常服务程序的第一条指令处开始执行，进行异常的处理。

➢ C910 中的 PLIC 模块负责处理系统运行过程中产生的外部中断。

➢ C910 中的 CLINT 模块负责处理系统运行过程中产生的软件中断与计数器中断。

8.2.3　PMP

C910 物理内存保护（Physical Memory Protection，PMP）单元遵从 RISC-V 标准。在受保护的系统中，主要有两类资源的访问需要被监视：存储器系统和外围设备。PMP 单元负责对存储器系统（包括外围设备）的访问合法性进行检查，其主要是判定在当前工作模式下 CPU 是否具备对内存地址的读/写/执行访问权限。

PMP 单元相关的配置，在系统加载核阶段已完成较为完备的配置，用户基本不需要再进行配置。

8.2.4　Cache

C910 具备 L1 Cache 与 L2 Cache。

（1）L1 ICache 的主要特征如下：

① 容量配置为 64KB；

② 采用 2 路组相联结构，缓存行（Cacheline）大小为 64B；

③ 虚拟地址索引、物理地址标记（VIPT）；

④ 访问数据位宽为 128bit；

⑤ 采用先进先出的替换策略；

⑥ 支持对整个 L1 ICache 的无效操作，支持对单条缓存行的无效操作。

（2）L1 DCache 的主要特征如下：

① 容量配置为 64KB；

② 采用 2 路组相联结构，缓存行大小为 64B；

③ 物理地址索引、物理地址标记（PIPT）；

④ 每次读访问的最大宽度为 128 位，支持字节/半字/字/双字/四字访问；

⑤ 每次写访问的最大宽度为 256 位，支持任意字节组合的访问；

⑥ 采用先进先出的替换策略；

⑦ 支持对整个 L1 DCache 的无效和清除操作，支持对单条缓存行的无效和清除操作。

（3）L2 Cache 的主要特征如下：

① 容量配置为 4MB；

② 采用 16 路组相联结构，缓存行大小为 64B；

③ 物理地址索引、物理地址标记（PIPT）；

④ 每次访问的最大宽度为 64B；

⑤ 采用先进先出的替换策略；

⑥ 支持指令预取和 TLB 预取机制。

用户在开发具备 DMA 功能的相关外设的驱动时，需要注意高速缓存一致性的问题。由于 DMA 不通过 CPU 读写内存（Memory），在硬件上不能维护一致性，所以需要在软件上维护，以确保：

● DMA 设备修改了内存后 CPU 能看到（新值）；

● CPU 修改了内存后 DMA 能看到（新值）。

在目的地址和源地址均为内存的情况下：

● 准备源数据后，CPU 刷新高速缓存，确保待传输的数据写入内存；

● 写描述符后，CPU 刷新高速缓存，确保描述符写入内存；

● 对目的地址进行 CPU 刷新高速缓存操作，确保目的地址与高速缓存是一致的；

● 启动 DMA；

● 通过描述符变化轮询 DMA 结束之前，CPU 缓存无效（CPU Invalid Cache）；

● DMA 结束后，取目的数据，CPU 缓存无效（CPU Invalid Cache）。

尤其需要注意操作描述符时的动作（描述符的长度、缓存行的长度），从软件上保证旧值不会覆盖新值。

维护高速缓存一致性的相关接口设计可参考图 8.2 中的内容。

```
/*flush: cache -> memory*/
void cpu_flush_cache(void)
{
    // dcache.call
    // l2cache.call
    asm volatile (".long 0x0010000b");  /*dcache.call*/
    asm volatile (".long 0x0150000b");  /*l2cache.call*/
    asm volatile (".long 0x01b0000b");  /*sync.is*/
}

void cpu_flush_dcache_addr(unsigned long addr)
{
    register unsigned long i asm("a0") = addr & ~(63);
    asm volatile (".long 0x0295000b");  /*dcache.cpa*/
}

/*flush cache from start to start+length bytes*/
void cpu_flush_dcache_range(unsigned long start, unsigned long length)
{
    register unsigned long i asm("a0") = start & ~(63);
    for(; i < start + length; i+= 64)
        asm volatile (".long 0x0295000b");   /*dcache.cpa*/
    asm volatile (".long 0x01b0000b");  /*sync.is*/
}

/*invalid: cache->memory + invalid*/
void cpu_invalid_dcache_addr(unsigned long addr)
{
    register unsigned long i asm("a0") = addr & ~(63);
    asm volatile (".long 0x02b5000b");  /*dcache.cipa*/
}

void cpu_invalid_dcache_range(unsigned long start, unsigned long length)
{
    register unsigned long i asm("a0") = start & ~(63);
    for(; i < start + length; i+= 64)
        asm volatile (".long 0x02b5000b");   /*dcache.cipa*/
    asm volatile (".long 0x01b0000b");  /*sync.is*/
}

/*clean and invalid*/
void cpu_invalid_cache(void)
{
    /*
     * we use a part of sram as stack. stack is also cacheable.
     * to avoid corrupting stack data, we need ciall insn.
     * actually, we also need to check memory.
     * */
    // dcache.ciall
    // l2cache.ciall
    // icache.iall / fence.i
    //asm volatile (".long 0x0020000b");    /*dcache.iall*/
    asm volatile (".long 0x0030000b");  /*dcache.ciall*/
    //asm volatile (".long 0x0160000b");    /*l2cache.iall*/
    asm volatile (".long 0x0170000b");  /*l2cache.ciall*/
    //  asm volatile ("fence.i" ::: "memory");
    asm volatile (".long 0x0100000b");  /*icache.iall*/
    asm volatile (".long 0x01b0000b");  /*sync.is*/
}
```

图 8.2　高速缓存一致性接口的参考示例

Linux 操作系统中对 MMU 进行了正确的配置，用户基本不用做配置。

第9章　调试系统用户使用说明

9.1　调试系统概述

　　魂芯 V-A 智能处理器的调试系统主要指用户在对嵌入式 CPU 进行开发的过程中使用的与调试相关的软硬件设施。例如，在线仿真器、上位机调试器等。关于利用 GDB 和 GDBServer 调试 CPU 操作系统上运行的应用程序，所有操作均符合开源 GDB 和 GDBServer 的使用方式，后续不再赘述。

9.2　调试系统组成

　　魂芯 V-A 智能处理器的调试工作主要由 GNU 调试器（GNU Debugger，GDB）、调试代理服务程序、在线仿真器和硬件调试模块共同配合完成。其中，GDB 和调试代理服务程序通过网络互联，调试代理服务程序与在线仿真器通过 USB 接口连接，在线仿真器与硬件调试模块以 JTAG 模式通信。魂芯 V-A 智能处理器调试系统的组成如图 9-1 所示。

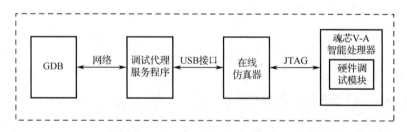

图 9-1　魂芯 V-A 智能处理器调试系统的组成

9.2.1　GDB

　　GDB 是 GNU 开源组织发布的一个强大的程序调试工具，广泛应用于嵌入式远程调试。魂芯 V-A 智能处理器采用开源 GDB 作为上位机调试器软件，为处理器的应用开发提供了强大的调试功能。因 GDB 具有 CLI 和 MI 两种命令形式，且命令种类复杂多样，所以以下仅罗列魂芯 V-A 智能处理器调试过程中部分常用的 MI 命令供用户查看使用（详细了解 GDB MI 命令请查阅 GDB 官方文档）。

（1）连接目标：-target-select remote 10.100.3.201:1250。

GDB 通过此命令与调试代理服务程序通过以太网接口建立连接，后续的所有调试操作均基于连接状态进行。其中，10.100.3.201:1250 为调试代理服务程序的 IP 和 PORT。

（2）读取程序信息：-file-exec-and-symbols E:/testcase2_魂芯 V-A_cpu.elf。

加载可执行程序的调试信息和符号表等到 GDB 内部保存。通过加载调试信息等内容，为后续的断点设置、单步调试奠定基础。其中，"E:/testcase2_魂芯 V-A_cpu.elf"为指定的要调试的目标程序。

（3）下载程序：-target-download。

GDB 根据可执行程序的节区信息将可执行程序下载到目标芯片对应的内存区域。

（4）设置断点：-break-insert [-t] [-h] [-r] [-c condition] [-i ignore-count] [-p thread] [line | addr]。

根据参数选项的不同，设置断点命令可以有多种形式。最常用的是根据源文件的行号设置断点和根据目标 PC 值设置断点,如"-break-insert -f testcase_asm.asm:11"和"-break- insert *0x200000"。该命令可能的选项参数是："-t"，插入一个临时断点；"-h"，插入一个硬件断点；"-c condition"，条件断点；"-i ignore-count"，忽略计数。

（5）运行：-exec-run。

从可执行程序起始位置开始执行，直至遇到停止事件或程序结束。

（6）继续运行：-exec-continue。

从可执行程序的当前位置继续运行，直至遇到停止事件或程序结束。

（7）单行执行：-exec-next。

执行到源文件的下一行的起始位置停止。

（8）单指令行执行：-exec-next-instruction。

执行一个机器指令，若执行指令中有函数调用，则直至函数执行返回后停止。

（9）单步执行：-exec-step。

执行到源文件的下一行的起始位置停止。若执行行中有函数调用，则执行到被调用函数的起始位置后停止。

（10）指令单步执行：-exec-step-instruction。

执行一个机器指令。若执行指令中有函数调用，则执行到被调用函数的起始位置后停止。

（11）查看表达式的值：-data-evaluate-expression expr。

查看表达式 expr 的值，表达式 expr 中可以包含变量、可执行程序中的函数等。

（12）写内存：-data-write-memory -o 4 0x2000000000 d 1 5。

写内存操作，向以 0x2000000000 为起始地址、字节长度为 4 的内存单元中写入一个十进制数 5。

（13）读内存：-data-read-memory -o 4 0x2000000000 x 1 1 4。

读内存操作，读取以 0x2000000000 为起始地址、字节长度为 4 的内存单元中的内容，显示为 1 行 4 列。

9.2.2　调试代理服务程序

调试代理服务程序与 GDB 通过 TCP/IP 协议建立连接，与在线仿真器通过 USB 接口连接。调试代理服务程序的主要作用是将 GDB 的各种调试操作转换为仿真器可识别的调试命令，同时也可以利用调试代理服务程序对仿真器进行不同的配置和在线升级。调试代理服务程序分为 Console 和 GUI 两种不同的形式，下面简单介绍一下 Console 形式的调试代理服务程序。

Console 形式的调试代理服务程序的主要配置见表 9.1。

表 9.1　Console 形式的调试代理服务程序的主要配置

用户接口	定义	默认值
【-setclk xxx】	设定 ICE JTAG 时钟频率，默认单位为兆赫兹，支持以千赫兹为单位的数据格式，如"-setclk 12000k"表示频率设置为 12MHz	12，即 ICE 频率为 12MHz
【-port XXX】	设定 Socket 通信端口	1025
【-preset】	指定在获取 ICE 控制后发起复位操作	默认不执行
【-noddc】	不使用数据下载直通通道	默认使用
【-nocacheflush】	进行单步调试和退出调试时不刷新高速缓存	默认刷新 Cache
【-setcdi 2/5】	之后跟的参数 2/5 表示连接目标芯片之前设置 ICE 的工作方式为 2 线或 5 线	默认不执行
【-mtcrdelay/delay】	设置 ICE 写完 CPU 控制寄存器后等待的时间	默认为 1ms
【-targetinit filepath】	在获取 ICE 后执行的目标初始化脚本，脚本类型为 GPIO 或 JTAG 本，执行脚本后继续启动流程	无
【-scr filename】	指定执行操作脚本（GPIO 或 JTAG），这个参数指定后，Server 功能不再开启，运行完脚本后程序退出	无
【-configpath/-configfilepath filepath】	指定配置 ICE 时获取 ICE 固件的路径	默认为可执行程序所在的目录
【-tdescfile filepath】	为 GDB 指定描述目标板寄存器的.xml 文件	默认根据 CPU 标识号来指定一个默认的 tdesc.xml 文件
【-trst】	在执行复位命令时是否执行硬件调试电路的复位	默认不执行
【-trstdelay】	设置硬件复位延时，确保 ICE 可以产生稳定的复位信号，用于复位 HAD 状态机，单位为 10us	默认为 1.1ms

用　户　接　口	定　　义	默　认　值
【-rstwait】	设置延时，确保在目标板收到复位信号后目标板复位流程执行结束	默认为 50ms
【-dcomm=ldcc】	启动 JTAG 输入输出通道（需要硬件支持）	默认不开启
【-disable-cmdline】	不开启命令行功能	默认开启
【-set-isa_version v1/v2/v3/v4/v5】	设置 ICE 的 HAD Version 版本	默认自动设置
【--debug usb/connect/target/ remote/djp/sys/all】	usb：记录调试代理服务程序与 ICE 之间交互的协议包 connect：描述连接开发板的细致过程 target：记录 target 抽象层函数调用信息 remote：记录 remote 协议交互信息 djp：记录 djp 协议交互信息 sys：记录调试代理服务程序主循环信息 all：打印以上所有 Log 信息	默认没有 Log 信息输出
【-arch csky/ricsv】	选择连接的调试架构	默认为 csky
【-v/-version】	查看程序的版本号信息	
【-h/--h/--help】	查看帮助信息	

9.2.3　在线仿真器

在线仿真器（ICE）通过 USB 接口与上位机相连，通过 JTAG 排线与硬件板卡相连，主要作用是将调试代理服务程序发送的调试命令转换为标准的 JTAG 协议，通过硬件接口输入处理器内部，同时通过硬件接口将处理器内部返回的数据发送给上位机调试代理服务程序。在线仿真器主要由三部分组成：仿真器、USB 线、JTAG 排线。

在使用过程中，在线仿真器（ICE）的状态灯为绿色时表示状态正常、为红色时表示状态异常。

9.3　调试操作

基本调试操作的步骤如下。

1. 硬件设备连接

首先，将在线仿真器的 USB 接口端通过 USB 线与上位机相连；其次，将在线仿真器的 JTAG 接口端通过 JTAG 排线与目标板卡相连。确认在线仿真器的状态指示灯为绿色。

2. 运行调试代理服务程序

启动调试代理服务程序（Console 或 GUI），完成调试代理服务程序的各项配置。

3. 运行 GDB

启动 GDB，完成 GDB 与调试代理服务程序的连接。随后下载程序至目标处理器，最后可根据需求进行各种不同的调试操作。

调试系统主要集成在可视化开发环境中提供给用户使用，为用户的应用开发提供便利。

第10章 CPU前后台环境使用说明

10.1 CPU前后台环境概述

前面讲过，CPU前后台运行环境主要为用户开发CPU侧裸机程序提供环境支持，主要需要支持以下几点功能：

（1）为HXDSP2441外设接口提供驱动程序；

（2）提供标准C库，供用户应用程序调用；

（3）支持C++。

CPU前后台运行环境的软件组成及其说明如图10.1和表10.1所示。其中，标准C/C++库支持集成在编译工具链中，提供标准C/C++库接口，如printf、malloc等常用的函数接口；BSP API支持可以用来获取当前核号、挂接中断服务程序等，也可以用来开发设备的驱动程序，另外还提供一部分封装后的多核版C库接口，用于在多核情况下使用。

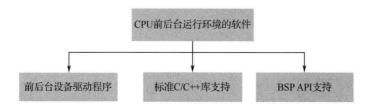

图 10.1 CPU前后台运行环境的软件组成

表 10.1 CPU前后台运行环境的软件说明

序 号	软件单元名称	用 途	备 注
1	前后台设备驱动程序	针对每个设备，提供一组 open/close/read/write/ioctl 接口，供用户应用程序使用	无
2	标准 C/C++库支持	为标准 C/C++库提供支持 允许用户使用标准 C/C++库编写程序	无
3	BSP API 支持	提供一组接口，方便用户完成多核程序的互斥	无

10.2 接口说明

10.2.1 标准 C/C++库接口使用方法

由于标准 C/C++库中的接口数量较多，这里只给出其接口名称及作用（见表 10.2）。

表 10.2 标准 C/C++库接口名称及作用

序 号	接 口 名 称	接 口 作 用
1	isalnum	判断字符变量是否为字母或数字
2	isalpha	判断字符是否为英文字母
3	iscntrl	判断字符是否为控制字符
4	isdigit	判断字符是否为十进制数字字符
5	isgraph	判断字符是否为除空格外的可打印字符
6	islower	判断字符是否为小写英文字母
7	isprint	判断字符是否为可打印字符（含空格）
8	ispunct	判断字符是否为标点符号
9	isspace	判断字符是否为空白字符
10	isupper	判断字符是否为大写英文字母
11	isxdigit	判断字符是否为十六进制数字字符
12	tolower	将字符转换为小写英文字母
13	toupper	将字符转换为大写英文字母
14	isblank	判断字符是否为 Tab 或空格
15	remove	删除字符串所标识的文件
16	rename	更改文件的文件名
17	tmpfile	生成或创建一个临时文件
18	tmpnam	创建独有的合法文件名并存储
19	fclose	关闭打开的文件
20	fflush	在程序每次迭代后刷新缓冲区
21	freopen	把一个新的文件名与给定的流关联，同时关闭流中的旧文件
22	fopen	打开文件
23	setbuf	设置用于流操作的内部缓冲区
24	setvbuf	设置给定文件流的缓冲模式
25	fprintf	写结果到文件流
26	fscanf	从文件流读取数据
27	printf	写结果到屏幕
28	scanf	从标准输入读取数据

序　号	接 口 名 称	接 口 作 用
29	sprintf	发送格式化输出到 str 所指向的字符串
30	sscanf	从字符串读取格式化输入
31	vfprintf	按照指定的格式将可变数量的参数输出到指定的文件流中
32	vprintf	使用参数列表发送格式化输出到标准输出
33	vsprintf	使用参数列表发送格式化输出到字符串
34	fgetc	从给定的输入流读取下一个字符，并把位置标识符往前移动
35	fgets	从指定的流中读取一行，并把它存储在 str 所指向的字符串内
36	fputc	把参数 char 指定的字符写入指定的流中，并把位置标识符往前移动
37	fputs	把字符串写入指定的流中，但不包括空字符
38	getc	从指定的流中获取下一个字符（一个无符号字符），并把位置标识符往前移动
39	getchar	从标准输入中获取一个字符（一个无符号字符）
40	gets	从标准输入中读取一行，并把它存储在 str 所指向的字符串中
41	putc	把指定的字符（一个无符号字符）写入指定的流中，并把位置标识符往前移动
42	puts	把一个字符串写入标准输出，直到空字符，但不包括空字符
43	putchar	把指定的字符（一个无符号字符）写入标准输出中
44	ungetc	把字符（一个无符号字符）推入指定的流中，以便它是下一个被读取到的字符
45	fread	从给定流中读取数据到 ptr 所指向的数组中
46	fwrite	把 ptr 所指向的数组中的数据写入给定流中
47	fgetpos	获取流的当前文件位置，并把它写入 pos
48	fseek	重定位流(数据流/文件)上的文件内部位置指针
49	fsetpos	将文件指针定位在指定的位置上
50	ftell	给定流的当前文件位置
51	rewind	设置文件位置为给定流的文件的开头
52	iclearerr	清除给定流的文件结束和错误标识符
53	feof	测试给定流的文件结束标识符
54	ferror	测试给定流的错误标识符
55	perror	把一个描述性错误消息输出到标准错误输出终端
56	snprintf	格式化输出字符串，并将结果写入指定的缓冲区
57	vsnprintf	将一组变长参数格式化为一个字符串，并将其存储到一个字符缓冲区中
58	vfscanf	从流中执行格式化输入
59	vscanf	从键盘读取数据
60	vsscanf	将格式化的数据从字符串读取到变量参数列表中
61	atof	把参数 str 所指向的字符串转换为一个浮点数（类型为 double 型）

序 号	接口名称	接口作用
62	atoi	把参数 str 所指向的字符串转换为一个整数（类型为 int 型）
63	atol	把参数 str 所指向的字符串转换为一个长整数（类型为 long int 型）
64	strtod	把参数 str 所指向的字符串转换为一个浮点数（类型为 double 型）
65	strtol	把参数 str 所指向的字符串根据给定的 base 转换为一个长整数（类型为 long int 型），base 必须介于 2 和 36（包含）之间，或者是特殊值 0
66	strtoul	把参数 str 所指向的字符串根据给定的 base 转换为一个无符号长整数（类型为 unsigned long int 型），base 必须介于 2 和 36（包含）之间，或者是特殊值 0
67	atoll	把字符串转换成长长整型数（64 位）
68	strtof	将字节字符串转换为浮点值
69	strtold	把参数 str 所指向的字符串转换为一个浮点数（类型为 double 型）
70	strtoll	将字符串 str 转换成长整型（long）数据
71	strtoull	将字符串转换成无符号长整型数
72	memcpy	从存储区 str2 复制 n 字节到存储区 str1
73	memmove	从 str2 复制 n 字节到 str1，但是在重叠内存块这方面，memmove() 是比 memcpy() 更安全的方法。如果目标区域和源区域有重叠，memmove() 能够保证源串在被覆盖之前将重叠区域的字节复制到目标区域中，复制后源区域的内容会被更改。如果目标区域与源区域没有重叠，则和 memcpy() 的函数功能相同
74	strcpy	把 src 所指向的字符串复制到 dest
75	strncpy	把 src 所指向的字符串复制到 dest，最多复制 n 字符。当 src 的长度小于 n 时，dest 的剩余部分将用空字节填充
76	strcat	把 src 所指向的字符串追加到 dest 所指向的字符串的结尾
77	strncat	把 src 所指向的字符串追加到 dest 所指向的字符串的结尾，直到 n 字符长度为止
78	memcmp	把存储区 str1 和存储区 str2 的前 n 字节进行比较
79	strcmp	把 str1 所指向的字符串和 str2 所指向的字符串进行比较
80	strcoll	把 str1 和 str2 进行比较，结果取决于 LC_COLLATE 的位置设置
81	strncmp	把 str1 和 str2 进行比较，最多比较前 n 字节
82	strxfrm	根据程序当前的区域选项中的 LC_COLLATE 来转换字符串 src 的前 n 字符，并把它们放置在字符串 dest 中。
83	memchr	在参数 str 所指向的字符串的前 n 字节中搜索第一次出现字符 c（1 个无符号字符）的位置
84	strchr	用于查找字符串中的 1 个字符，并返回该字符在字符串中第一次出现的位置
85	strcspn	检索字符串 str1 开头连续有几个字符都不含字符串 str2 中的字符
86	strpbrk	检索字符串 str1 中第一个匹配字符串 str2 中的字符，不包含空结束字符

序　号	接 口 名 称	接 口 作 用
87	strrchr	在参数 str 所指向的字符串中搜索最后一次出现字符 c（1 个无符号字符）的位置
88	strspn	检索字符串 str1 中第一个不在字符串 str2 中出现的字符下标
89	strstr	在字符串 haystack 中查找第一次出现字符串 needle 的位置，不包含终止符'\0'
90	strtok	分解字符串 str 为一组字符串，delim 为分隔符
91	memset	复制字符 c（1 个无符号字符）到参数 str 所指向的字符串的前 n 个字符
92	strerror	从内部数组中搜索错误号 errnum，并返回一个指向错误消息字符串的指针
93	strlen	计算字符串 str 的长度，直到空结束字符，但不包括空结束字符
94	feclearexcept	尝试清除列于位掩码参数的浮点异常
95	fegetexceptflag	试图获得列于位掩码的浮点异常标志的完整内容
96	feraiseexcept	尝试引发浮点异常
97	fesetexceptflag	试图复制浮点异常标志到浮点环境
98	fetestexcept	确定当前设置了哪个指定的浮点异常子集
99	fegetround	返回对应当前舍入方向的浮点舍入宏
100	fesetround	试图建立等于参数 round 的浮点舍入方向
101	fegetenv	试图存储浮点环境的状态于 envp 所指向的对象
102	feholdexcept	feholdexcept 函数信息标签
103	fesetenv	试图从 envp 所指向的对象建立浮点环境状态
104	feupdateenv	feupdateenv 函数信息标签
105	acos	反余弦值计算
106	asin	反正弦值计算
107	atan	反正切值计算，返回弧度值区间为[-pi/2,+pi/2]
108	atan2	反正切值计算，返回弧度值区间为[-pi,+pi]
109	cos	余弦值计算
110	sin	正弦值计算
111	tan	正切值计算
112	cosh	双曲余弦计算
113	sinh	双曲正弦计算
114	tanh	双曲正切计算
115	exp	指数计算
116	frexp	把浮点数 x 分解成尾数和指数。返回值是尾数，并将指数存入 exponent 中
117	ldex	将浮点值乘以 2 的 exp 次幂
118	log	自然对数计算
119	log10	常用对数计算

序　号	接口名称	接口作用
120	modf	返回值为小数部分（小数点后的部分），并设置 integer 为整数部分
121	pow	计算 exponent 次幂
122	sqrt	平方根计算
123	ceil	计算不小于参数的最小整数值
124	fabs	float 型绝对值计算
125	floor	计算不大于参数的最大整数值
126	fmod	余数计算
127	abs	绝对值计算
128	div	除法运算
129	labs	long double 型绝对值运算
130	ldiv	long double 型除法运算
131	cacos	double 型复反余弦计算
132	casin	double 型复反正弦计算
133	catan	double 型复反正切计算
134	ccos	double 型复余弦计算
135	csin	double 型复正弦计算
136	ctan	double 型复正切计算
137	cacosf	float 型复反余弦计算
138	casinf	float 型复反正弦计算
139	catanf	float 型复反正切计算
140	ccosf	float 型复余弦计算
141	csinf	float 型复正弦计算
142	ctanf	float 型复正切计算
143	cacosl	long double 型复反余弦计算
144	casinl	long double 型复反正弦计算
145	catanl	long double 型复反正切计算
146	ccosl	long double 型复余弦计算
147	csinl	long double 型复正弦计算
148	ctanl	long double 型复正切计算
149	cacosh	计算一个 double 型复数值的复双弧余弦值
150	casinh	计算一个 double 型复数值的复双弧正弦值
151	catanh	计算一个 double 型复数值的复双弧正切值
152	ccosh	计算一个 double 型复数值的双曲余弦值
153	csinh	计算一个 double 型复数值的双曲正弦值
154	ctanh	计算 double 型复数的复双曲正切

续表

序　号	接 口 名 称	接 口 作 用
155	cacoshf	计算 float 型复数的反双曲余弦
156	casinhf	计算 float 型复数的反双曲正弦
157	catanhf	计算 float 型复数的反双曲正切
158	ccoshf	计算 float 型复数的复双曲余弦
159	csinhf	计算 float 型复数的复双曲正弦
160	ctanhf	计算 float 型复数的复双曲正切
161	cacoshl	计算 long double 型复数的反双曲余弦
162	casinhl	计算 long double 型复数的反双曲正弦
163	catanhl	计算 long double 型复数的反双曲正切
164	ccoshl	计算 long double 型复数的复双曲余弦
165	csinhl	计算 long double 型复数的复双曲正弦
166	ctanhl	计算 long double 型复数的复双曲正切
167	cexp	计算 double 型复数的底 e 指数
168	clog	计算 double 型复数的复自然对数
169	cexpf	计算 float 型复数的底 e 指数
170	clogf	计算 float 型复数的复自然对数
171	cexpl	计算 long double 型复数的底 e 指数
172	clogl	计算 long double 型复数的自然对数
173	cabs	复绝对值计算
174	cpow	计算复幂函数
175	csqrt	计算复平方根
176	cabsf	float 型绝对值计算
177	cpowf	计算 float 型复幂函数
178	csqrtf	计算 float 型复平方根
179	cabsl	long double 型绝对值计算
180	cpowl	计算 long double 型复幂函数
181	carg	double 型复数相位角计算
182	cimag	double 型复数虚部计算
183	conj	double 型复数共轭计算
184	cproj	double 型复数黎曼球面上的投影计算
185	creaj	double 型复数实部计算
186	cargf	float 型复数的相位角计算
187	cimagf	float 型复数的虚部计算
188	conjf	float 型复数的共轭计算
189	cprojf	float 型复数的黎曼球面上的投影计算

序　号	接口名称	接口作用
190	crealf	float 型复数的实部计算
191	cargl	long double 型复数相位角计算
192	cimagl	long double 型复数的虚部计算
193	conjl	long double 型复数共轭计算
194	cprojl	long double 型复数黎曼球面上的投影计算
195	creal	long double 型复数的实部计算
196	difftime	时间差计算
197	mktime	时间格式化
198	time	获取当前日历时间
199	asctime	一个指向字符串的指针,它代表了结构的日期和时间
200	ctime	表示当地时间的字符串
201	gmtime	UTC 时间格式转换
202	localtime	本地时间格式转换
203	strftime	根据定义的格式化规则,格式化结构表示的时间,并把它存储在 str 中
204	calloc	内存分配并初始化 0
205	free	内存释放
206	malloc	内存分配
207	realloc	重新分配给定的内存区域
208	abort	中止程序执行,直接从调用的地方跳出
209	assert	将诊断信息被写入标准错误文件中
210	atexit	当程序正常终止时,调用指定的函数 func
211	exit	结束当前进程
212	getenv	搜索所指向的环境字符串,并返回相关的值给字符串
213	system	将指定的命令名称或程序名称传给要被命令处理器执行的主机环境,并在命令完成后返回
214	bsearch	数组执行二分查找
215	qsort	对数组进行排序
216	rand	随机数生成
217	srand	播种随机数生成器
218	va_start	初始化 ap 变量,它与 va_arg 和 va_end 宏是一起使用的
219	va_arg	检索函数参数列表中类型为 type 的下一个参数
220	va_end	允许使用了宏的带有可变参数的函数返回
221	va_copy	将一个类型的变量复制到另一个变量中
222	signal	设置一个函数来处理信号,即带有 sig 参数的信号处理程序
223	raise	生成要发送信号给程序

10.2.2　前后台设备驱动接口使用方法

1．metal_uart_init

1）函数原型及使用说明

inline void metal_uart_init(struct metal_uart *uart, int baud_rate);
该函数用于初始化 UART 串口设备。

2）参数说明

（1）uart：处理 UART 串口设备的结构体。
（2）baud_rate：自定义 UART 设备的波特率。

2．metal_uart_putc

1）函数原型及使用说明

inline int metal_uart_putc(struct metal_uart *uart, unsigned char c);
该函数通过 UART 串口设备输出字符。成功则返回 0。

2）参数说明

（1）uart：处理 UART 串口设备的结构体。
（2）c：需要输出的字符。

3．metal_uart_getc

1）函数原型及使用说明

inline int metal_uart_getc(struct metal_uart *uart, unsigned char *c);
该函数通过 UART 串口设备输入字符。成功则返回 0。

2）参数说明

（1）uart：处理 UART 串口设备的结构体。
（2）c：需要输入的字符。

4．metal_uart_get_baudrate

1）函数原型及使用说明

inline int metal_uart_get_baud_rate(struct metal_uart *uart);
该函数用于获取外部 UART 串口设备的波特率。

2）参数说明

uart：处理 UART 串口设备的结构体。

5．metal_uart_set_baud_rate

1）函数原型及使用说明

inline int metal_uart_set_baud_rate(struct metal_uart *uart, int baud_rate);
该函数用于设置外部 UART 串口设备的波特率。

2）参数说明

（1）uart：处理 UART 串口设备的结构体。
（2）baud_rate：需要设置的波特率。

6．metal_uart_interrupt_controller

1）函数原型及使用说明

inline struct metal_interrupt* metal_uart_interrupt_controller(struct metal_uart *uart);
该函数用于获取外部 UART 串口设备的中断控制器。

2）参数说明

uart：处理 UART 串口设备的结构体。

7．metal_uart_get_interrupt_id

1）函数原型及使用说明

inline int metal_uart_get_interrupt_id(struct metal_uart *uart);
该函数用于获取外部 UART 串口设备控制器的中断号。

2）参数说明

uart：处理 UART 串口设备的结构体。

10.2.3　BSP 接口使用方法

1．spin_lock_check

1）函数原型及使用说明

int spin_lock_check(spinlock_t *lock);
该函数用于检查自旋锁是否上锁。

2）参数说明

lock：长整型变量，自旋锁号。

2．spin_trylock

1）函数原型及使用说明

int spin_trylock(spinlock_t *lock);
该函数用于自旋锁上锁。

2）参数说明

lock：长整型变量，自旋锁号。

3．spin_lock

1）函数原型及使用说明

void spin_lock(spinlock_t *lock);
该函数用于自旋锁上锁。先调用 spin_lock_check 函数检查，再调用 spin_trylock 函数上锁。

2）参数说明

lock：长整型变量，自旋锁号。

4．spin_unlock

1）函数原型及使用说明

void spin_unlock(spinlock_t *lock);
该函数用于自旋锁解锁。

2）参数说明

lock：长整型变量，自旋锁号。

5．metal_dma_flush

1）函数原型及使用说明

void metal_dma_flush (unsigned long addr, unsigned long size);
该函数用于刷新高速缓存，保证高速缓存一致性。

2）参数说明

（1）addr：长整型变量地址。
（2）size：长整型变量地址偏移。

6．set_sw_ipi

1）函数原型及使用说明

extern inline int metal_cpu_software_set_ipi(struct metal_cpu *cpu, int hartid);

该函数用于设置核间中断。

2）参数说明

（1）cpu：处理 CPU 设备的结构体。
（2）hartid：整型变量核号。

7．clear_sw_ipi

1）函数原型及使用说明

extern inline int metal_cpu_software_clear_ipi(struct metal_cpu *cpu, int hartid);
该函数用于清除核间中断。

2）参数说明

（1）cpu：处理 CPU 设备的结构体。
（2）hartid：整型变量核号。

8．metal_interrupt_enable

1）函数原型及使用说明

inline int metal_interrupt_enable(struct metal_interrupt *controller, int id);
该函数用于使能中断。成功则返回 0。

2）参数说明

（1）controller：处理中断控制器的结构体。
（2）id：被使能中断的中断号。

9．metal_interrupt_disable

1）函数原型及使用说明

inline int metal_interrupt_disable(struct metal_interrupt *controller, int id);
该函数用于禁用一个中断。

2）参数说明

（1）controller：处理中断控制器的结构体。
（2）id：被禁用中断的中断号。

10．metal_interrupt_init

1）函数原型及使用说明

inline void metal_interrupt_init(struct metal_interrupt *controller);
该函数用于初始化一个中断。必须在注册与使能中断前被调用，同一个中断只能使用一次。

2）参数说明

controller：处理中断控制器的结构体。

11．metal_interrupt_register_handler

1）函数原型及使用说明

inline int metal_interrupt_register_handler(struct metal_interrupt *controller, int id, metal_ interrupt_handler_t handler, void *priv_data);
该函数用于注册一个中断处理器。成功则返回 0。

2）参数说明

（1）controller：处理中断控制器的结构体。
（2）id：需要被注册的中断号。
（3）handler：处理中断处理器回调的结构体。
（4）priv_data：中断处理器数据。

12．metal_get_hartid

1）函数原型及使用说明

unsigned long metal_get_hartid(void);
该函数用于获取当前的 CPU 核号。

2）参数说明

无参数。

10.3　开发过程

1．应用程序编写

可以将 CPU 前后台运行环境进一步区分为单核模式和多核模式。在单核模式下，系统中仅有一个 CPU 核工作，此时所有资源均为 CPU 独占，无须考虑（CPU 与 CPU 之间的）共享和互斥等问题，程序正常编写即可；在多核模式下，系统中有多个 CPU 核同时工作，需要考虑互斥问题和多核协同工作问题，多核模式下的编写规范如下：

```
static spinlock_t init_lock = SPIN_LOCK_INITIALIZER; static int init_done = 0;
int main(void)
{
unsigned long hartid;
hartid = metal_get_hartid();
```

```
/* 初始化操作应当根据实际需求进行互斥保护 */ spin_lock (&init_lock);
metal_interrupt_init (_METAL_DT_RISCV_CPU_INTC_HANDLE); metal_interrupt_enable
(_METAL_DT_RISCV_CPU_INTC_HANDLE, 0); spin_unlock (&init_lock);

test_func(hartid); metal_shutdown(0);
return 0;
}

void test_func(unsigned long hartid)
{
switch (hartid)
{
        case 0:
                …; break;
        case 1:
                …; break;
        case 2:
                …; break;
        case 3:
                …; break
        default:
                …; break
    }
    }
```

可以根据不同的 hartid 编写在不同 CPU 核下运行的程序代码。

2．应用程序编译

使用 Makefile 编译应用程序，Makefile 示例及相关说明如下：

```
TOOL_PATH=/home/wangyunf/workstation/freedom-meta              ##编译工具链位置
CC=$(TOOL_PATH)/bin/riscv64-unknown-elf-gcc                    ##C 程序编译工具
                                        ##C++程序使用 riscv64-unknown-elf-g++
LD=$(TOOL_PATH)/bin/riscv64-unknown-elf-ld                     ##链接工具
AR=$(TOOL_PATH)/bin/riscv64-unknown-elf-ar                     ##静态库创建工具
OBJDUMP=$(TOOL_PATH)/bin/riscv64-unknown-elf-objdump           ##反汇编工具
OBJCOPY=$(TOOL_PATH)/bin/riscv64-unknown-elf-objcopy           ##格式转换工具
LIB=$(TOOL_PATH)/lib/gcc/riscv64-unknown-elf/8.1.0             ##库文件位置
TOOLDIR=$(TOOL_PATH)/riscv64-unknown-elf                       ##工具链位置
LIBMETALDIR=./freedom-metal-hx-lp64d
LIBMETAL=./freedom-metal-hx-lp64d/libmetal.a                   ##底层支持文件
ENTRY0=./freedom-metal-hx-lp64d/entry.o
  CRT0=./freedom-metal-hx-lp64d/crt0MC.o      ##多核 C 运行时，在单核模式下使用 crt0.o
SRC = main.c                          ##要编译的 C 程序若使用 C++语言，则改成 main.cpp
INC = .OBJ = $(SRC:%.c=%.o）                   ##C++：OBJ=$(SRC:%.cpp=%.o)
CFLAGS = -Wall -I$(INC) -I./freedom-metal-hx-lp64d/        ##指定头文件查找目录
  ARCHFLAGS = -march=rv64imafdc -mabi=lp64d -mcmodel=medany    ##目标平台支持双精度
                                                              ##浮点指令
```

```
                                              ##通过寄存器传递浮点数参数
ELFFILE = main.elf                            ##生成的可执行程序名
TARGET = main.hex
DISFILE = main.dis SECFILE = main.sec
all:$(TARGET)
    $(TARGET):$(ELFFILE)
    $(OBJDUMP) -h $< > $(SECFILE)
$(OBJDUMP) -D $< > $(DISFILE)
        $(ELFFILE):$(OBJ)
$(CC) $(ARCHFLAGS) -nostartfiles -nostdlib -Wl,--gc-sections - specs=nano.specs $(ENTRY0)
$(CRT0)  $(OBJ)  -Wl,--whole-archive  $(LIBMETAL)  -Wl,--no-  whole-archive  -L$(LIB)
-Wl,--start-group -lstdc++ -lc_nano -lm -lgcc -lc -Wl,--end-group - Tlinker.lds -o $@ -v%.o:%.c
$(CC) -O0 -g -c $(CFLAGS) $(ARCHFLAGS) $< -o $@
clean:
@rm -rf *.o @rm -rf *.elf @rm -rf
*.hex @rm -rf *.dis @rm -rf *.sec
```

（1）-march=rv64imafdc/-mabi=lp64d 与-march=rv64imac/-mabi=lp64 两种组合，前一种支持浮点数，后一种不支持浮点数；

（2）-L（）-l 指定库文件；

（3）-T（）指定代码段、数据段、Bss 段的起始地址，定义在 linker.lds 文件中。

3．Makefile 编译命令

（1）make -f Makefile clean：重新编译新的应用程序时需要删除上一个应用程序生成的相关文件。

（2）make -f Makefile：根据不同的程序选择不同的 Makefile 进行编译。

4．程序调试

调试工具使用的是 riscv64-unknown-elf-gdb。调试时，在 ECS 中使用 CPU 远程软件模拟器进行调试。服务器上具体的执行过程如下。

首先开启一个终端，在终端输入以下命令运行 QEMU 虚拟机：

```
./qemu-system-riscv64 -M hxaisoc -kernel ./main.elf -nographic -smp 4 -m 1024 -S -gdb tcp::9999
```

其中，-M 选项指定虚拟机的名称；-kernel 选项指定所要调试的可执行程序；-smp 指定虚拟机的内核数；-m 指定虚拟机的内存大小；-S 表示暂停运行，等待 GDB 远程连接调试。

然后另开启一个终端，输入以下命令开始对程序进行调试：

```
./riscv64-unknown-elf-gdb main.elf -ex "tar remote :9999" -ex "load" -ex "b main"
```

在调试过程中可使用的调试命令如下。

（1）-b：设置断点；

（2）-c：继续执行；

（3）-s：执行下一条语句；

（4）-l：显示源码；

（5）-info：显示相关信息。

调试命令具体的使用说明可使用-help 选项进行查看。

10.4　示例程序

1．单核程序示例

（1）单核 C 语言程序示例：

```
#include <stdio.h> int main()
{
printf("hello world!\n"); return 0;
}
```

（2）单核 C++语言程序示例：

```
#include<iostream>
extern "C" {void * _____dso_handle=0;} using
namespace std;
int main(int argc,char** argv)
{
cout<<"hello world!"<<endl; return 0;
}
```

2．多核程序示例

多核程序示例：

```
#include <bsp.h> #include <metal-mc.h> #include <stdio.h>#define
LIBTESTNUM 5
void test_func(unsigned long hartid)
{
int i;
long begin_t; long end_t; long delta_t;
char * test_malloc; switch(hartid)
{
case 0:
/*    test for malloc. each core should get different address. */
printf("hello, world! i'm hartid-%ld\n", hartid);
test_malloc = (char *) pmalloc (sizeof(char) * LIBTESTNUM);
printf ("hartid-%ld: test_malloc = %lx\n", hartid, test_malloc);

/*    test for time(). */
begin_t = time((long *)0);
printf("hartid-%ld: begin_t = %ld\n", hartid, begin_t); for (i = 0; i < LIBTESTNUM; i++)
{
test_malloc[i] = (hartid << 3) + i; end_t = time((long *)0);
delta_t = end_t - begin_t;
```

```
printf("hartid-%ld: end_t = %ld, delta_t = %ld\n", hartid, end_t, delta_t);
}

/* step3: exam data and free it. */ for (i = 0; i < LIBTESTNUM; i++)
printf("hartid-%ld, test_malloc[%d] = %d\n", hartid, i, test_malloc[i]); pfree(test_malloc);
break; case 1:
/*     test for malloc. each core should get different address. */
printf("hello, world! i'm hartid-%ld\n", hartid);
test_malloc = (char *) pmalloc (sizeof(char) * LIBTESTNUM);
printf ("hartid-%ld: test_malloc = %lx\n", hartid, test_malloc);

/*     test for time(). */
begin_t = time((long *)0);
printf("hartid-%ld: begin_t = %ld\n", hartid, begin_t); for (i = 0; i < LIBTESTNUM; i++)
{
test_malloc[i] = (hartid << 3) + i; end_t = time((long *)0);
delta_t = end_t - begin_t;
printf("hartid-%ld: end_t = %ld, delta_t = %ld\n", hartid, end_t, delta_t);
}

/* step3: exam data and free it. */ for (i = 0; i < LIBTESTNUM; i++)
printf("hartid-%ld, test_malloc[%d] = %d\n", hartid, i, test_malloc[i]); pfree(test_malloc);

        case 2:
            break;
        case 3:
            break;
default
            while(1) {}
}

}

int main(void)
{
unsigned long hartid;
hartid = metal_get_hartid(); test_func(hartid);
return 0;
}
```

　　该程序对多核模式下所封装的 C 库接口 pmalloc、printf、pfree 进行了测试，同时也测试了 time 时间接口。
　　结果如下：

```
hello, world! i'm hartid-1 hello,
world! i'm hartid-0
hartid-1: test_malloc = 2000007840 hartid-0:
test_malloc = 2000007850 hartid-1: begin_t =
24385615004
```

```
hartid-1: end_t = 24385615005, delta_t = 1 hartid-0:
begin_t = 24385615005
hartid-1: end_t = 24385615006, delta_t = 2 hartid-0:
end_t = 24385615007, delta_t = 2 hartid-1: end_t =
24385615007, delta_t = 3 hartid-0: end_t =
24385615008, delta_t = 3 hartid-1: end_t =
24385615009, delta_t = 5 hartid-0: end_t =
24385615009, delta_t = 4 hartid-1: end_t =
24385615010, delta_t = 6 hartid-0: end_t =
24385615011, delta_t = 6 hartid-1, test_malloc[0] = 8
hartid-0: end_t = 24385615012, delta_t = 7 hartid-1,
test_malloc[1] = 9
hartid-0, test_malloc[0] = 0 hartid-1,
test_malloc[2] = 10 hartid-0,
test_malloc[1] = 1 hartid-1,
test_malloc[3] = 11 hartid-0,
test_malloc[2] = 2 hartid-0,
test_malloc[3] = 3 hartid-1,
test_malloc[4] = 12 hartid-0,
test_malloc[4] = 4
```

3．软中断示例

软中断示例：

```
#include <bsp.h> #include <metal-mc.h> #include <stdio.h>

static spinlock_t init_lock = SPIN_LOCK_INITIALIZER; void ipi_isr(int id,void *priv);
struct metal_cpu *cpu;
void test_func(int hartid)
{
int sr; switch(hartid)
{
case 0:
/* code for CPU#0 */
cpu = metal_cpu_get(hartid);
printf("hello, world! i'm hartid-%d,ipi interrupt test!\n", hartid); sr =
metal_cpu_software_set_ipi(cpu,hartid);
printf("hartid-%d,back to test_func\n",hartid); break;
case 1:
/* code for CPU#1 */ break;
case 2:
/* code for CPU#2 */ break;
case 3:
/* code for CPU#3 */ break;
default:
while(1) {}
}
}
```

```
int main(void)
{
unsigned long hartid;
hartid = metal_get_hartid();
/* let one core to init interrupt and devices each time. */ spin_lock (&init_lock);
metal_interrupt_init (_METAL_DT_RISCV_CPU_INTC_HANDLE); metal_interrupt_init
(_METAL_DT_RISCV_CLINT0_HANDLE); metal_interrupt_register_handler
(_METAL_DT_RISCV_CPU_INTC_HANDLE,
3, ipi_isr, NULL);
metal_interrupt_enable (___METAL_DT_RISCV_CPU_INTC_HANDLE, 3);
metal_interrupt_enable (___METAL_DT_RISCV_CPU_INTC_HANDLE, 0);
spin_unlock (&init_lock); test_func(hartid);
return 0;
}
void ipi_isr(int id,void *priv)
{
int cr;
    int hartid;
        hartid = metal_get_hartid(); cpu =
        metal_cpu_get(hartid);
printf("hartid %d,ipi interrupt set success!\n",hartid); cr = metal_cpu_software_clear_ipi(cpu,hartid);
printf("hartid %d,clear ipi interrupt!\n",hartid);
        }
```

软件中断示例执行结果如图 10.2 所示。

```
hello, world! i'm hartid-0,ipi interrupt test!
hartid 0,ipi interrupt set success!
hartid 0,clear ipi interrupt!
hartid-0,back to test_func
```

图 10.2 软中断示例执行结果

4．计数器中断示例

计数器中断示例：

```
        #include <bsp.h>
        #include <metal-mc.h>
        #include <stdio.h> #
        include <time.h>
        static spinlock_t init_lock = SPIN_LOCK_INITIALIZER; void tmr_isr(int id,void *priv);
void delay(int seonds); struct metal_cpu *cpu;
#define RTC_FREQ 2000000
void test_func(int hartid)
{
unsigned long long t_now; int sleep = 5000;
switch(hartid)
{
case 0:
/* code for CPU#0 */
```

```
cpu = metal_cpu_get(hartid);
t_now = metal_cpu_get_mtime(cpu);
printf("hartid %d,time now is %d,set timer %d\n",hartid,t_now,RTC_FREQ);
metal_cpu_set_mtimecmp(cpu, + RTC_FREQ);
delay(sleep);
printf("hartid %d,back to test_func!\n",hartid); break;
case 1:
/* code for CPU#1 */ break;
case 2:
/* code for CPU#2 */ break;
case 3:
/* code for CPU#3 */ break;
default:
while(1) {}
}
}
int main(void)
{
unsigned long hartid;
hartid = metal_get_hartid();
printf("hello, world! i'm hartid-%ld\n", hartid);

/* let one core to init interrupt and devices each time. */ spin_lock (&init_lock);
metal_interrupt_init (_METAL_DT_RISCV_CPU_INTC_HANDLE); metal_interrupt_init
(_METAL_DT_RISCV_CLINT0_HANDLE); metal_interrupt_register_handler
(_METAL_DT_RISCV_CPU_INTC_HANDLE,
7, tmr_isr, NULL);
metal_interrupt_enable (_METAL_DT_RISCV_CPU_INTC_HANDLE, 7);
metal_interrupt_enable (_METAL_DT_RISCV_CPU_INTC_HANDLE, 0); spin_unlock (&init_lock);
    test_func(hartid); while(1){;}
metal_shutdown(0); return 0;
}
void tmr_isr(int id,void *priv)
{
int hartid;
hartid = metal_get_hartid();
printf("hartid %d,tmr interrupt set success!\n",hartid);
metal_interrupt_disable(_METAL_DT_RISCV_CPU_INTC_HANDLE, 7);
printf("disable tmr interrupt\n");
}

void delay(int seconds)
{
            clock_t start = clock();
            clock_t lay = (clock_t)seconds * CLOCKS_PER_SEC; while((clock() - start) < lay)
            ;
    }
```

计数器中断示例执行结果如图 10.3 所示。

```
hello, world! i'm hartid-2
hello, world! i'm hartid-3
hello, world! i'm hartid-1
hello, world! i'm hartid-0
hartid 0,time now is 57416,set timer 2000000
hartid 0,tmr interrupt set success!
disable tmr interrupt
hartid 0,back to test func!
```

图 10.3　计数器中断示例执行结果

第 11 章 CPU Linux 操作系统使用说明

11.1 CPU Linux 操作系统概述

CPU Linux 操作系统主要由 4 部分组成，分别是 Linux 内核、Linux shell、Linux 文件系统、应用程序。Linux 内核、Linux shell 和 Linux 文件系统一起形成了基本的操作系统结构，它们使用户可以运行程序、管理文件系统并使用系统。

（1）Linux 内核：Linux 内核是操作系统的核心，负责管理系统的进程、内存、设备驱动程序、文件系统，决定了系统的稳定性与性能。Linux 内核由内存管理、进程管理、设备驱动、虚拟文件系统、系统调用接口组成。

（2）Linux shell：Linux shell 是系统的用户界面，为用户与内核进行交互操作提供了接口。它接收用户输入的命令并把它送入内核去执行，是一个命令解释器。

（3）Linux 文件系统：Linux 文件系统是指文件存在的物理空间。在 Linux 操作系统中，每个分区都是一个 Linux 文件系统，都有自己的目录层次结构。Linux 操作系统会将这些不同分区的、单独的文件系统按一定的方式形成一个系统的、总的目录层次结构。

（4）应用程序：应用程序是使用 Linux 系统提供给用户的接口设计出的运行在用户空间的程序。例如，一系列可在 Linux 环境下安装的开源软件包或者用户基于 Linux 设计出的应用程序。

11.2 用户使用指南

11.2.1 操作系统启动流程及用户登录方法

Linux 操作系统上电后会首先运行 ROM 中固化好的 RBL，对系统进行基本的初始化工作，并且加载 Uboot 到固定的位置运行；其次 Uboot 负责将 Linux 内核加载至内存中并运行。首次运行 Linux 内核后，用户可在上位机上通过串口登录（上位机安装串口助手，如 SecureCRT）操作系统。系统运行后，支持用户在上位机上使用 SSH 登录操作系统。

用户使用串口首次登录，默认用户名为"root"，登录密码为"root123"。用户使用 SSH 进行远程登录的基本操作如下。

1）首次远程连接

在确保服务器端 SSH 服务开启的情况下，输入"ssh-pxxxx user@IP"进行远程登录。其中，user 为远程主机用户名，IP 为远程主机 IP 地址；-p 为设置端口号，xxxx 为端口号，若不加-p 选项，默认端口号为 22。

（1）首次输入指令后，系统会提示无法确定远程主机真实性，此时输入"yes"即可。

（2）输入远程主机的登录密码，这样就可以成功地登录了。

2）本机生成登录密钥对

使用 ssh-keygen 指令使本机生成登录密钥对。例如，输入"ssh-keygen -t rsa"。其中，-t 表示类型选项，这里采用 rsa 加密算法。根据提示一步步地按"Enter"键（其中会提示要求设置私钥口令 passphrase，可不进行设置，默认为空）。执行结束以后会在当前目录下生成一个.shh 文件夹，其中包含私钥文件和公钥文件。

3）复制公钥到远程主机中

使用 ssh-copy-id 指令将公钥复制到远程主机，即"ssh-copy-id user@IP"。其中，user 为远程主机的用户名；IP 为远程主机的 IP 地址。ssh-copy-id 会将公钥写到远程主机的～/.shh/authorized_keys 文件中。

4）无密码远程登录主机

在完成上述 2）和 3）后，输入 1）中的远程登录指令便可进行无密码登录。

11.2.2　shell 界面使用方法

魂芯 V-A 智能处理器使用 busybox 实现 shell 界面，它集成和压缩了 Linux 环境下常用的 300 多个指令，并将其结合到一个单一的可执行程序中，提供了一个较为完善的环境，在嵌入式系统中得到了广泛运用。

在魂芯 V-A 智能处理器中，Linux 指令的使用方法与常见的 Linux 发行版本中的指令的使用方法基本一致，但对部分指令和指令参数进行了精简。具体的指令使用方法，用户可在具体的指令下使用-help 选项进行查看。

11.2.3　调试功能

1．本地调试

魂芯 V-A 智能处理器支持用户进行本地 GDB 调试，基本的调试步骤如下。

（1）使用 RISC-V 对应工具链，将待调试程序编译、链接成可执行文件（一般使用交叉编译，再将可执行文件传送至调试主机中）。

（2）启动 GDB，语法为"gdb filename"。

（3）基本调试操作。

① 列出源代码。输入 list/l 后会打印出部分源码，按"Enter"键会重复上一次的指令（默认会打印 10 行代码）。

② 运行程序（run）。

③ 设置断点。

- break/b 函数名　　　　//在对应函数的入口处设置断点
- break *address　　　　//在代码的对应地址处设置断点
- info break　　　　　　//查询断点信息
- disable/enable 断点号　//断点的关闭/开启
- delete 断点号　　　　　//删除断点
- clear　　　　　　　　　//清除当前行的断点
- continue　　　　　　　//当执行到某处中断时，使其继续执行

④ 单步执行不进入函数（next）。

⑤ 单步执行进入函数（step）。

⑥ 终止正在调试的程序（kill）。

⑦ 在运行时打印变量的值［print/F 变量值（F 为格式，x—16 进制数，d—有符号十进制数，u—无符号十进制数，f—浮点格式］。

⑧ 修改变量值（set variable = value）。

⑨ 查询指令。

- info break　　　　　//查看断点信息
- info stack　　　　　//查看调用堆栈
- info source　　　　//查看当前的源文件信息

⑩ 查看内存命令（x/<n/F> <addr>）。

- n 为一个正整数，表示显示的内存长度。
- F 表示数据格式。其中，x—16 进制数，d—有符号十进制数，u—无符号十进制数，f—浮点格式。
- addr 表示显示地址的起始地址。

2．远程调试

魂芯 V-A 智能处理器的目标机中配有 GDBServer，支持用户进行远程调试，具体的 GDBServer 的使用方法如下（以 helloworld 为例）。

（1）远程登录（使用 SSH）至开发板 Linux 操作系统中，执行"gdbserver IP：端口号 helloworld"指令。设置 GDBServer 开始监听对应的端口，此端口号负责 GDBServer 与调试机 GDB 进行通信。

（2）在调试机上执行"gdb helloworld（需要指定可执行文件所在的路径）"。

（3）执行"（gdb）target remote IP（开发板 IP）：端口号（与开发板设置的一致）"，

建立远程调试连接，后续便为 GDB 的调试操作。

11.2.4　内核事件分析

魂芯 V-A 智能处理器使用 LTTng 作为 Linux 内核的事件分析工具，其是一款用于跟踪 Linux 内核、应用程序，以及库的系统软件包。常规的使用方法如下。

1．创建跟踪会话

lttng create[会话名称] [选项……]

选项说明：

① --list-options：列出所有可用的选项。

② -o PATH：指定跟踪信息的输出路径。

③ --no-output：停止输出追踪信息。

2．销毁跟踪会话

lttng destroy[会话名称] [选项……]

选项说明：

① --list-options：列出所有可用的选项。

② -a：销毁所有跟踪会话。

3．启用或关闭对事件的跟踪

lttng enable/disable-event [事件 1，事件 2，……] -k|-u [选项……]

选项说明：

① --list-options：列出所有可用的选项。

② -s 会话名称：启动对应会话下的事件追踪。

③ -a：激活所有事件。

④ -k|-u：仅激活内核态/用户态的事件。

4．列出跟踪会话的信息

lttng list[选项……] [会话名称[会话选项]……]

若没有指定任何的参数，list 将列出所有可用的会话。若指定了会话名称，list 将列出该会话的信息。如果指定了-k|-u 选项，list 将列出所有已经注册的内核态/用户态的事件。

5．开始/结束跟踪

lttng start|stop [会话名称]

6．查看某个会话的跟踪结果

lttng　view [会话名称] [选项……]

选项说明：

① --list-options：列出所有可用的选项。

② -t PATH：指定跟踪结果所在的目录。

7．为事件添加上下文

lttng add-context [选项……]

选项说明：

① -h：显示帮助信息（所有可用的选项和上下文）。

② -s 会话名称：指定应用到的会话。

③ -k|-u：应用到内核态/用户态的事件。

11.2.5　包管理器

魂芯 V-A 智能处理器支持用户使用 RPM 软件包管理器进行软件包的安装与管理，支持用户在 shell 界面使用 rpm 指令进行操作，指令的具体使用方法如下。

1．初始化 RPM 数据库

① rpm --initdb：初始化 RPM 数据库。

② rpm --rebuilddb：重构 RPM 数据库（此指令相对耗时）。

2．RPM 软件包管理的查询功能

1）对系统中已安装软件的查询

① 查询系统已安装的软件：rpm -q 软件名

若系统安装了被查询的软件，则会输出软件相关信息；若系统未安装被查询的软件，则会输出没有安装的信息。

若查看系统中所有已安装的软件，则使用命令：rpm -qa

② 查询一个已安装的文件属于哪个软件包：rpm -qf 文件名

注：要指出文件名所在的绝对路径。

③ 查询已安装软件包都安装到何处：rpm -ql 软件名

④ 查询一个已安装软件的配置文件：rpm -qd 软件名

⑤ 查询一个已安装软件包的信息：rpm -qi 软件名

⑥ 查看一个已安装软件所依赖的软件包及文件：rpm -qr

2）对于未安装的软件包的查看

① 查看一个软件包的用途、版本等信息：rpm -qpi file.rpm

② 查看一个软件包所包含的文件：rpm -qpl file.rpm

③ 查看软件包所在的位置：rpm -qpd file.rpm

④ 查看一个软件包的配置文件：rpm -qpr file.rpm

⑤ 查看一个软件包的依赖关系：rpm -qpc file.rpm

3．安装和升级一个 RPM 软件包

① 安装一个新的 RPM 软件包：rpm -ivh file.rpm

② 升级一个 RPM 软件包：rpm -Uvh file.rpm

注：安装和升级 RPM 软件的软件包，需要遵循各个软件包的依赖关系。通过上述查询的指令得出软件的依赖关系，再根据依赖关系逐步安装对应的 RPM 软件包。若在软件包管理器中找不到依赖关系的包，则可以通过编译它所依赖的包来解决依赖关系，或者强制安装。

强制安装/升级：

rpm -ivh file.rpm --nodeps -force / rpm -Uvh file.rpm --nodeps -force

③ 删除一个 RPM 软件包：rpm -e 软件名

目前只支持 RPM 软件包的管理机制，RPM 的生态还在建设当中，后续将逐步完善。

11.3 设备树说明

设备树文件为描述系统硬件信息的文件。Linux 操作系统在启动过程中，通过解析设备树获取系统的硬件信息，并根据相应的硬件信息初始化对应的硬件设备驱动。这么做可以减少 Linux 内核中大量的与硬件相关的冗余代码。

Linux 的设备树代码分为 dts 与 dtb 两种格式。其中，dts 为设备树源码，是用户根据实际的系统硬件条件使用 dts 规定语法编写的文件；而 dtb 文件为 dts 文件经过编译后得到的可执行代码。将 dts 格式转换为 dtb 的工具为 dtc。

dts 的基本语法可参考 Linux 源码中相应架构下的 dts 后缀文件，其主要功能是描述系统中的硬件设备信息，包括设备基地址和设备属性配置等。

GMAC 及 I^2C 设备树示例如下：

```
i2c0@b480000 {
#size-cells = <0x00>; #address-cells = <0x01>;
compatible = "snps,designware-i2c"; reg = <0x0 0x0b480000 0x0 0x1000>;
interrupt-parent = <&intc>; interrupts = <93>;
clocks = <&ahb_clk>;
clock-frequency = <400000>;
at24@50{
compatible = "atmel,24c128"; pagesize = <128>;
                              reg = <0x50>;
```

```
                    };
};
ahb_clk: ahb_clk {
#clock-cells = <0>; compatible = "fixed-clock";
clock-frequency = <50000000>;
};
ethernet@b440000 {
#size-cells = <0x00>; #address-cells = <0x01>;
clock-names = "pclk\0hclk\0tx_clk"; clocks = <&ethpclk &ethpclk &ethclk>; interrupts = <77>;
interrupt-parent = <&intc>; phy-mode = "rgmii";
reg-names = "control";
reg = < 0x00 0xb440000 0x00 0x20000 >;
compatible = "cdns,macb";
ethernet-phy@0 {
compatible = "marvell,88e1116r"; device-type = "ethnet-phy";
reg = < 0x00 >;
                    };
};
ethpclk: ethpclk {
linux,phandle = <0x03>; phandle = <0x03>;
clock-frequency = <20000000>; #clock-cells = <0x00>; compatible = "fixed-clock";
};
ethclk: ethclk {
linux,phandle = <0x04>; phandle = <0x04>;
clock-frequency = <125000000>; #clock-cells = < 0x00 >; compatible = "fixed-clock";
};
```

用户可根据自身系统的硬件条件，参考示例编写自己的 dts 文件，并使用 dtc 将其编译成相应的 dtb 文件。具体的 dtc 使用方法如下：

➢ dts 转 dtb：

dtc -I dts -O dtb -o xxx.dtb xxx.dts

➢ dtb 转 dts：

dtc -I dtb -O dts -o xxx.dts xxx.dtb

11.4　用户开发流程及示例

11.4.1　用户程序的基本开发流程

Linux 操作系统提供本地 GDB 与 GDBServer 调试工具，支持用户进行应用程序的开发，也支持在 ECS 集成开发环境下进行应用程序的开发。

（1）常规条件下应用程序的基本开发流程如下：

① 编写代码；

② 使用交叉工具链编写代码，可直接使用工具链编译，也可制作 Makefile 文件；

③ 将编译好的可执行代码放入 Linux 文件系统中，这一过程可通过网络完成；

④ 使用 GDBServer 配合上位机进行远程调试，或使用本地 GDB 对可执行代码进行本地调试。

（2）ECS 集成开发环境下应用程序的基本开发流程如下：

① 在 ECS 集成开发环境下建立 Linux 远程调试工程；

② 在所在工程中编写代码，并将其编译生成 elf 格式的可执行文件；

③ 设置正确的调试配置，并开始程序的下载与调试。

Linux 环境下的 helloworld 程序示例：

```c
#include <stdio.h>
int main(int argc, char **argv)
{
printf("hello world\n");
return 0;
}
```

（3）以编译 hello_world.c 为例，用户编写 Makefile 文件的基本方法如下：

① 指定工具链路径；

② 指定编译时使用的工具链及库文件；

③ 根据工具链的基本语法，对 .c 文件进行编译；

④ 设置 make clean 对应的操作。

示例如下：

```
TOOL_PATH=/home/shenfei/work/c910/buildroot_working/buildroot-
1.0.9.5/thead_9xx_compat_5.4_glibc_br_defconfig/host
    CC=$(TOOL_PATH)/bin/riscv64-buildroot-linux-gnu-gcc
    LD=$(TOOL_PATH)/bin/riscv64-buildroot-linux-gnu-ld
    AR=$(TOOL_PATH)/bin/riscv64-buildroot-linux-gnu-ar
    OBJDUMP=$(TOOL_PATH)/bin/riscv64-buildroot-linux-gnu-objdump
    OBJCPOY=$(TOOL_PATH)/bin/riscv64-buildroot-linux-gnu-objcopy
    LIB=$(TOOL_PATH)/lib/gcc/riscv64-buildroot-linux-gnu/8.3.0

hello_world:hello_world.c
$(CC) -o hello_world hello_world.c
.PHONY:clean clean:
rm -f hello_world
```

helloworld 程序执行结果如图 11.1 所示。

```
Welcome to Buildroot
buildroot login: root
Password:
# ls
linux_helloworld.elf
# ./linux_helloworld.elf
hello world
```

图 11.1　执行结果

11.4.2　系统调用编程示例

Linux 的系统调用接口一般并不直接与程序员交互，而是通过软中断机制向内核提交请求，以获取内核服务接口，上述过程一般是封装在标准的库函数中的。从程序开发者的角度看，其可以通过直接调用标准库函数去使用 Linux 的系统调用接口。

程序示例：以 fork 与 execve 为例。

（1）主进程代码如下。

```
#include <stdio.h>
#include <stdlib.h>
#include <string.h>
#include <unistd.h>
int main(int argc, char **argv)
{
pid_t pid;
int x = 1;

char *envp[] = {NULL};
char *argv_send[] = {NULL};

pid = fork(); if(pid == 0)
{
printf("child for execve x = %d\n", ++x); execve("./execve.elf", argv_send, envp); exit(0);
}

printf("parent x = %d\n", --x);
exit(0);
}
```

（2）execve 进程代码如下。

```
#include <stdio.h>
#include <stdlib.h>
#include <string.h>
#include <unistd.h>
int main(int argc, char **argv)
{

printf("evecve success\n");
return 0;
}
```

（3）示例说明如下。

上述示例使用 fork 与 execve 这两个系统调用接口（使用此类接口需要声明 unistd.h 头文件）。

➢ fork 的基本功能为创建一个与父进程具备相同资源的子进程，子进程与父进程返回的 PID（进程标识符）不同，子进程返回 0，父进程返回 1。

➤ execve 的基本功能为在当前进程上下文中加载并运行一个新的程序。

示例的基本功能为：调用 fork 创建一个子进程，并在子进程中调用 execve 接口去加载一个 Linux_test 程序。

（4）执行结果如图 11.2 所示。

```
Welcome to Buildroot
buildroot login: root
Password:
# ls
# ls
execve.elf        linux_test.elf
# ./linux_test.elf
child for execve x = 2
parent x = 0
# evecve success
```

图 11.2　fork/execve 系统调用程序示例执行结果

11.4.3　Pthread 编程示例

1．演示程序代码

（1）cpu_pthread.h 如下。

```c
#ifndef CPU_PTHREAD_H_
#define CPU_PTHREAD_H_

/*************************************************************************/
/* Error Codes */
#define CL_SUCCESS 0
#define CL_OUT_OF_RESOURCES -5

/*************************************************************************/
    #define CL_MEM_FREE(F_PTR)    \
    do {              \
        free((F_PTR));      \
        (F_PTR) = NULL;    \
} while (0)
typedef struct _cl_cpu_pthread
{
unsigned int exit; void* data;
pthread_t thread;
pthread_cond_t cond;
}cl_cpu_pthread;
int cl_cpu_pthread_compute();
#endif /* CPU_PTHREAD_H_ */
```

（2）cpu_pthread.c 如下。

```c
#include <stdlib.h>
```

```c
#include <stdio.h>
#include <string.h>
#include <pthread.h>
#include "cpu_pthread.h"
    #define mat_N (16)
    #define mat_K (8)
    #define mat_M (32)
typedef struct _cl_matmpy_data
{
int *a;
int *b;
int *c;
int mat_n; int mat_k;
int mat_m; int col;
}cl_matmpy_data;
/*
* 示例 cl_test_matmpy：矩阵乘法 A*B=C, A[mat_N,mat_K], B[mat_K,mat_M], C[mat_N,mat_M],
* cl_test_matmpy 每次计算矩阵 C 的一列
*/
int cl_matmpy(int *a, int *b, int *c,
int mat_n, int mat_k, int mat_m, int col)
{
printf("column:%d\n", col);
for (int row = 0; row < mat_n; ++row)
{
c[row * mat_m + col] = 0;
for (int i = 0; i < mat_k; ++i)
c[row * mat_m + col] += a[row*mat_k+i] * b[i*mat_m+col];
printf(" %d ", c[row * mat_m + col]);
}
printf("\n");
return CL_SUCCESS;
}
void print_mat(int *mat, unsigned int mat_num, unsigned int col_num)
{
unsigned int enter = col_num-1;
for(int i = 0; i < mat_num; i++)
{
printf("%d ", mat[i]);
if(i % col_num == enter)
printf("\n");
}
}
void* cl_cpu_pthread_driver(void* arg)
{
int flag = 0;
cl_cpu_pthread* pth = (cl_cpu_pthread*)arg;
cl_matmpy_data* data;
if(pth == NULL)
```

```
{
printf("\n cl_cpu_pthread_driver cl_cpu_pthread NULL.\n"); /*test*/
return NULL;
}
data = (cl_matmpy_data*)(pth->data);
if(data == NULL)
{
printf("\n cl_cpu_pthread_driver cl_matmpy_data NULL.\n"); /*test*/
return NULL;
}
printf("\n column %d cl_cpu_pthread_driver start.\n", data->col); /*test*/
while(1)
{
if(flag == 0)
{
    if(CL_SUCCESS == cl_matmpy(data->a, data->b, data->c, data->mat_n, data->mat_k, data->
mat_m, data->col))
flag = 1;
}
if(pth->exit == 1)
{
printf("\n column %d cl_cpu_pthread_driver pthread_exit.\n", data->col); /*test*/
pthread_exit(NULL);
}
}
return NULL;
}
void cl_cpu_pthread_start(cl_cpu_pthread* pth)
{
if(pth == NULL)
return;

pthread_cond_init(&(pth->cond), NULL);
pthread_create(&(pth->thread), NULL, cl_cpu_pthread_driver, pth);
}
void cl_kernel_pthread_end(cl_cpu_pthread* pth)
{
if(pth == NULL)
return;
pth->exit = 1;
pthread_cond_signal(&(pth->cond));
pthread_join(pth->thread, NULL);
pthread_cond_destroy(&(pth->cond));
pth->exit = 0;
pth->data = NULL;
}
int cl_cpu_pthread_compute()
{
unsigned int mat_size_A, mat_size_B, mat_size_C;
```

```c
int *A, *B, *C; cl_matmpy_data data[mat_M];
cl_cpu_pthread pth[mat_M];
mat_size_A = mat_N * mat_K * sizeof(int); /*A[mat_N,mat_K]*/ mat_size_B = mat_K * mat_M *
sizeof(int); /*B[mat_K,mat_M]*/ mat_size_C = mat_N * mat_M * sizeof(int); /*B[mat_N,mat_M]*/
A = (int*)calloc(1, mat_size_A);
if(A == NULL)
return CL_OUT_OF_RESOURCES;
B = (int*)calloc(1, mat_size_B);
if(B == NULL)
{
CL_MEM_FREE(A);
return CL_OUT_OF_RESOURCES;
}
C = (int*)calloc(1, mat_size_C);
if(C == NULL)
{
CL_MEM_FREE(B);
CL_MEM_FREE(A);
return CL_OUT_OF_RESOURCES;
}
for(int i = 0; i < (mat_N * mat_K); i++) A[i] = i+1;
for(int i = 0; i < (mat_K * mat_M); i++)
B[i] = i+1;
printf("\nA \n");
print_mat(A, (mat_N * mat_K), mat_K);
printf("\n");
printf("\nB \n");
print_mat(B, (mat_K * mat_M), mat_M);
printf("\n");
for(int i = 0; i < mat_M; i++)
{
memset(&(data[i]), 0, sizeof(cl_matmpy_data)); data[i].a = A;
data[i].b = B;
data[i].c = C; data[i].mat_n = mat_N; data[i].mat_k = mat_K;
data[i].mat_m = mat_M; data[i].col = i;
memset(&(pth[i]), 0, sizeof(cl_cpu_pthread)); pth[i].data = &(data[i]);
cl_cpu_pthread_start(&(pth[i]));
}
for(int i = 0; i < mat_M; i++)
cl_kernel_pthread_end(&(pth[i]));
printf("\nC=A*B \n");
print_mat(C, (mat_N * mat_M), mat_M);
printf("\n");

CL_MEM_FREE(C);
CL_MEM_FREE(B);
CL_MEM_FREE(A);
return CL_SUCCESS;
}
```

```
int main(int argc, char **argv)
{
int res;
res = cl_cpu_pthread_compute();
return res;
}
```

2．演示程序说明

该演示程序使用多个线程完成两个矩阵的乘法运算 C=A*B。矩阵 A 的维度为 16×8，矩阵 B 的维度为 8×32，结果矩阵 C 的维度为 16×32。

程序设计用一个线程完成结果矩阵 C 中一列的运算，因此程序中总共创建了 32 个线程。

Pthread 相关代码说明如下。

（1）创建 32 个线程：

```
for(int i = 0; i < mat_M; i++)
  {
      memset(&(data[i]), 0, sizeof(cl_matmpy_data));
      data[i].a = A;
      data[i].b = B;
      data[i].c = C; data[i].mat_n = mat_N; data[i].mat_k = mat_K; data[i].mat_m = mat_M; data[i].col = i;
      memset(&(pth[i]), 0, sizeof(cl_cpu_pthread));
      pth[i].data = &(data[i]);
      cl_cpu_pthread_start(&(pth[i]));
  }
void cl_cpu_pthread_start(cl_cpu_pthread* pth)
{
   if(pth == NULL)
   return;
   pthread_cond_init(&(pth->cond), NULL);
   pthread_create(&(pth->thread), NULL, cl_cpu_pthread_driver, pth);
}
```

其中，mat_N 表示矩阵 A 或 C 的行数 16，mat_K 表示矩阵 A 的列数或矩阵 B 的行数 8，mat_M 表示矩阵 B 或矩阵 C 的列数 32。

结构体 data 中填充线程运算结果矩阵 C 中的每一列时需要的数据，包括分配给矩阵 A、B、C 的内存空间首地址，矩阵 A、B、C 的维度值，矩阵 C 的列号；线程计算时使用结构体 data 中的数据。

调用函数 cl_cpu_pthread_start 创建 Pthread。其中，pthread_cond_init 用于初始化线程的条件变量（条件变量是线程的一种同步机制；该演示程序中每个线程对结果矩阵 C 的不同列做写操作，对矩阵 A 与 B 只有读操作，不涉及线程同步），第一个参数表示线程的条件变量，第二个参数表示线程的条件变量属性（该演示程序中未使用该参数）；pthread_create 用于创建线程，第一个参数表示线程的 id，第二个参数表示线程的属性（该演示程序中未使用该参数），第三个参数表示线程的处理函数，第四个参数表示线程处理函数的参数。

（2）线程处理函数：

```
void* cl_cpu_pthread_driver(void* arg)
{
    int flag = 0;
    cl_cpu_pthread* pth = (cl_cpu_pthread*)arg;
    cl_matmpy_data* data;
        if(pth == NULL)
    {
            printf("\n cl_cpu_pthread_driver cl_cpu_pthread NULL.\n"); /*test*/
        return NULL;
    }
    data = (cl_matmpy_data*)(pth->data);
if(data == NULL)
{
printf("\n cl_cpu_pthread_driver cl_matmpy_data NULL.\n"); /*test*/
return NULL;
}
printf("\n column %d cl_cpu_pthread_driver start.\n", data->col); /*test*/
while(1)
{
if(flag == 0)
{
    if(CL_SUCCESS == cl_matmpy(data->a, data->b, data->c, data->mat_n, data->mat_k, data->
mat_m, data->col))
flag = 1;
}
if(pth->exit == 1)
{
    printf("\n column %d cl_cpu_pthread_driver pthread_exit.\n", data->col); /*test*/
pthread_exit(NULL);
}
}
return NULL;
}
/*
* 示例 cl_test_matmpy：矩阵乘法 A * B= C, A[mat_N,mat_K],B[mat_K,mat_M], C[mat_N,mat_M],
* cl_test_matmpy 每次计算矩阵 C 的一列
*/
int cl_matmpy(int *a, int *b, int *c,int mat_n, int mat_k, int mat_m, int col)
{
    printf("column:%d\n", col);
    for (int row = 0; row < mat_n; ++row)
    {
        c[row * mat_m + col] = 0;
        for (int i = 0; i < mat_k; ++i)
            c[row * mat_m + col] += a[row*mat_k+i] * b[i*mat_m+col];
        printf(" %d ", c[row * mat_m + col]);
```

```
    }
    printf("\n");
return CL_SUCCESS;
    }
```

线程处理函数 cl_cpu_pthread_driver 中启动 while 循环，调用 cl_matmpy 函数计算结果矩阵 C 中的一列；调用 pthread_exit 退出该线程，pthread_exit 的参数可用于指定线程的返回码（该演示程序中未使用该参数）。

（3）终止 32 个线程：

```
for(int i = 0; i < mat_M; i++)
cl_kernel_pthread_end(&(pth[i]));
void cl_kernel_pthread_end(cl_cpu_pthread* pth)
{
    if(pth == NULL)
        return;
    pth->exit = 1;
    pthread_cond_signal(&(pth->cond));
    pthread_join(pth->thread, NULL);
    pthread_cond_destroy(&(pth->cond));
    pth->exit = 0;
    pth->data = NULL;
}
```

调用 cl_kernel_pthread_end 终止 Pthread，其中：

① pthread_cond_signal 唤醒等待该线程条件变量的线程，其后的参数表示线程的条件变量；

② pthread_join 等待线程退出，第一个参数表示线程的 id，第二个参数用于获取线程的返回码，该演示程序中未使用该参数；

③ pthread_cond_destroy 销毁线程的条件变量，其后的参数表示线程的条件变量。

3．演示程序运行结果

演示程序运行结果如下：

```
A
1 2 3 4 5 6 7 8
9 10 11 12 13 14 15 16
17 18 19 20 21 22 23 24
25 26 27 28 29 30 31 32
33 34 35 36 37 38 39 40
41 42 43 44 45 46 47 48
49 50 51 52 53 54 55 56
57 58 59 60 61 62 63 64
65 66 67 68 69 70 71 72
```

73 74 75 76 77 78 79 80
81 82 83 84 85 86 87 88
89 90 91 92 93 94 95 96
97 98 99 100 101 102 103 104
105 106 107 108 109 110 111 112
113 114 115 116 117 118 119 120
121 122 123 124 125 126 127 128

B
1 2 3 4 5 6 7 8 9 10 11 12 13 14 15 16 17 18 19 20 21 22 23 24 25 26 27 28 29 30 31 32
33 34 35 36 37 38 39 40 41 42 43 44 45 46 47 48 49 50 51 52 53 54 55 56 57 58 59 60 61 62
63 64
65 66 67 68 69 70 71 72 73 74 75 76 77 78 79 80 81 82 83 84 85 86 87 88 89 90 91 92 93 94
95 96
97 98 99 100 101 102 103 104 105 106 107 108 109 110 111 112 113 114 115 116 117 118
119 120 121 122 123 124 125 126 127 128
129 130 131 132 133 134 135 136 137 138 139 140 141 142 143 144 145 146 147 148 149
150 151 152 153 154 155 156 157 158 159 160
161 162 163 164 165 166 167 168 169 170 171 172 173 174 175 176 177 178 179 180 181
182 183 184 185 186 187 188 189 190 191 192
193 194 195 196 197 198 199 200 201 202 203 204 205 206 207 208 209 210 211 212 213
214 215 216 217 218 219 220 221 222 223 224
225 226 227 228 229 230 231 232 233 234 235 236 237 238 239 240 241 242 243 244 245
246 247 248 249 250 251 252 253 254 255 256

column 0 cl_cpu_pthread_driver start. column:0
5412 12644 19876 27108 34340 41572 48804 56036 63268 70500 77732 84964 92196 99428 106660 113892

column 1 cl_cpu_pthread_driver start. column:1
5448 12744 20040 27336 34632 41928 49224 56520 63816 71112 78408 85704 93000 100296 107592 114888

column 2 cl_cpu_pthread_driver start. column:2
5484 12844 20204 27564 34924 42284 49644 57004 64364 71724 79084 86444 93804 101164 108524 115884

column 4 cl_cpu_pthread_driver start. column:4
5556 13044 20532 28020 35508 42996 50484 57972 65460 72948 80436 87924 95412 102900 110388 117876

column 3 cl_cpu_pthread_driver start. column:3
5520 12944 20368 27792 35216 42640 50064 57488 64912 72336 79760 87184 94608 102032 109456 116880
.

column 5 cl_cpu_pthread_driver start.column:5
5592 13144 20696 28248 35800 43352 50904 58456 66008 73560 81112 88664 96216 103768 111320 118872

column 6 cl_cpu_pthread_driver start. column:6
5628 13244 20860 28476 36092 43708 51324 58940 66556 74172 81788 89404 97020 104636 112252 119868

column 7 cl_cpu_pthread_driver start. column:7
5664 13344 21024 28704 36384 44064 51744 59424 67104 74784 82464 90144 97824 105504 113184 120864

column 8 cl_cpu_pthread_driver start. column:8
5700 13444 21188 28932 36676 44420 52164 59908 67652 75396 83140 90884 98628 106372 114116 121860

column 9 cl_cpu_pthread_driver start. column:9
5736 13544 21352 29160 36968 44776 52584 60392 68200 76008 83816 91624 99432 107240 115048 122856

column 10 cl_cpu_pthread_driver start. column:10
5772 13644 21516 29388 37260 45132 53004 60876 68748 76620 84492 92364 100236 108108 115980 123852

column 11 cl_cpu_pthread_driver start. column:11
5808 13744 21680 29616 37552 45488 53424 61360 69296 77232 85168 93104 101040 108976 116912 124848

column 12 cl_cpu_pthread_driver start. column:12
5844 13844 21844 29844 37844 45844 53844 61844 69844 77844 85844 93844 101844 109844 117844 125844

column 13 cl_cpu_pthread_driver start. column:13
5880 13944 22008 30072 38136 46200 54264 62328 70392 78456 86520 94584 102648 110712 118776 126840

column 14 cl_cpu_pthread_driver start. column:14
5916 14044 22172 30300 38428 46556 54684 62812 70940 79068 87196 95324 103452 111580 119708 127836

column 15 cl_cpu_pthread_driver start. column:15
5952 14144 22336 30528 38720 46912 55104 63296 71488 79680 87872 96064 104256 112448 120640 128832

column 16 cl_cpu_pthread_driver start. column:16
5988 14244 22500 30756 39012 47268 55524 63780 72036 80292 88548 96804 105060 113316 121572 129828

column 17 cl_cpu_pthread_driver start. column:17
6024 14344 22664 30984 39304 47624 55944 64264 72584 80904 89224 97544 105864 114184 122504 130824

column 18 cl_cpu_pthread_driver start. column:18
6060 14444 22828 31212 39596 47980 56364 64748 73132 81516 89900 98284 106668 115052 123436 131820

column 19 cl_cpu_pthread_driver start. column:19
6096 14544 22992 31440 39888 48336 56784 65232 73680 82128 90576 99024 107472 115920 124368 132816

column 20 cl_cpu_pthread_driver start. column:20
6132 14644 23156 31668 40180 48692 57204 65716 74228 82740 91252 99764 108276 116788 125300 133812

column 21 cl_cpu_pthread_driver start. column:21
6168 14744 23320 31896 40472 49048 57624 66200 74776 83352 91928 100504 109080 117656 126232 134808
column 22 cl_cpu_pthread_driver start. column:22
6204 14844 23484 32124 40764 49404 58044 66684 75324 83964 92604 101244 109884 118524 127164 135804

column 23 cl_cpu_pthread_driver start. column:23
6240 14944 23648 32352 41056 49760 58464 67168 75872 84576 93280 101984 110688 119392 128096 136800

column 24 cl_cpu_pthread_driver start. column:24
6276 15044 23812 32580 41348 50116 58884 67652 76420 85188 93956 102724 111492 120260 129028 137796

column 25 cl_cpu_pthread_driver start. column:25
6312 15144 23976 32808 41640 50472 59304 68136 76968 85800 94632 103464 112296 121128 129960 138792

column 26 cl_cpu_pthread_driver start. column:26
6348 15244 24140 33036 41932 50828 59724 68620 77516 86412 95308 104204 113100 121996 130892 139788

column 27 cl_cpu_pthread_driver start. column:27
6384 15344 24304 33264 42224 51184 60144 69104 78064 87024 95984 104944 113904 122864 131824 140784

column 28 cl_cpu_pthread_driver start. column:28
6420 15444 24468 33492 42516 51540 60564 69588 78612 87636 96660 105684 114708 123732 132756 141780

column 29 cl_cpu_pthread_driver start. column:29
6456 15544 24632 33720 42808 51896 60984 70072 79160 88248 97336 106424 115512 124600 133688 142776

column 30 cl_cpu_pthread_driver start. column:30
6492 15644 24796 33948 43100 52252 61404 70556 79708 88860 98012 107164 116316 125468 134620 143772

column 31 cl_cpu_pthread_driver start. column:31
6528 15744 24960 34176 43392 52608 61824 71040 80256 89472 98688 107904 117120 126336 135552 144768

column 0 cl_cpu_pthread_driver pthread_exit.
column 1 cl_cpu_pthread_driver pthread_exit.
column 2 cl_cpu_pthread_driver pthread_exit.
column 3 cl_cpu_pthread_driver pthread_exit.
column 4 cl_cpu_pthread_driver pthread_exit.
column 5 cl_cpu_pthread_driver pthread_exit.
column 6 cl_cpu_pthread_driver pthread_exit.
column 7 cl_cpu_pthread_driver pthread_exit.
column 8 cl_cpu_pthread_driver pthread_exit.
column 9 cl_cpu_pthread_driver pthread_exit.
column 10 cl_cpu_pthread_driver pthread_exit.
column 11 cl_cpu_pthread_driver pthread_exit.
column 12 cl_cpu_pthread_driver pthread_exit.
column 13 cl_cpu_pthread_driver pthread_exit.
column 14 cl_cpu_pthread_driver pthread_exit.
column 15 cl_cpu_pthread_driver pthread_exit.
column 16 cl_cpu_pthread_driver pthread_exit.
column 17 cl_cpu_pthread_driver pthread_exit.
column 18 cl_cpu_pthread_driver pthread_exit.
column 19 cl_cpu_pthread_driver pthread_exit.
column 20 cl_cpu_pthread_driver pthread_exit.
column 21 cl_cpu_pthread_driver pthread_exit.
column 22 cl_cpu_pthread_driver pthread_exit.
column 23 cl_cpu_pthread_driver pthread_exit.
column 24 cl_cpu_pthread_driver pthread_exit.
column 25 cl_cpu_pthread_driver pthread_exit.
column 26 cl_cpu_pthread_driver pthread_exit.

column 27 cl_cpu_pthread_driver pthread_exit.
column 28 cl_cpu_pthread_driver pthread_exit.
column 29 cl_cpu_pthread_driver pthread_exit.
column 30 cl_cpu_pthread_driver pthread_exit.
column 31 cl_cpu_pthread_driver pthread_exit.

C=A*B
5412 5448 5484 5520 5556 5592 5628 5664 5700 5736 5772 5808 5844 5880 5916 5952
5988 6024 6060 6096 6132 6168 6204 6240 6276 6312 6348 6384 6420 6456 6492 6528
12644 12744 12844 12944 13044 13144 13244 13344 13444 13544 13644 13744 13844
13944 14044 14144 14244 14344 14444 14544 14644 14744 14844 14944 15044 15144 15244
15344 15444 15544 15644 15744
19876 20040 20204 20368 20532 20696 20860 21024 21188 21352 21516 21680 21844
22008 22172 22336 22500 22664 22828 22992 23156 23320 23484 23648 23812 23976 24140
24304 24468 24632 24796 24960
27108 27336 27564 27792 28020 28248 28476 28704 28932 29160 29388 29616 29844
30072 30300 30528 30756 30984 31212 31440 31668 31896 32124 32352 32580 32808 33036
33264 33492 33720 33948 34176
34340 34632 34924 35216 35508 35800 36092 36384 36676 36968 37260 37552 37844
38136 38428 38720 39012 39304 39596 39888 40180 40472 40764 41056 41348 41640 41932
42224 42516 42808 43100 43392
41572 41928 42284 42640 42996 43352 43708 44064 44420 44776 45132 45488 45844
46200 46556 46912 47268 47624 47980 48336 48692 49048 49404 49760 50116 50472 50828
51184 51540 51896 52252 52608
48804 49224 49644 50064 50484 50904 51324 51744 52164 52584 53004 53424 53844
54264 54684 55104 55524 55944 56364 56784 57204 57624 58044 58464 58884 59304 59724
60144 60564 60984 61404 61824
56036 56520 57004 57488 57972 58456 58940 59424 59908 60392 60876 61360 61844
62328 62812 63296 63780 64264 64748 65232 65716 66200 66684 67168 67652 68136 68620
69104 69588 70072 70556 71040
63268 63816 64364 64912 65460 66008 66556 67104 67652 68200 68748 69296 69844
70392 70940 71488 72036 72584 73132 73680 74228 74776 75324 75872 76420 76968 77516
78064 78612 79160 79708 80256
70500 71112 71724 72336 72948 73560 74172 74784 75396 76008 76620 77232 77844
78456 79068 79680 80292 80904 81516 82128 82740 83352 83964 84576 85188 85800 86412
87024 87636 88248 88860 89472
77732 78408 79084 79760 80436 81112 81788 82464 83140 83816 84492 85168 85844
86520 87196 87872 88548 89224 89900 90576 91252 91928 92604 93280 93956 94632 95308
95984 96660 97336 98012 98688
84964 85704 86444 87184 87924 88664 89404 90144 90884 91624 92364 93104 93844
94584 95324 96064 96804 97544 98284 99024 99764 100504 101244 101984 102724 103464
104204 104944 105684 106424 107164 107904
92196 93000 93804 94608 95412 96216 97020 97824 98628 99432 100236 101040 101844
102648 103452 104256 105060 105864 106668 107472 108276 109080 109884 110688 111492
112296 113100 113904 114708 115512 116316 117120
99428 100296 101164 102032 102900 103768 104636 105504 106372 107240 108108
108976 109844 110712 111580 112448 113316 114184 115052 115920 116788 117656 118524
119392 120260 121128 121996 122864 123732 124600 125468 126336
106660 107592 108524 109456 110388 111320 112252 113184 114116 115048 115980

```
116912 117844 118776 119708 120640 121572 122504 123436 124368 125300 126232 127164
128096 129028 129960 130892 131824 132756 133688 134620 135552
113892 114888 115884 116880 117876 118872 119868 120864 121860 122856 123852
124848 125844 126840 127836 128832 129828 130824 131820 132816 133812 134808 135804
136800 137796 138792 139788 140784 141780 142776 143772 144768

Child exited with status 0
```

从运行结果可以看出，32 个线程分别计算出结果矩阵 C 的每一列。

11.4.4 Socket 编程示例

1. socket 函数

#include <sys/socket.h>

int socket（int family, int type, int protocol）；

指定期望的通信协议类型。其中，family 参数指明协议族（如 AF_INET：Ipv4 协议）；type 参数指明套接字类型（如 TCP 使用的 SOCK_STEREAM：字节流套接字；UDP 使用的 SOCK_DGRAM：数据报套接字）；protocol 参数为协议类型值（一般设为 0，即给定的 family 与 type 组合的系统默认值）。成功返回非负描述符，出错返回-1。

2. connect 函数

#include <sys/socket.h>

int connect（int sockfd, const struct sockaddr *servaddr, socklen_t addrlen）；

其中，sockfd 是由 socket 函数返回的套接字描述符；第二和第三个参数分别是指向套接字地址结构的指针和该结构的大小。成功返回 0，出错返回-1。

3. bind 函数

#include <sys/socket.h>

int bind（int sockfd, const struct sockaddr *servaddr, socklen_t addrlen）；

一般使用在服务器端，其作用是将一个本地协议地址赋予一个套接字。其中，第二个参数是一个指向特定协议的地址结构的指针；第三个参数为该地址结构的长度。成功返回 0，出错返回-1。

4. listen 函数

#include <sys/socket.h>

int listen（int sockfd, int backlog）；

仅由 TCP 服务器调用，将一个未连接的套接字转换成一个被动套接字，指示内核应接受指向该套接字的连接请求。其中，第二个参数规定了内核应该为相应套接字排队的最大连接个数。成功返回 0，出错返回-1。

5．accept 函数

#include <sys/socket.h>

int accept（int sockfd, const struct sockaddr *cliaddr, socklen_t *addrlen）；

由 TCP 服务器调用。其中，参数 cliaddr 和 addrlen 用来返回已连接的对端进程（客户端）的协议地址。成功返回非负描述符，出错返回-1。

6．read、write 函数

#include <sys/socket.h>

ssize_t read（int fd, void *buff, size_t nbytes）；

ssize_t write（int fd, void *buff, size_t nbytes）；

输入输出函数，参数分别为描述符、指向读入或写出缓冲区的指针和读写字节数。成功返回读或写的字节数，出错返回-1。

7．recvfrom、sendto 函数

#include <sys/socket.h>

ssize_t recvfrom（int fd, void *buff, size_t nbytes, int flags，struct sockaddr *from, socklen_t *addrlen）；

ssize_t sendto（int fd, void *buff, size_t nbytes, int flags, struct sockaddr *to, socklen_t addrlen）；

前 3 个参数等同于 read、write 函数；sendto 函数中的 to 参数是指向一个含有数据报接收者的协议地址（IP 地址及端口号）的指针，其大小由 addrlen 参数指定；recvfrom 函数中的 from 参数是指向一个将由该函数在返回时填写数据报发送者协议地址的套接字地址结构的指针，而在该套接字的地址结构中填写的字节数则放在 addrlen 参数所指的整数中返回给调用者。成功返回读或写的字节数，出错返回-1。

8．close 函数

#include <sys/socket.h> int close（int sockfd）；

用来关闭套接字，并终止连接。

TCP 套接字编程服务器端的具体流程如下：

（1）使用 socket、bind 创建套接字并绑定服务器端的地址信息，完成初始化。

（2）调用 listen 函数使服务器端处于监听端口的状态。

（3）调用 accept 函数阻塞等待与客户端的连接。

（4）完成连接后使用 read、write 函数与客户端进行数据传输。

（5）使用 close 函数关闭套接字。

TCP 套接字编程客户端的具体流程如下：

（1）使用 socket 函数完成套接字初始化。

（2）调用 connect 请求与服务器端连接。

（3）完成连接后使用 read、write 函数与服务器端进行数据传输。

（4）使用 close 函数关闭套接字。

图 11.3 为基本 TCP 客户端/服务器端程序套接字流程图。

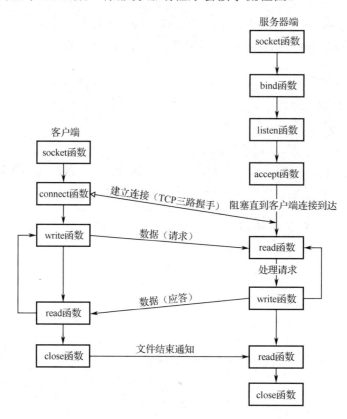

图 11.3　基本 TCP 客户端/服务器端程序套接字流程图

　　首先启动服务器端，稍后某个时刻客户端启动，试图连接到服务器端，假设客户端给服务器端发送一个请求，服务器端处理该请求，并且给客户端一个响应。这个过程一直持续下去，直到关闭连接的客户端，从而给服务器端发送一个文件结束（EOF）通知为止。服务器端接着也关闭连接的服务器端，结束运行或者等待新的客户端连接。

　　基本 UDP 套接字编程服务器端的具体流程如下：

（1）使用 socket 函数在程序中创建套接字（使进程与网卡之间通过套接字建立联系）。

（2）使用 bind 函数为套接字绑定地址信息（包含 IP 地址和端口信息）。

（3）服务器端使用 recvfrom 函数接受客户端请求（接收数据）。

（4）发送数据（sendto）。

（5）关闭套接字（close），释放资源。

　　基本 UDP 套接字编程客户端的具体流程如下：

（1）使用 socket 函数创建套接字（一般不绑定地址信息）。

（2）使用 sendto 函数发送数据（指定服务器地址）。

（3）使用 recvfrom 函数接收数据。

（4）关闭套接字（close），释放资源。

图 11.4 为 UDP 客户端/服务器端程序套接字流程图。

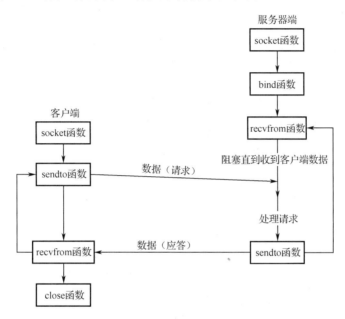

图 11.4　UDP 客户端/服务器端程序套接字流程图

　　客户端不与服务器端建立连接，而是只使用 sendto 函数给服务器端发送数据报，其中必须指定目的地（服务器端）的地址作为参数。类似地，服务器端不接受来自客户端的连接，而是只管调用 recvfrom 函数，等待来自某个客户端的数据到达。recvfrom 函数将与所接收的数据报一道返回客户端的协议地址，因此服务器端可以把响应发送给正确的客户端。

　　TCP 编程示例如下。

（1）服务器端：

```
#include<stdio.h>
#include<string.h>
#include<sys/socket.h>
#include<netinet/in.h>
#include<stdlib.h>
int main(){
struct sockaddr_in server; struct sockaddr_in client; int listenfd,connetfd;
char ip[20]; int port;
int addrlen; char rebuf[100];
char wrbuf[100];
//char tmp[100]; int revlen;
```

```
/* ---------socket--------- */
if((listenfd=socket(AF_INET,SOCK_STREAM,0))==-1)
{
perror("socket() error\n"); exit(1);
}
/* ---------IO--------- */
printf("please input the ip:\n"); scanf("%s",ip);
printf("please input the port:\n");
scanf("%d",&port);
/* ---------bind--------- */
bzero(&server,sizeof(server)); server.sin_family = AF_INET; server.sin_port = htons(port); server.sin_
addr.s_addr = inet_addr(ip);
if(bind(listenfd,(struct sockaddr *)&server,sizeof(server))==-1)
{
perror("bind() error\n"); exit(1);
}
/* ---------listen--------- */
    if(listen(listenfd,5)==-1)
{
perror("listen() error\n"); exit(1);
}
/* ---------accept---------*/
    addrlen = sizeof(client);
if((connetfd = accept(listenfd,(struct sockaddr *)&client,&addrlen))==-1)
{
perror("accept() error\n"); exit(1);
}
printf("connect successful!\n");
/*---------read and write--------- */
int serial = 0; while(1)
{
bzero(rebuf,sizeof(rebuf));
revlen = read(connetfd,rebuf,sizeof(rebuf)); rebuf[revlen] = '\0';
printf("the info from client is :%s\n",rebuf);
if((memcmp("bye",rebuf,3)) == 0)
{
printf("Bye-bye then close the connect...\n"); break;
}
bzero(wrbuf,sizeof(wrbuf)); system("pause");
fgets(wrbuf,sizeof(wrbuf),stdin); printf("the server reply:\n",wrbuf);
write(connetfd,wrbuf,sizeof(wrbuf)); serial++;
}
/* ---------close--------- */
    close(connetfd); close(listenfd);
return 0;
}
```

（2）客户端：

```
#include<stdio.h> #include<string.h>
```

```c
#include<sys/socket.h>
#include<stdlib.h>
#include<netinet/in.h>
int main()
{

int sockfd;
char wrbuf[100]; char ip[20];
int port,revlen; int wtr,recv; wtr = 0;
recv = 0; socklen_t optlen; char rebuf[100];
struct sockaddr_in server;
/* ---------socket--------- */
if ((sockfd = socket(AF_INET,SOCK_STREAM,0)) == -1)
{
perror("socket error\n"); exit(1);
}
if(getsockopt(sockfd,SOL_SOCKET,SO_SNDBUF,&wtr,&optlen) < 0) printf("error");
    if(getsockopt(sockfd,SOL_SOCKET,SO_RCVBUF,&recv,&optlen) < 0) printf("error1");
/* ---------connect--------- */
    printf("please input the ip:\n");
    scanf("%s",ip);
printf("please input the port:\n");
scanf("%d",&port);
bzero(&server,sizeof(server));
server.sin_family = AF_INET;
server.sin_port = htons(port);
inet_aton(ip,&server.sin_addr);
if(connect(sockfd,(struct sockaddr *)&server,sizeof(server)) == -1)
{
perror("connect() error\n"); exit(1);
}
/* ---------read and write */---------
while(1)
{
bzero(wrbuf,sizeof(wrbuf));
bzero(rebuf,sizeof(rebuf));
printf("please input the info:\n");
scanf("%s",wrbuf);
if((memcmp("bye",wrbuf,3)) == 0)
{
write(sockfd,wrbuf,strlen(wrbuf)); printf("Bye-bye then close the connect...\n"); break;
}
write(sockfd,wrbuf,strlen(wrbuf)); system("pause");
revlen = read(sockfd,rebuf,sizeof(rebuf)); rebuf[revlen] = '\0';
printf("The info from server is:%s\n",wrbuf);
}
    close (sockfd); return 0;
}
```

测试结果如图 11.5 和图 11.6 所示。

```
[wangyunf@localhost test7-socket]$ ./tcp_client_host
please input the ip:
127.0.0.1
please input the port:                          # ./tcp_server_riscv
4444                                            please input the ip:
please input the info:                          10.0.2.15
nihao                                           please input the port:
The info from server is:nihao                   4444
please input the info:                          connect successful!
bye                                             the info from client is :nihao
Bye-bye then close the connect...               Bye-bye then close the connect...
```

图 11.5 TCP 程序示例客户端测试结果　　图 11.6 TCP 程序示例服务器端测试结果

UDP 编程示例如下。

（1）服务器端：

```c
#include<stdio.h>
#include<string.h>
#include<sys/socket.h>
#include<netinet/in.h>
#include<stdlib.h>
#define SERV_PORT 4445
#define MAXLINE 4096
int main(int argc,char **argv)
{
int sockfd;
struct sockaddr_in servaddr,cliaddr;
sockfd = socket(AF_INET,SOCK_DGRAM,0);
bzero(&servaddr,sizeof(servaddr));
servaddr.sin_family = AF_INET;
servaddr.sin_addr.s_addr = inet_addr("10.0.2.15");
servaddr.sin_port = htons(SERV_PORT);
if(bind(sockfd,(struct sockaddr *)&servaddr,sizeof(servaddr)) == -1)
{
perror("bind error!\n");
exit(1);
}
dg_echo(sockfd,(struct sockaddr *)&cliaddr,sizeof(cliaddr));
}
void dg_echo(int sockfd,struct sockaddr *pcliaddr,socklen_t clilen)
{
int n;
    socklen_t
    len;
char mesg[MAXLINE];
for( ; ; )
{
len = clilen;
n = recvfrom(sockfd,mesg,MAXLINE,0,pcliaddr,&len);
printf("the information from client:\n%s",mesg);
sendto(sockfd,mesg,MAXLINE,0,pcliaddr,len) ;
}
}
```

（2）客户端：

```c
#include<stdio.h>
#include<string.h>
#include<sys/socket.h>
#include<netinet/in.h>
#include<stdlib.h>
#define SERV_PORT 4445
#define MAXLINE 4096
int main(int argc,char **argv)
{
int sockfd;
struct sockaddr_in servaddr;
if(argc != 2)
{
perror("usage:udpcli<IPaddress>\n");
}
bzero(&servaddr,sizeof(servaddr));
servaddr.sin_family = AF_INET;
servaddr.sin_port = htons(SERV_PORT) ;
if(inet_aton(argv[1],&servaddr.sin_addr) == 0)
{
perror("inet_aton error!\n"); exit(1);
}
if((sockfd = socket(AF_INET,SOCK_DGRAM,0)) == -1)
{
perror("socket error!\n"); exit(1);
}
dg_cli(stdin,sockfd,(struct sockaddr *)&servaddr,sizeof(servaddr));
exit(0);
}
void dg_cli(FILE *fp,int sockfd,const struct sockaddr *pservaddr,socklen_t servlen)
{
int n;
char sendline[MAXLINE],recvline[MAXLINE + 1];
while(fgets(sendline,MAXLINE,fp) != NULL)
{
printf("the client input information:\n%s",sendline);
sendto(sockfd,sendline,strlen(sendline),0,pservaddr,servlen);
n = (recvfrom(sockfd,recvline,MAXLINE,0,pservaddr,&servlen)); recvline[n] = 0;
printf("the server reply information:\n%s",recvline);
}
}
```

测试结果如图 11.7 和图 11.8 所示。

```
[wangyunf@localhost socket]$ ./udp_client_host 127.0.0.1
nihao
the client input information:
 nihao
the server reply information:
 nihao
```

```
# ./udp_server_riscv
the information from client:
nihao
```

图 11.7　UDP 程序示例客户端测试结果　　　图 11.8　UDP 程序示例服务器端测试结果

11.4.5　接口说明

多任务环境支持用户使用的接口有：

➢ 标准 C/C++库接口；

➢ Linux 系统调用接口。

第 12 章　神经网络模型开发

12.1　概述

　　魂芯人工智能（HXAI）应用平台如图 12.1 所示，该平台支持 Linux 和嵌入式操作系统（Embedded OS）。其中，图形抽象层（Graphics Abstraction Layer，GAL）屏蔽了硬件实现的细节，使硬件的复杂性最小化。GAL 分为用户层（User Layer）与内核层（Kernel Layer）。用户层 API 运行在用户态，是编程人员可见的。内核层的 API 运行在内核态，不可以直接操作。多个进程或线程可以同时操作 GAL，每个线程具有自己的上下文。上下文的切换由 GAL 来完成，用户不必关心。用户层与内核层之间通过 ioctl 系统调用来交互，用户层通过向内核层发送特定的命令实现特定的功能。应用程序（Application）通过模型转换工具生成 OpenCL 工程或 OpenVX 工程。OpenCL/OpenVX 工程调用户层的相关 API 生成命令缓冲区，这些命令缓冲区（Command Buffer）下发到内核层的命令队列（Command Queue）。命令队列最终提交到图形处理器（Graphics Processing Unit，GPU）或者神经网络加速器（NNA）上执行。在执行完成后，以中断的方式通知 CPU，以便进行进一步的处理。

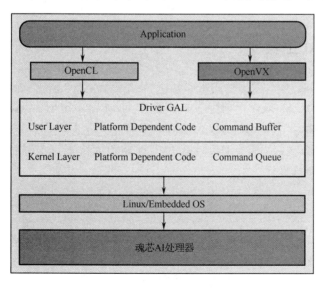

图 12.1　HXAI 应用平台

12.1.1 特性介绍

HXAI 工具链是连接用户 AI 模型和 HXAI 应用平台的枢纽，实现了用户 AI 模型到 HXAI 模型的转换。通过模型转换、模型优化、模型剪枝、模型量化、模型导出等方法，HXAI 工具链把用户 AI 模型转换为 HXAI 模型并进行优化，最终产生可以在 HXAI 芯片上运行的 HXAI 模型。

HXAI 工具链包括模型转换、模型优化、模型剪枝、模型量化、模型导出等功能，如图 12.2 所示。用户 AI 模型通过 HXAI 工具链的转换和优化，成为 HXAI 模型，然后用户调用 HXAI 用户接口，加载模型，在 HXAI 平台上进行模型推理计算。

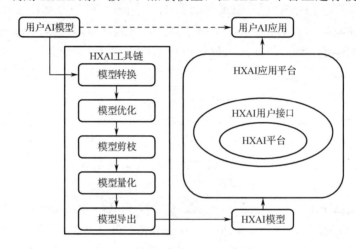

图 12.2　HXAI 工具链的功能

12.1.2 HXAI 工具链

HXAI 工具链各功能的介绍如下。

（1）模型转换：实现各种训练平台模型到 HXAI 应用平台的模型转换，支持的模型格式包括 Caffe、TensorFlow、ONNX（PyTorch）、DarkNet 等。

（2）模型优化：实现基于 HXAI 模型的计算图优化、算子融合等功能，用于减少计算，加速模型推理。

（3）模型剪枝：用于去除对模型效果影响较小的计算节点，以达到减少计算量的目的，以及加速模型推理的效果。

（4）模型量化：使用 int8 计算替换 float32 计算，实现使用更少的计算资源，得到更快的推理速度。

（5）模型导出：主要用于产生 HXAI 模型 hxnn 文件。

另外，HXAI 工具链还提供 HXAI 模型推理功能，用于测试 HXAI 模型效果，支持 GPU 加速，方便用户进行 HXAI 模型测试，调整模型转换设置，加快模型部署。

12.2　模型转换

12.2.1　简介

HXAI 工具链支持多种前端训练框架和网络模型格式，包括 Caffe、TensorFlow、ONNX、DarkNet 等格式的神经网络模型，HXAI 模型导入接口如表 12.1 所示。模型导入接口将各种不同格式的模型转换为 HXNN 内部统一的表示格式，为后续的各种功能提供统一的模型表示。

表 12.1　HXAI 模型导入接口

AI 模型格式	HXAI 模型导入接口	参　　数
Caffe	load_caffe	Caffe 模型的 prototxt 和 caffemodel
TensorFlow	load_tensorflow	TensorFlow 的 pb 模型、输入列表、输入尺寸列表、输出列表
ONNX	load_onnx	ONNX 模型
DarkNet	load_darknet	DarkNet 模型的配置和权重

12.2.2　转换办法

在使用 HXAI 工具链之前需要先导入 HXNN 的 Python 包，然后实例化一个 HXNN 对象：

```
import HXNN
nn = HXNN()
```

之后调用 HXNN 相关的模型转换接口，转换成功之后，HXNN 内部维持了一个网络模型表示，用于后续的剪枝、量化、推理、导出等功能。

转换模型需要在 Python 环境下实现，配置好 Python 环境变量后，使用命令行也可以实现。命令行方式依赖一个 hxnn_command.py 文件，进入 HXAI100 安装目录\hxai100\demo，在该目录下使用命令行可执行转换、量化、推理、导出等相关命令，这个脚本可以实现 hxnn 所有功能。可以把 run_net.exe 从 HXAI100 安装目录\hxai100\hxnn_tools\Scripts\aiScripts 复制到当前 demo 目录下。

1．Caffe

Caffe 模型转换接口的调用方法如下。其中，model 是模型结构文件 prototxt 的路径，weights 是模型参数文件 caffemodel 的路径。

```
model = /path/to/model.prototxt
weights = /path/to/model.caffemodel
nn.load_caffe(model, weights)
```

执行命令：

> python ..\hxnn_tools\Scripts\aiScripts\hxnn_command.py --prototxt mobilenet\caffe\mobilenet.prototxt --caffe_model mobilenet\caffe\mobilenet.caffemodel --coreNum 4 --hxnn_path export\mobilenet.hxnn

命令行参数：

--prototxt：输入对应的网络模型文件，即 prototxt 文件；

--caffe_model：输入对应的网络数据文件，即 caffemodel 文件；

--coreNum：指定加速核数；

--hxnn_path：生成的.hxnn 文件的导出路径。

2．TensorFlow

TensorFlow 模型转换接口的调用方法如下。TensorFlow 模型只支持转换 Frozen 的模型，需要指定模型的输入和输出，支持多个输入，多个输入的名称使用","分隔。每个输入需要指定输入的尺寸，单个输入尺寸内部使用","分隔，多个输入尺寸之间使用"#"分隔。支持多个输出，多个输出之间使用","分隔。

```
pb = /path/to/model.pb
inputs = "input0_name,input1_name"
input_size_list = "input0_size0,input0_size1,input0_size2# input1_size0,input1_size1,input1_size2"
outputs = "output0,output1"
nn.load_tensorflow(pb, inputs, input_size_list,outputs)
```

执行命令：

> python ..\hxnn_tools\Scripts\aiScripts\hxnn_command.py --tf_pb mobilenet\tensorflow\mobilenet.pb --inputs input --outputs MobilenetV1/Logits/SpatialSqueeze --input_size_list "224,224,3" --coreNum 4 --hxnn_path export\mobilenet.hxnn

命令行参数：

--tf_pb：输入对应的网络数据文件，即 pb 文件；

--inputs：网络模型输入节点的名称；

--input_size_list：网络模型输入图片的大小；

--outputs：网络模型输出节点的名称；

--coreNum：指定加速核数；

--hxnn_path：生成的.hxnn 文件的导出路径。

3．ONNX

ONNX 模型转换接口的调用方法如下。ONNX 是开放的神经网络模型交换协议，PyTorch、PaddlPaddle、TensorFlow 等模型可以转换为 ONNX。ONNX 转换接口可以只指定模型路径，输入名称、输入尺寸、输出名称等是可选参数，默认以 ONNX 的网络入口为输入，输出节点为输出。多个输入的名称使用","分隔。每个输入需要指定输入的尺寸，单个输入尺寸内部使用","分隔，多个输入尺寸之间使用"#"分隔。支持多个输出，之间使用","分隔。

```
model  =  /path/to/model.onnx
nn.  load_onnx  (model)
####        OR
inputs  =  "input0_name,input1_name"
input_size_list = "input0_size0,input0_size1,input0_size2# input1_size0,input1_size1,input1_size2"
outputs  =  "output0,output1"
nn.load_onnx(model,  inputs,  input_size_list,outputs)
```

执行命令：

```
python ..\hxnn_tools\Scripts\aiScripts\hxnn_command.py --onnx shufflenetv1\shufflenetv1.onnx --coreNum
4  --hxnn_path export\ shufflenetv1.hxnn
```

命令行参数：

--onnx：输入对应的网络数据文件，即 onnx 文件；

--coreNum：指定加速核数；

--hxnn_path：生成的.hxnn 文件的导出路径。

4．DarkNet

DarkNet 模型转换接口的调用方法如下。DarkNet 模型需要输入模型结构文件 cfg 的路径，以及模型参数文件 weights 的路径。

```
cfg  =  /path/to/model.cfg
weights  =  /path/to/model.weights
nn.load_darknet(cfg,  weights)
```

执行命令：

```
python ..\hxnn_tools\Scripts\aiScripts\hxnn_command.py --darknet_cfg yolov3\yolov3.cfg --weights
yolov3\yolov3.weights --coreNum 4  --hxnn_path export\yolov3.hxnn
```

命令行参数：

--darknet_cfg：输入对应的网络模型文件，即 cfg 文件；

--weights：输入对应的 DarkNet 网络数据文件；

--coreNum：指定加速核数；

--hxnn_path：生成的.hxnn 文件的导出路径。

12.3　模型剪枝

12.3.1　简介

模型剪枝是提高推断效率的方法之一，可以高效生成规模更小、内存利用率更高、能耗更低、推断速度更快、推断准确率损失最小的模型。模型剪枝的核心思想是剔除模型中"不重要"的权重，使模型减少参数量和计算量，同时尽量保证模型的性能不受影响。

剪枝技术可以分成两大类：结构化剪枝和非结构化剪枝，它们的主要区别是裁剪权重的粒度。结构化剪枝方法裁剪权重的粒度较大，裁剪后的网络更符合硬件设备的计算特点，但是无法达到很高的压缩率。非结构化剪枝方法裁剪权重的粒度较小，裁剪后能实现更高的压缩率，但是并不适合硬件设备计算。

HXAI 工具链支持 4 种级别的权重剪枝方法：Element、Vector、Kernel、Filter。其中，Element 属于非结构化剪枝，Vector、Kernel、Filter 属于结构化剪枝。在进行模型剪枝之前，需要先完成模型转换，针对转换后的模型进行剪枝。

模型剪枝可能会影响转换后的模型效果，由于模型剪枝的思想是将小权重置零，因此用户可以自行进行裁剪，裁剪完之后再训练。重复此步骤，达到目标之后再使用 HXAI 工具链进行模型裁剪，这样就可以不影响裁剪后的模型效果了。

12.3.2　剪枝方法

1．Element 剪枝

Element 剪枝属于针对权重的非结构化剪枝。在剪枝过程中，统计权重每个元素的大小分布，按照设定的裁剪比例计算出阈值，绝对值小于阈值的权重会被置零。使用示例如下。其中，prune_ratio 以百分比进行计算，"10" 表示裁剪比例为 10%；prune_level 是裁剪级别，设置为 "element"。

```
prune_ratio = 10
prune_level = "element"
hxnn.prune(prune_ratio,
           prune_level)
```

执行命令：

```
python ..\hxnn_tools\Scripts\aiScripts\hxnn_command.py --prototxt mobilenet\caffe\mobilenet.prototxt --
caffe_model mobilenet\caffe\mobilenet.caffemodel --prune_level element --prune_ratio 10 --coreNum 4 --
hxnn_path export\mobilenet.hxnn
```

命令行参数：

--prototxt：输入对应的网络模型文件，即 prototxt 文件；

--caffe_model：输入对应的网络数据文件，即 caffemodel 文件；

--prune_ratio：剪枝比例，范围为（0,100）；

--prune_level：剪枝级别（element/vector/kernel/filter）；

--coreNum：指定加速核数；

--hxnn_path：生成的.hxnn 文件的导出路径。

2．Vector 剪枝

Vector 剪枝属于针对权重的结构化剪枝。在剪枝过程中，先将卷积核按照向量（Vector）进行划分，然后统计每个 Vector 的大小分布，按照设定的裁剪比例计算出向量阈值，绝对值小于阈值的向量会被置零。使用示例如下。其中，prune_ratio 以百分比进行计算，"10" 表示裁剪比例为 10%；prune_level 是裁剪级别，设置为 "vector"。

```
prune_ratio = 10
prune_level = "vector"
hxnn.prune(prune_ratio,
          prune_level)
```

执行命令：

```
python ..\hxnn_tools\Scripts\aiScripts\hxnn_command.py --prototxt mobilenet\caffe\mobilenet.prototxt --
caffe_model mobilenet\caffe\mobilenet.caffemodel --prune_level vector --prune_ratio 10 --coreNum 4 --
hxnn_path export\mobilenet.hxnn
```

命令行参数：

--prototxt：输入对应的网络模型文件，即 prototxt 文件；

--caffe_model：输入对应的网络数据文件，即 caffemodel 文件；

--prune_ratio：剪枝比例，范围为（0,100）；

--prune_level：剪枝级别（element/vector/kernel/filter）；

--coreNum：指定加速核数；

--hxnn_path：生成的.hxnn 文件的导出路径。

3．Kernel 剪枝

Kernel 剪枝属于针对权重的结构化剪枝。在剪枝过程中，统计每个卷积核的大小分布，按照设定的裁剪比例计算出阈值，绝对值小于阈值的卷积核会被置零。使用示例如下。其中，prune_ratio 以百分比进行计算，"10"表示裁剪比例为 10%；prune_level 是裁剪级别，设置为"kernel"。

```
prune_ratio = 10
prune_level = "kernel"
hxnn.prune(prune_ratio,
          prune_level)
```

执行命令：

```
python ..\hxnn_tools\Scripts\aiScripts\hxnn_command.py --prototxt mobilenet\caffe\mobilenet.prototxt --
caffe_model mobilenet\caffe\mobilenet.caffemodel --prune_level kernel --prune_ratio 10 --coreNum 4 --
hxnn_path export\mobilenet.hxnn
```

命令行参数：

--prototxt：输入对应的网络模型文件，即 prototxt 文件；

--caffe_model：输入对应的网络数据文件，即 caffemodel 文件；

--prune_ratio：剪枝比例，范围为（0,100）；

--prune_level：剪枝级别（element/vector/kernel/filter）；

--coreNum：指定加速核数；

--hxnn_path：生成的.hxnn 文件的导出路径。

4．Filter 剪枝

Filter 剪枝属于针对权重的结构化剪枝。在剪枝过程中，先将权重按照过滤器

（Filter）进行划分，然后统计每个 Filter 的大小分布，按照设定的裁剪比例计算出阈值，绝对值小于阈值的 Filter 会被置零。使用示例如下。其中，prune_ratio 以百分比进行计算，"10" 表示裁剪比例为 10%；prune_level 是裁剪级别，设置为 "filter"。

```
prune_ratio = 10
prune_level = "filter"
hxnn.prune(prune_ratio,
          prune_level)
```

执行命令：

```
python ..\hxnn_tools\Scripts\aiScripts\hxnn_command.py --prototxt mobilenet\caffe\mobilenet.prototxt --caffe_model mobilenet\caffe\mobilenet.caffemodel --prune_level filter --prune_ratio 10 --coreNum 4 --hxnn_path export\mobilenet.hxnn
```

命令行参数：

--prototxt：输入对应的网络模型文件，即 prototxt 文件；

--caffe_model：输入对应的网络数据文件，即 caffemodel 文件；

--prune_ratio：剪枝比例，范围为（0,100）；

--prune_level：剪枝级别（element/vector/kernel/filter）；

--coreNum：指定加速核数；

--hxnn_path：生成的.hxnn 文件的导出路径。

12.4　模型量化

12.4.1　简介

模型量化使用 int8 计算替换 float32 计算，以减少对于乘加计算资源的需求，实现在相同资源下获得更快的推理速度。HXAI 工具链支持 float32、bfloat16、uint8、int16、int8 计算。量化方法包括浮点量化、非对称量化、动态定点量化。量化方法及其支持的数据类型如表 12.2 所示。量化方法的主要思想是：使用量化数据进行推理，在推理过程中对特征进行数值统计，然后结合数据表示方法计算出特征量化参数。量化数据包括 numpy 和图像格式的数据，是模型训练数据中的一部分，大约 200 张。

表 12.2　量化方法及其支持的数据类型

量 化 方 法	标　　识	支持的数据类型
浮点量化	bfloat16	bfloat16
非对称量化	asymmetric_affine	uint8
动态定点量化	dynamic_fixed_point	int8、int16

由于训练后量化会有一点量化损失，因此 HXAI 的量化方法是在网络完成训练之后进行 training-aware-quantization 训练，对模型参数进行微调，提升量化精度。

12.4.2　量化方法

1. 浮点量化

float32 和 bfloat16 的表示方法与区别如表 12.3 所示,其中数据格式中的 s 表示符号位,e 表示指数位,m 表示有效数字。在使用浮点量化时,由于数据范围较大,基本可以覆盖权重和特征的数值范围,因此其量化效果基本与 float32 模型效果一样;但是由于数据使用 16bit 进行表示,对计算资源的需求是 8bit 数据的 2 倍,计算速度低于 8bit 量化方法。

表 12.3　float32 和 bfloat16 的表示方法与区别

数据类型	数据格式 (s, e, m)	最大值	最小值
float32	1,8,23	3.40×10^{38} (3.40e38)	1.117×10^{-38} (1.117e-38)
bfloat16	1,8,7	3.38×10^{38} (3.38e38)	1.17×10^{-38} (1.17e-38)

浮点量化接口的调用如下。其中,quantize.txt 是量化数据文件列表,每个量化数据一行;quantizer 是量化方法,qtype 是量化数据类型;mean、scale 是量化数据的前处理操作所需的均值和缩放因子,量化数据会先减去 mean,然后乘以 scale,之后才用于模型推理量化。在使用图像数据时,reverse 表示是否对数据通道进行翻转,默认图像的输入格式是 BGR 格式,如果模型需要 RGB 格式的数据,需要将 reverse 设置为 True。如果是 numpy 数据,reverse 不起作用。

```
hxnn.quantize(dataset="quantize.txt",
              quantizer='bfloat16',
              qtype='bfloat16',
              mean=[0,0,0], scale=1,
              reverse=False)
```

执行命令:

```
python ..\hxnn_tools\Scripts\aiScripts\hxnn_command.py --prototxt mobilenet\caffe\mobilenet.prototxt --
caffe_model mobilenet\caffe\mobilenet.caffemodel --quantizer bfloat16-bfloat16 --qdataset quanData.txt --
mean 104,116,124 --std 58.8 --BGR --coreNum 4 --hxnn_path export\mobilenet.hxnn
```

命令行参数:

--prototxt:输入对应的网络模型文件,即 prototxt 文件;

--caffe_model:输入对应的网络数据文件,即 caffemodel 文件;

--quantizer:量化方式(bfloat16-bfloat16/asymmetric_affine-uint8/ dynamic_fixed_point-int8);

--qdataset:量化数据集;

--mean:输入图像预处理均值;

--std:输入图像预处理标准差;

--BGR：网络模型输入图像的像素格式；

--coreNum：指定加速核数；

--hxnn_path：生成的.hxnn 文件的导出路径。

2．非对称量化

非对称量化通过使用收缩因子和零点，将 float32 数据映射为 8bit 数据，数据为无符号数据，数值范围是[0,255]。定点到浮点数的映射关系如下。其中，Qu8 是映射后的 8bit 无符号数据，ScaleQ 是收缩因子，ZeroQ 是零点数据，Forg 是原始数据。

$$Forg = (Qu8–ZeroQ)*ScaleQ$$

非对称量化接口的调用如下。其中，参数含义与浮点量化含义一致，需要修改 quantizer 为 asymmetric_affine、qtype 为 uint8。

```
hxnn.quantize(dataset="quantize.txt",
              quantizer='asymmetric_affine',
              qtype='uint8',
              mean=[0,0,0], scale=1,
              reverse=False)
```

执行命令：

```
python ..\hxnn_tools\Scripts\aiScripts\hxnn_command.py --prototxt mobilenet\caffe\mobilenet.prototxt --
caffe_model mobilenet\caffe\mobilenet.caffemodel --quantizer asymmetric_affine-uint8 --qdataset
quanData.txt --mean 104,116,124 --std 58.8 --BGR --coreNum 4 --hxnn_path export\mobilenet.hxnn
```

命令行参数：

--prototxt：输入对应的网络模型文件，即 prototxt 文件；

--caffe_model：输入对应的网络数据文件，即 caffemodel 文件；

--quantizer：量化方式（bfloat16-bfloat16/asymmetric_affine-uint8/dynamic_fixed_point-int8）；

--qdataset：量化数据集；

--mean：输入图像预处理均值；

--std：输入图像预处理标准差；

--BGR：网络模型输入图像的像素格式；

--coreNum：指定加速核数；

--hxnn_path：生成的.hxnn 文件的导出路径。

3．动态定点量化

动态定点量化使用有符号数和一个浮点值表示 float32 数据。有符号数使用 int8 表示，最高位表示符号，数值范围是[-127,127]。浮点值是特征共享的，因此一个特征是由多个有符号数和一个浮点值表示的。动态定点到浮点数的映射关系如下。其中，DF8 是映射后的 8bit 有符号数据，FL 是浮点值，Forg 是原始数据。

$$Forg = DF8 * (2^{-FL})$$

动态定点量化接口的调用如下。其中，参数含义与浮点量化含义一致，需要修改
quantizer 为 dynamic_fixed_point、qtype 为 int8 或 int16。

```
hxnn.quantize(dataset="quantize.txt",
            quantizer='dynamic_fixed_point',
            qtype='int8',      # OR  int16
            mean=[0,0,0], scale=1,
            reverse=False)
```

执行命令：

```
python ..\hxnn_tools\Scripts\aiScripts\hxnn_command.py --prototxt mobilenet\caffe\mobilenet.prototxt --
caffe_model mobilenet\caffe\mobilenet.caffemodel --quantizer dynamic_fixed_point-int8 --qdataset
quanData.txt --mean 104,116,124 --std 58.8 --BGR --coreNum 4 --hxnn_path export\mobilenet.hxnn
```

命令行参数：

--prototxt：输入对应的网络模型文件，即 prototxt 文件；

--caffe_model：输入对应的网络数据文件，即 caffemodel 文件；

--quantizer：量化方式（bfloat16-bfloat16/asymmetric_affine-uint8/dynamic_fixed_
point-int8）；

--qdataset：量化数据集；

--mean：输入图像预处理均值；

--std：输入图像预处理标准差；

--BGR：网络模型输入图像的像素格式；

--coreNum：指定加速核数；

--hxnn_path：生成的.hxnn 文件的导出路径。

12.4.3　模型量化效果

表 12.4 汇总了 PyTorch 官方模型库中部分模型经过 ONNX 转换到 HXAI 工具链
上的测试结果。模型转换测试流程和上述流程一致。

表 12.4　PyTorch 官方模型库中部分模型经过 ONNX 转换到 HXAI 工具链上的测试结果

量化方法和类型	ResNet50		SqueezeNet1.0		MobileNet v2		VGG16	
	Top1	Top5	Top1	Top5	Top1	Top5	Top1	Top5
PyTorch	0.7615	0.9287	0.581	0.8042	0.7188	0.9029	0.7159	0.9038
float32	0.7613	0.92862	0.58092	0.80422	0.71878	0.90286	0.71592	0.90382
dynamic_fixed_point，int8	0.73688	0.9174	0.5348	0.77263	0.55613	0.77935	**0.70965**	**0.90363**
asymmetric_affine，uint8	**0.75204**	**0.92526**	**0.5661**	**0.79646**	**0.68542**	**0.88592**	0.70694	0.90354

说明：asymmetric_affine（非对称量化）方法的效果比 dynamic_fixed_point（动
态定点量化）方法的效果更好。动态定点量化对部分模型的量化效果较好。

12.5　模型推理

12.5.1　简介

　　为了验证普通模型转换成 HXAI 模型之后模型转换是否正常，HXAI 工具链提供了模型推理功能，以验证模型效果。模型推理功能支持 float32 模型推理，也支持量化模型和剪枝模型推理。剪枝和量化可以单独做，也可以组合进行。

　　HXAI 工具链的模型推理以 TensorFlow 为后端，因此模型推理的输入格式为 NHWC 顺序，与 TensorFlow 一致。模型转换之后，在推理时，会对权重和特征格式进行自动调整，用户只需要保证输入图像的格式为 NHWC 即可，无须进行其他设置和操作。

12.5.2　推理方法

　　在 HXAI 工具链的模型推理过程中，不对输入数据进行任何处理，输入的前处理需要用户自行完成，并保证数据格式为 NHWC 顺序。使用示例如下，其中使用了 OpenCV 进行输入图像的读取、缩放操作，使用 numpy 对图像数据进行减 mean、乘 scale 操作，之后设置输入数据的格式为 NHWC 格式；推理调用了 inference 接口，HXAI 工具链支持模型多输入，按照输入顺序，把输入数据放入列表中，然后送入推理函数中。

```
fpath = path/to/fname.jpg
input_size = (224,224)
mean = [103.94, 116.98, 123.68]
scale = 1/58.8
#  输入前处理
image = cv2.imread("fpath)
image = cv2.resize(image, input_size)
image = image.astype(np.float32) - np.array(mean)
image *= scale
image = image[np.newaxis,]
#  模型推理
out_tensors = nn.inference([image])
```

执行命令：

```
python ..\hxnn_tools\Scripts\aiScripts\hxnn_command.py --prototxt mobilenet\caffe\mobilenet.prototxt --
caffe_model mobilenet\caffe\mobilenet.caffemodel --mean 104,116,124 --std 58.8 –BGR --image_path
data\goldfish_224x224.jpg --input_size_list '224,224,3' --coreNum 4  --hxnn_path export\mobilenet.hxnn
```

命令行参数：

--prototxt：输入对应的网络模型文件，即 prototxt 文件；

--caffe_model：输入对应的网络数据文件，即 caffemodel 文件；

--quantizer：量化方式（bfloat16-bfloat16/asymmetric_affine-uint8/dynamic_fixed_point-int8）；

--qdataset：量化数据集；

--mean：输入图像预处理均值；

--std：输入图像预处理标准差；

--BGR：网络模型输入图像的像素格式；

--image_path：推理图像的路径；

--input_size_list：输入图像的大小；

--coreNum：指定加速核数；

--hxnn_path：生成的.hxnn 文件的导出路径。

HXAI 工具链支持多输出，输出 out_tensors 是一个列表，每个元素是一个输出。out_tensors 列表中的每个元素是包含两个子元素的列表，第一个子元素是输出 tensor 的名字，第二个是 tensor 包含的数据。

HXAI 推理的输入和输出均为 numpy 数据，可以方便地集成到已有的评测代码中，将原始推理调用过程换成 HXAI 推理过程即可实现推理替换。原有评测代码的前后处理均可复用。具体示例见 12.7 节。

12.6　模型导出

12.6.1　简介

使用 HXAI 工具链完成模型转换、剪枝、量化，并经过推理验证之后，在模型效果正常可用的情况下，可以使用模型导出功能导出 HXAI 模型。HXAI 模型是用于 HXAI 应用平台的推理模型。HXAI 应用平台为用户提供一套基于 C 语言的模型推理用户接口。

HXAI 模型分为两种类型：二进制模型和非二进制模型。其中，二进制模型是经过编译器预编译获得的，网络结构只包含一个计算节点，硬件设置不可更改；非二进制模型包含详细的网络结构和参数，可以针对具体的硬件配置进行优化。

12.6.2　导出方法

1. 非二进制模型

HXAI 工具链默认生成非二进制模型。在使用非二进制模型时，可以根据需要配置硬件，然后进行相关优化，优化之后可以正常使用。模型导出示例如下。其中，需要指定 HXNN 模型输出路径；在导出模型之前，必须完成模型的导入，剪枝和量化可以根据需要进行。

```
hxnn_path = /model/out/path.hxnn
hxnn.export_hxnn(hxnn_path)
```

执行命令：

```
python ..\hxnn_tools\Scripts\aiScripts\hxnn_command.py --prototxt mobilenet\caffe\mobilenet.prototxt --
caffe_model mobilenet\caffe\mobilenet.caffemodel --prune_level element --prune_ratio 10 --quantizer
bfloat16-bfloat16 --qdataset quanData.txt --mean 104,116,124 --std 58.8 --BGR --coreNum 4 --
hxnn_path export\mobilenet.hxnn
```

命令行参数：

--prototxt：输入对应的网络模型文件，即 prototxt 文件；

--caffe_model：输入对应的网络数据文件，即 caffemodel 文件；

--prune_ratio：剪枝比例，范围为（0,100）；

--prune_level：剪枝级别（element/vector/kernel/filter）；

--quantizer：量化方式（bfloat16-bfloat16/asymmetric_affine-uint8/dynamic_fixed_point-int8）；

--qdataset：量化数据集；

--mean：输入图像预处理均值；

--std：输入图像预处理标准差；

--BGR：网络模型输入图像的像素格式；

--coreNum：指定加速核数；

--hxnn_path：生成的.hxnn 文件的导出路径。

2．二进制模型

HXAI 应用平台的二进制模型有两种产生方法，可以通过硬件板卡产生，也可以使用 HXAI 工具链产生。自定义算子的二进制模型只能在硬件板卡上产生。

HXAI 工具链根据相关设置产生硬件指令，然后组合成二进制模型。在使用二进制模型时，不需要配置硬件，不用进行相关优化，可以直接使用。二进制模型导出示例如下。其中，需要指定 HXNN 模型的输出路径，设置 pre_build 为 True，hxcmd_tools 为 HXNN 的 C 语言 SDK 路径；在导出模型之前，必须完成模型的导入，剪枝和量化可以根据需要进行。

```
hxnn.export_hxnn(hxnn_path, pre_build=True, viv_sdk=""/path/to/hxnn_c_sdk")
```

12.7　典型网络示例

12.7.1　简介

本章主要提供两个模型的转换、剪枝、量化、导出示例。这两个模型是 ResNet 和 YOLOv3，前者是典型的分类网络，后者是常用的目标检测网络。

12.7.2　ResNet 网络示例

1．模型介绍

ResNet 模型来自论文 *Deep Residual Learning for Image Recognition*。

　　该模型是由微软的何凯明于 2015 年提出的，面向图像分类领域的算法。ResNet 基于残差结构（见图 12.3）搭建网络，该算法通过堆叠残差结构，产生了 18 层、34 层、50 层、101 层、152 层等不同深度的神经网络。ResNet 在 ImageNet 2015 数据集上的效果如表 12.5 所示（数据来源于 PyTorch 官方网站）。表中 FLOPs（Floating-Point Operations）表示使用浮点运算策略模型的计算成本，即计算复杂度。

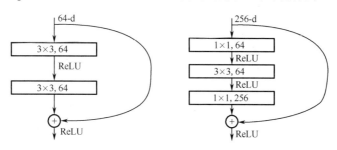

图 12.3　ResNet 基本结构示意图

表 12.5　ResNet 在 ImageNet 2015 数据集上的效果

模　　型	Top-1 Err	Top-5 Err	FLOPs
ResNet-18	30.24	10.92	1.8×10^9
ResNet-34	26.70	8.58	3.6×10^9
ResNet-50	23.85	7.13	3.8×10^9
ResNet-101	22.63	6.44	7.6×10^9
ResNet-152	21.69	5.94	11.3×10^9

2．模型结构

　　ResNet-34 的模型结构如图 12.4，第一层使用了普通卷积，之后使用残差结构。通过重复堆叠残差结构，构建了整个网络。

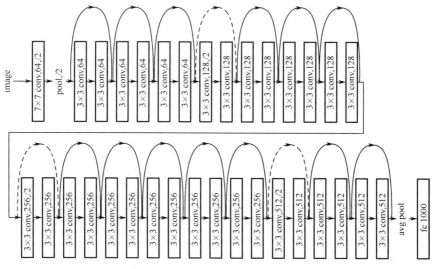

图 12.4　ResNet-34 的模型结构

其他的模型结构如图 12.5 所示，网络输入图像的大小是 224×224，分类的总类别数是 1000 类。

卷积层类型	输出尺寸	18层	34层	50层	101层	152层
conv1	112×112	7×7, 64, stride 2				
conv2_x	56×56	$\begin{bmatrix} 3\times3,64 \\ 3\times3,64 \end{bmatrix}\times2$	$\begin{bmatrix} 3\times3,64 \\ 3\times3,64 \end{bmatrix}\times3$	$\begin{bmatrix} 1\times1,64 \\ 3\times3,64 \\ 1\times1,256 \end{bmatrix}\times3$	$\begin{bmatrix} 1\times1,64 \\ 3\times3,64 \\ 1\times1,256 \end{bmatrix}\times3$	$\begin{bmatrix} 1\times1,64 \\ 3\times3,64 \\ 1\times1,256 \end{bmatrix}\times3$
conv3_x	28×28	$\begin{bmatrix} 3\times3,128 \\ 3\times3,128 \end{bmatrix}\times2$	$\begin{bmatrix} 3\times3,128 \\ 3\times3,128 \end{bmatrix}\times4$	$\begin{bmatrix} 1\times1,128 \\ 3\times3,128 \\ 1\times1,512 \end{bmatrix}\times4$	$\begin{bmatrix} 1\times1,128 \\ 3\times3,128 \\ 1\times1,512 \end{bmatrix}\times4$	$\begin{bmatrix} 1\times1,128 \\ 3\times3,128 \\ 1\times1,512 \end{bmatrix}\times8$
conv4_x	14×14	$\begin{bmatrix} 3\times3,256 \\ 3\times3,256 \end{bmatrix}\times2$	$\begin{bmatrix} 3\times3,256 \\ 3\times3,256 \end{bmatrix}\times6$	$\begin{bmatrix} 1\times1,256 \\ 3\times3,256 \\ 1\times1,1024 \end{bmatrix}\times6$	$\begin{bmatrix} 1\times1,256 \\ 3\times3,256 \\ 1\times1,1024 \end{bmatrix}\times23$	$\begin{bmatrix} 1\times1,256 \\ 3\times3,256 \\ 1\times1,1024 \end{bmatrix}\times36$
conv5_x	7×7	$\begin{bmatrix} 3\times3,512 \\ 3\times3,512 \end{bmatrix}\times2$	$\begin{bmatrix} 3\times3,512 \\ 3\times3,512 \end{bmatrix}\times3$	$\begin{bmatrix} 1\times1,512 \\ 3\times3,512 \\ 1\times1,2048 \end{bmatrix}\times3$	$\begin{bmatrix} 1\times1,512 \\ 3\times3,512 \\ 1\times1,2048 \end{bmatrix}\times3$	$\begin{bmatrix} 1\times1,512 \\ 3\times3,512 \\ 1\times1,2048 \end{bmatrix}\times3$
	1×1	average pool, 1000-dfc, softmax				
FLOPs		1.8×10^9	3.6×10^9	3.8×10^9	7.6×10^9	11.3×10^9

图 12.5　ResNet 网络结构

本次转换使用的是 PyTorch 官方 modelzoo 里面的 ResNet-50 网络，Top-1 Err 为 23.85%，Top-5 Err 为 7.13%。

3．模型信息

ResNet 模型信息如下。
- 模型训练框架：PyTorch；
- 输入格式：RGB；
- 输入尺寸：224×224；
- 均值 RGB：123.675，116.28，103.53；
- 方差 RGB：58.395，57.12，57.375；
- 卷积层类型：普通卷积、残差结构；
- 激活函数：ReLU。

4．模型转换

1）准备工作

由于原始模型是 PyTorch 模型，需要先转换成 ONNX 模型。PyTorch 支持直接导出 ONNX 模型，部分代码如下，运行之后产生 resnet50.onnx 模型。

```
resnet50 = torchvision.models.resnet50(pretrained=True)
dummy_input = torch.randn((1, 3, 224, 224))
torch.onnx.export(resnet50, dummy_input, "resnet50.onnx", verbose=True)
```

为了保证量化中使用的数据和 PyTorch 模型中使用的数据一致，使用 PyTorch 预处理方法产生量化用的 numpy 格式的数据。

2）模型导入

导入模型时调用的是 load_onnx 接口，调用该接口之前需要先创建 HXNN 实例，创建 HXNN 实例时可以指定 device 类型是"CPU"或者"GPU"，实现代码如下。

```
# create hxnn object
hxnn = HXNN(device="CPU")
# load model
hxnet = hxnn.load_onnx(modelpath)
```

5．模型剪枝和量化

1）剪枝

实现模型剪枝的代码如下。裁剪网络 30%的权重，裁剪对象是单个参数。

```
# run prune
prunet = hxnn.prune(prune_percent=30, prune_level='element')
```

2）量化

实现模型量化的代码如下。其中，使用了动态定点（dynamic_fixed_point）方法，数据类型是 int8。

```
hxnn.quantize(batch_size=2,dataset='quantize.txt',quantizer='dynamic_fixed_point', qtype='int8')
```

6．模型推理

推理模型时调用的接口是 inference，需要指定网络输入数据的 batch_size，实现代码如下。

```
nn.inference([image], batch_size=16)
```

7．模型测试

ResNet 是图像分类模型，采用 Accuracy 进行评价，在 ImageNet 数据集上统计 Top1-Accuracy、Top5-Accuracy 评价指标。该模型的测试结果如表 12.6 所示。

表 12.6　ResNet 模型的测试结果

量化方法和类型	裁剪比例/%	Top1	Top5
PyTorch	0	0.7615	0.9287
float32	0	0.7613	0.92862
dynamic_fixed_point，int8	0	0.73935	0.91963
	10	0.73788	0.91654
	20	0.73504	0.9158
	25	0.73246	0.91354
	30	0.72918	0.91124

量化方法和类型	裁剪比例/%	Top1	Top5
	0	**0.75204**	**0.92526**
	10	0.7517	0.92538
	15	0.75174	0.9246
asymmetric_affine，int8	20	0.75034	0.92422
	25	0.74858	0.9232
	30	0.74274	0.92138

8．模型导出

神经网络模型最终是要部署在 HXAI 系统上进行使用的。在完成了导入、剪枝、量化，并且测试结果正常可接受之后，需要将模型导出，产生 HXNN 格式的模型，用来在实际芯片上进行推理。模型导出的代码如下。

```
hxnn.export_hxnn(output_path="resnet50.hxnn", pre_build=False)
```

模型导出完成之后，会产生 resnet50.hxnn 模型。

9．模型测试结果汇总

表 12.7 汇总了 PyTorch 官方模型库中部分模型经过 ONNX 转换到 HXAI 工具链上的测试结果。

表 12.7　PyTorch 官方模型库中部分模型经过 ONNX 转换到 HXAI 工具链上的测试结果

量化方法和类型	裁剪比例	ResNet50		SqueezeNet1.0		MobileNet v2		VGG16	
		Top1	Top5	Top1	Top5	Top1	Top5	Top1	Top5
PyTorch	0	0.7615	0.9287	0.581	0.8042	0.7188	0.9029	0.7159	0.9038
float32	0	0.7613	0.92862	0.58092	0.80422	0.71878	0.90286	0.71592	0.90382
dynamic_fixed_point，int8	0	0.73688	0.9174	0.5348	0.77263	0.55613	0.77935	0.70965	0.90363
	10	0.73788	0.91654	0.52748	0.76788	0.51284	0.75166	0.70888	0.9021
	15	0.73714	0.91656	0.50974	0.752	0.4743	0.71958	0.70922	0.90148
	20	0.73504	0.9158	0.48286	0.73068	0.3222	0.54286	0.70752	0.89952
	25	0.73246	0.91354	0.5237	0.76316	0.18484	0.36882	0.71022	0.90208
	30	0.72918	0.91124	0.49574	0.7428	0.0366	0.10436	0.70958	0.90088
asymmetric_affine，uint8	**0**	**0.75204**	**0.92526**	**0.5661**	**0.79646**	**0.68542**	**0.88592**	**0.70694**	**0.90354**
	10	0.7517	0.92538	0.56404	0.79488	0.64032	0.85456	0.70746	0.90352
	15	0.75174	0.9246	0.56328	0.7923	0.56494	0.80306	0.7074	0.90368
	20	0.75034	0.92422	0.55532	0.78692	0.41352	0.66546	0.70664	0.90256
	25	0.74858	0.9232	0.54112	0.77634	0.22034	0.42938	0.70574	0.90192
	30	0.74274	0.92138	0.5205	0.76066	0.04722	0.12976	0.70532	0.90066

说明：asymmetric_affine（非对称量化）方法效果比 dynamic_fixed_point（动态定点量化）方法效果更好，除 MobileNet 外，剪枝的影响较小。MobileNet 是轻量化移动端网络，剪枝的影响较大，量化的影响在 3 个点左右。

12.7.3　YOLOv3 网络示例

1．模型介绍

YOLOv3 模型来自论文 *YOLOv3: An Incremental Improvement*。

YOLO 是目前比较流行的物体检测（Object Detection）算法，速度快且结构简单。该论文作者在 YOLO 算法中将物体检测问题处理成回归问题，用一个卷积神经网络结构就可以从输入图像直接预测 bounding box 和类别概率。YOLOv3 借鉴了残差网络结构，形成更深的网络层次，以及多尺度检测，提升了平均精度均值（mean Average Precision，mAP）及小物体检测效果。

2．模型结构

YOLOv3 的主干网络结构如图 12.6 所示，总共由 53 个卷积层组成，支持 320、416、608 三个尺度的输入图像。图中矩形框表示一个残差模块，2x、4x、8x 分别表示重复此模块 2 次、4 次、8 次。对于特定应用，可以根据需要进行裁剪，裁剪之后需要使用数据重新训练。

本次转换使用的 DarkNet 官方的 YOLOv3 网络的输入尺寸是 416×416，在 COCO 数据集上的模型测试结果 mAP-50 为 55.3%。

3．模型信息

YOLOv3 的模型信息如下。

● 模型训练框架：DarkNet；
● 输入格式：RGB；
● 输入尺寸：416×416；
● 均值 RGB：0，0，0；
● 方差 RGB：255，255，255；
● 卷积层类型：普通卷积、残差结构；
● 激活函数：LeakyReLU。

	Type	Filters	Size	Output
	Convolutional	32	3×3	256×256
	Convolutional	64	3×3/2	128×128
1×	Convolutional	32	1×1	
	Convolutional	64	3×3	
	Residual			128×128
	Convolutional	128	3×3/2	64×64
2×	Convolutional	64	1×1	
	Convolutional	128	3×3	
	Residual			64×64
	Convolutional	256	3×3/2	32×32
8×	Convolutional	128	1×1	
	Convolutional	256	3×3	
	Residual			32×32
	Convolutional	512	3×3/2	16×16
8×	Convolutional	256	1×1	
	Convolutional	512	3×3	
	Residual			16×16
	Convolutional	1024	3×3/2	8×8
4×	Convolutional	512	1×1	
	Convolutional	1024	3×3	
	Residual			8×8
	Avgpool		Global	
	Connected		1000	
	Softmax			

图 12.6　YOLOv3 的主干网络结构

4．模型转换

1）准备工作

由于原始模型是 DarkNet 模型，不需要进行模型转换，HXAI 工具链直接支持 DarkNet。

为了保证量化中使用的数据和 DarkNet 模型中使用的数据一致，使用 DarkNet 预处理方法产生量化用的 numpy 格式的数据。

2）模型导入

导入模型时调用的是 load_darknet 接口，调用该接口之前需要先创建 HXNN 实例，创建 HXNN 实例时可以指定 device 类型是"CPU"或者"GPU"，调用代码如下。

```
# create hxnn object
hxnn = HXNN(device="CPU")
# load model
hxnet = hxnn.load_darknet("yolov3.cfg", "yolov3.weights")
```

5．模型剪枝和量化

1）剪枝

实现模型剪枝的代码如下，裁剪网络 20%的权重，裁剪对象是单个参数。

```
# run prune
prunet = hxnn.prune(prune_percent=20, prune_level='element')
```

2）量化

实现模型量化的代码如下，其中使用了动态定点（dynamic_fixed_point）方法，数据类型是 int8。

```
hxnn.quantize(batch_size=2,dataset='quantize.txt',quantizer='dynamic_fixed_point', qtype='int8')
```

6．模型推理

推理模型时调用的接口是 inference，需要指定网络输入数据的 batch_size，代码如下。

```
nn.inference([image], batch_size=16)
```

7．模型测试

YOLOv3 是物体检测模型，采用 mAP 进行评价，在 COCO 数据集上统计 mAP 评价指标。浮点、量化和剪枝的测试结果如表 12.8 所示。

表 12.8　浮点、量化和剪枝的测试结果

量化方法和类型	裁剪比例/%	mAP
DarkNet	0	55.3
float32	0	54.9
asymmetric_affine，uint8	0	53.47
	10	53.37
	15	52.91
	20	52.66
	25	52.07
	30	51.13

8．模型导出

神经网络模型最终是要部署在 HXAI 系统上进行使用的。在完成了导入、剪枝、量化，并且测试结果正常可接受之后，需要将模型导出，产生 HXNN 格式的模型，用来在实际芯片上进行推理。模型导出代码如下。

```
hxnn.export_hxnn(output_path="yolov3.hxnn")
```

导出完成之后，会产生 yolov3.hxnn 模型。

12.7.4　DeepLabv3 语义分割网络示例

1．模型介绍

DeepLabv3 模型来自论文 *Rethinking Atrous Convolution for Semantic Image Segmentation*。

DeepLabv3 网络是在其前期网络 DeepLabv1 与 DeepLabv2 基础上改进的新网络。它的特点是：

（1）优化了空洞卷积在网络中的使用。

（2）改进了 DeepLabv2 中的 ASPP 模块，即由不同采样率的空洞卷积和 BN 层组成，以级联或并行的方式组合网络。

（3）在 DeepLabv2 版本中使用大采样率的 3×3 的空洞卷积，因为图像边界响应的原因而很难捕捉远距离信息，3×3 卷积此时会退化为 1×1，DeepLabv3 直接替换大采样率空洞卷积为 1×1。

（4）去掉了条件随机场。

2．模型结构

DeepLabv3 的串行结构如图 12.7 所示，DeepLabv3 取 ResNet 中最后一个 Block（块），在图 12.7 中为 Block4，并在其后面增加级联模块，也为串行模式。如图 12.7

（a）所示，整体图片的信息总结到后面非常小的特征映射上，由于后期需要上采样，过小的特征不利于语义分割。如图 12.7（b）所示，可使用不同采样率的空洞卷积保持输出步幅为 16，这样在不增加参数量和计算量的同时还可以增大输出的特征尺寸，后期上采样后减少失真。

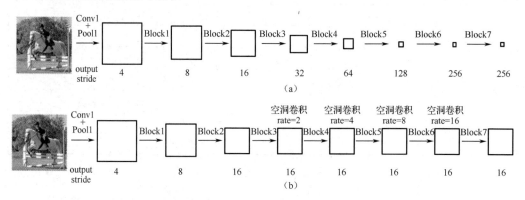

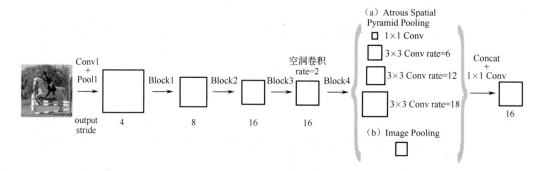

图 12.7 Deeplabv3 的串行结构

在 DeepLabv3 中，其在 DeepLabv2 的 ASP 中添加了 BN 层，在并行结构中使用了一个 1×1 卷积和 3 个 3×3 的采样率为 rates={6,12,18}的空洞卷积，如图 12.8 所示为 DeepLabv3 的并行结构，本实验采用并行结构进行模型转换与测试。

图 12.8 DeepLabv3 的并行结构

本次转换使用的是 github 上提供的 PyTorch 结构网络模型，支持多种网络输入尺寸，IDE 输入设置为 513×513，模型转换后在 VOC2012 数据集上的模型测试结果为：平均交并比（计算所有类别图像分割结果与真实分割结果的交并比，mIOU）为 82.76%，参数量为 58MB，FLOPs 为 142GFLOPS。

3．模型信息

DeepLabv3 的模型信息如下。

● 模型训练框架：PyTorch；

● 输入格式：RGB；

- 输入尺寸：513×513；
- 均值 RGB：124，116，103；
- 方差 RGB：57.856；
- 卷积层类型：普通卷积、残差结构、空洞卷积；
- 激活函数：ReLU。

4．模型转换

1）准备工作

由于原始模型是 PyTorch 模型，需要先将其转换成 ONNX 模型。PyTorch 支持直接导出 ONNX 模型，在 PyTorch 代码中加入如下代码，用于生成 ONNX 模型，即 deeplabv3.onnx。

```
dummy_input=torch.rand(1,3,513,513)
torch.onnx.export(model,dummy_input,"./deeplabv3.onnx",export_params=True,
                 keep_initializers_as_inputs=True,opset_version=11)
```

2）模型导入

导入模型时调用的是 load_onnx 接口，在调用该接口之前需要先创建 HXNN 实例，创建 HXNN 实例时可以指定 device 类型是 "CPU" 或者 "GPU"，调用代码如下。

```
# create hxnn object
hxnn = HXNN(device="CPU")
# load model
hxnet = hxnn.load_onnx("deeplabv3.onnx")
```

5．模型剪枝和量化

1）剪枝

实现模型剪枝的代码如下，裁剪网络 30%的权重，裁剪对象是单个参数。

```
# run prune
prunet = hxnn.prune(prune_percent=30, prune_level='element')
```

2）量化

实现模型量化的代码如下，其中使用了动态定点（dynamic_fixed_point）方法，数据类型是 int8。

```
hxnn.quantize(batch_size=2,dataset='quantize.txt',quantizer='dynamic_fixed_point', qtype='int8')
```

6．模型推理

推理模型时调用的接口是 inference，需要指定网络输入数据的 batch_size，代码如下。

```
nn.inference([image], batch_size=16)
```

7. 模型测试

DeepLabv3 是语义分割模型，采用 mIOU 进行评价，在 VOC2012 数据集上统计 mIOU 评价指标。该模型的测试结果如表 12.9 所示。

表 12.9　DeepLabv3 模型的测试结果

量化方法和类型	裁剪比例/%	mIOU
PyTorch	0	82.76
float32 未量化	0	82.76
asymmetric_affine，uint8	0	82.72
	10	82.64
	20	82.42
	30	82.08

以 VOC2007 数据集中的图片为例，模型转换、量化、剪枝的测试演示图片如图 12.9 所示。

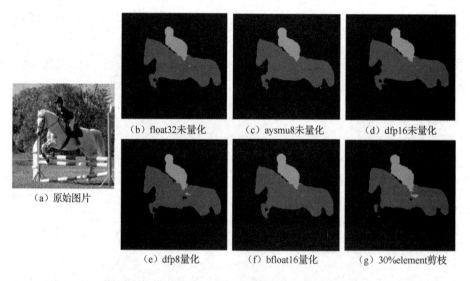

（a）原始图片　（b）float32未量化　（c）aysmu8未量化　（d）dfp16未量化　（e）dfp8量化　（f）bfloat16量化　（g）30%element剪枝

图 12.9　模型转换、量化和剪枝的测试演示图片

8. 模型导出

神经网络模型最终是要部署在 HXAI 系统上进行使用的。在完成了导入、剪枝、量化，并且测试结果正常可接受之后，需要将模型导出，产生 HXNN 格式的模型，用来在实际芯片上进行推理。模型导出代码如下。

```
hxnn.export_hxnn(output_path="deeplabv3.hxnn")
```

12.7.5　汽车检测示例

1．模型介绍

该网络模型来自论文 *YOLOv3: An Incremental Improvement*。

随着智能交通视觉系统的发展，视频监控将越来越趋向于使用图像处理技术进行实时监测。摄像头具有价格便宜、容易部署、容易监控多个目标、后期维护方便等特点，节约了大量的人力使用成本，本汽车检测示例使用百度飞桨提供的预训练模型，在此基础上进行二次开发，并进行模型转换，实现车辆检测。

2．模型结构

YOLOv3 的主干网络结构参见图 12.6，下面以 256×256 输入为例进行介绍。

本次转换使用的是飞桨官方 Vehicle 汽车检测示例，网络输入尺寸是 608×608，YOLOv3 在 608×608 输入的情况下，其网络性能评价指标如表 12.10 所示。

表 12.10　YOLOv3 的网络性能评价指标

模　　型	输　入　尺　寸	mAP	参　　数	FLOPs
汽车检测（YOLOv3）	608×608	54.5%	61.6MB	70.59GFLOPS

3．模型信息

Vehicle 案例模型信息如下。

- 模型训练框架：PyTorch；
- 输入格式：RGB；
- 输入尺寸：608×608；
- 均值 RGB：104，116，124；
- 方差 RGB：57.856；
- 卷积层类型：普通卷积、残差结构、空洞卷积；
- 激活函数：LeakyReLU。

4．模型转换

1）准备工作

将飞桨模型转换为 ONNX 模型，具体步骤如下所示。

（1）将预训练模型文件放入/PaddleDetection-release-2.1/configs/vehicle 文件夹中。

（2）打开 yolo.py 文件，在其中加入 return yolo_head_outs 语句，如下所示。

```
        bbox, bbox_num = self.post_process(
            yolo_head_outs, self.yolo_head.mask_anchors,
            self.inputs['im_shape'], self.inputs['scale_factor'])
        output = {'bbox': bbox, 'bbox_num': bbox_num}
        return yolo_head_outs
    #return output
```

（3）运行 export_model.py 文件，运行参数的设置如下所示。

```
-c ../configs/vehicle/vehicle_yolov3_darknet.yml -o weights="../configs/vehicle/vehicle_yolov3_darkn
et.pdparams" TestReader.inputs_def.image_shape=[3,608,608] --output_dir ../configs/vehicle/onnx_model
```

运行完 export_model.py 文件后，将在 PaddleDetection-release-2.1/configs/vehicle/onnx_model/vehicle_yolov3_darknet 文件夹中生成图 12.10 所示的文件。

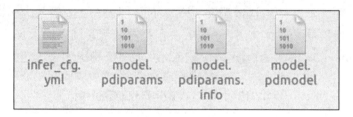

图 12.10　导出的模型文件

（4）安装 paddle2onnx 工具，在（3）中的 model.pdiparams 文件夹中执行以下命令生成 ONNX 模型。

```
paddle2onnx --model_dir ./ --model_filename model.pdmodel --params_filename model.pdiparams
--opset_version 11    --save_file vehicle.onnx
```

（5）执行以下命令更改 ONNX 模型的输入维度为（1，3，608，608），至此转换为 ONNX 模型的步骤完成。

```
import onnx.utils
model = onnx.load('/media/wuerj/hdisk_f/PaddleDetection-release-2.1/configs/vehicle/onnx_model/ve
hicle_yolov3_darknet/vehicle.onnx')
model.graph.input[0].type.tensor_type.shape.dim[0].dim_value =1
print(model.graph.input)
onnx.save(model,'/media/wuerj/hdisk_f/PaddleDetection-release-2.1/configs/vehicle/onnx_model/vehicl
e_yolov3_darknet/vehicle.onnx')
```

2）模型导入

导入模型时调用的是 load_onnx 接口，调用该接口之前需要先创建 HXNN 实例，创建 HXNN 实例时可以指定 device 类型是"CPU"或者"GPU"，实现代码如下。

```
# create hxnn object
hxnn = HXNN(device="CPU")
# load model
hxnn.load_onnx("vehicle.onnx")
```

5．模型剪枝和量化

1）剪枝

实现模型剪枝的代码如下，裁剪网络 30%的权重，裁剪对象是单个参数。

```
# run prune
hxnn.prune(prune_percent=30, prune_level='element')
```

2）量化

实现模型量化的代码如下，其中使用了动态定点（dynamic_fixed_point）方法，数据类型是 int8。

```
hxnn.quantize(batch_size=2,dataset='quantize.txt',quantizer='dynamic_fixed_point', qtype='int8')
```

6．模型推理

推理模型时调用的是 inference 接口，需要指定网络输入数据的 batch_size，实现代码如下。

```
nn.inference([image], batch_size=16)
```

7．模型测试

以马路上的监控图片为例，模型转换、量化、剪枝后的汽车检测效果如图 12.11 所示。

原始图片

float测试结果

bfloat16量化结果

dfp16量化测试结果

aysmu8量化测试结果

dfp8量化测试结果

30%element剪枝测试结果

图 12.11　模型转换、量化、剪枝后的汽车检测效果

8．模型导出

神经网络模型最终是要部署在 HXAI 系统上进行使用的。在完成了导入、剪枝、量化，并且测试结果正常可接受之后，需要将模型导出，产生 HXNN 格式的模型，用来在实际芯片上进行推理。模型导出代码如下。

```
hxnn.export_hxnn(output_path="vehicle.hxnn")
```

导出完成之后，会产生 vehicle.hxnn 模型。

12.7.6　OpenPose 网络示例

1．模型介绍

OpenPose 模型来自论文 *OpenPose: Realtime Multi-Person 2D Pose Estimation using Part Affinity Fields*。

OpenPose 人体姿态识别项目是美国卡内基梅隆大学（CMU）基于卷积神经网络和监督学习并以 Caffe 为框架开发的开源库，可以实现人体动作、面部表情、手指运动等姿态估计，适用于单人和多人，具有极好的鲁棒性。

2．模型结构

如图 12.12 所示为 OpenPose 模型的结构。

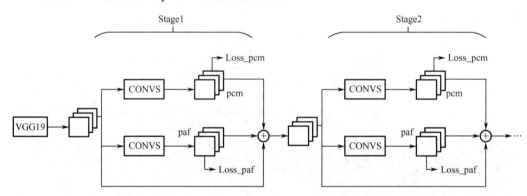

图 12.12　OpenPose 模型的结构

首先由主干网络 VGG19 提取图片的特征，然后进入 Stage 模块。Stage 是一些串行的模块，每个模块的结构和功能都是一样的。分为两个 branch（支路），一个 branch 生成 pcm，一个 branch 生成 paf。其中，pcm 是关键点图，即 part confidence map，用来表征关键点的位置；而 paf 则是 OpenPose 的核心，是 OpenPose 区别于其他关键点检测框架的最大特性，可以翻译为关键点的亲和力场，即肢干图。每个 Stage 模块的 pcm 和 paf 都会进行 Loss 求解。最后总的 Loss 是所有 Loss 的和。

本模型可以实现的功能是：读入一张图片，经过预处理、特征提取与训练后，得出人体 25 个关键点，以及相应肢干，并与输入图片一起展示出来。25 个关键点和相应肢干如图 12.13 所示。

3．模型信息

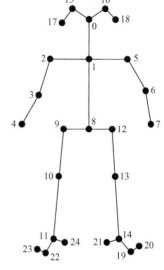

OpenPose 的模型信息如下。

- 模型训练框架：Caffe；
- 输入格式：RGB；
- 输入尺寸：368×576；
- 均值 RGB：0，0，0；
- 方差 RGB：255，255，255；
- 卷积层类型：普通卷积、残差结构；
- 激活函数：ReLU、PRELU。

4．模型转换

1）准备工作

图 12.13　25 个关键点和相应肢干

由于原始模型是 Caffe 模型，所以不需要进行模型转换，HXAI 工具链直接支持 Caffe。

2）模型导入

导入模型时调用的是 load_caffe 接口，调用该接口之前需要先创建 HXNN 实例，创建 HXNN 实例时可以指定 device 类型是 "CPU" 或者 "GPU"，实现代码如下。

```
#create hxnn object

hxnn=HXNN(device='CPU')

#load model

hxnn.load_caffe("openpose.caffemodel"，"openpose.prototxt")
```

5．模型剪枝和量化

1）剪枝

实现模型剪枝的代码如下，裁剪网络 20%的权重，裁剪对象是单个参数。

```
#run prune

hxnn.prune(prune_percent=20，prune_level='element')
```

2）量化

实现模型量化的代码如下，其中使用了 bfloat16 量化方法，数据类型是 bfloat16。

```
hxnn.quantize(batch_size=2，dataset='quantize.txt'，quantizer='bfloat16'，
qtype='bfloat16')
```

6．模型推理

推理模型时调用的接口是 inference，需要指定网络输入数据的 batch_size，实现代码如下。

```
hxnn.inference([image]，batch_size=1)
```

7．模型测试

以一张包含人体的图片作为模型的输入，得到对其姿态估计的结果图，观察效果。图 12.14 是输入图片，得到的结果如图 12.15 所示。可以看出，转换后的模型对人体的姿态估计是较为准确的。

图 12.14　输入图片

图 12.15　得到的结果

8．模型导出

神经网络模型最终是要部署在 HXAI 系统上进行使用的。在完成了导入、剪枝、量化，并且测试结果正常可接受之后，需要将模型导出，产生 HXNN 格式的模型，用来在实际芯片上进行推理。模型导出代码如下。

```
hxnn.export_hxnn(output_path="openpose.hxnn")
```

导出完成之后，会产生 openpose.hxnn 模型。

12.7.7　人脸检测 RetinaFace 网络示例

1．模型介绍

RetinaFace 是由 InsightFace 于 2019 年提出的面向人脸及关键点检测领域的算法。RetinaFace 是一种稳健的单阶段人脸检测算法，该算法利用多任务联合额外监督学习和自监督学习的优点，可以对不同尺度的人脸进行像素级定位。该算法来自论文 *RetinaFace: Single-stage Dense Face Localisation in the Wild*。该算法的网络结构如图 12.16 所示，它融合了特征金字塔网络、上下文模块和任务联合等优秀的建模思想。

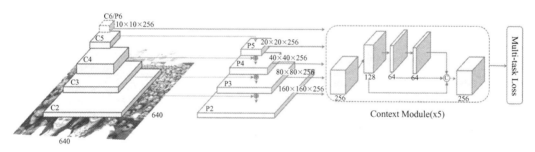

图 12.16　RetinaFace 算法的网络结构

2．模型结构

在 RetinaFace 算法的特征提取网络中，采用了从 P2 到 P6 特征金字塔的五个等级，其中 P2 到 P5 是由相应的残差连接网络的输出特征图（C2 到 C6）分别自上而下和横向连接计算得到的。P6 是通过 C5 采用 Stride 的 3×3 卷积核进行卷积采样得到的。C1 到 C5 使用了 ResNet-512 在 ImageNet-11 数据集上经过预训练的残差层。RetinaFace 算法使用了 5 个独立的上下文模块（Context Module），分别对应 P2 到 P6 五个特征金字塔级别，用来增加感受野的作用域和增强鲁棒的上下文语义分割能力。另外使用了可变形卷积网络（Deformable Convolutional Network，DCN）来代替上下文模块中的 3×3 卷积层，进一步加强了上下文的建模能力。

RetinaFace 算法改进了基于传统物体检测的 RetinaNet 网络，为提高精度增加了

SSH 模块，其中以三种基础网络（resnet50/resnet152/mobilenet(0.25)）作为主干网络（Backbone）。RetinaFace 在 Wider Face 验证和测试子集上的精确召回曲线如图 12.17 所示。Wider Face 是一个人脸检测基准（Bench-mark）数据集，也是世界上数据规模最大的权威人脸检测平台，它根据图片中的人脸检测难度分为了容易（Easy）、中等（Medium）和困难（Hard）三个等级。上述论文中 RetinaFace 在 Wider Face 人脸验证集上的几种不同设置的性能如表 12.11 所示。

表 12.11　RetinaFace 在 Wider Face 人脸验证集上的几种不同设置的性能

方　法	Easy	Medium	Hard	mAP
FPN+Context	95.532	95.134	90.714	50.842
+DCN	96.349	95.833	91.286	51.522
+Lpts	96.467	96.075	91.694	52.297
+Lpixel	96.413	95.864	91.276	51.492
+Lpts + Lpixel	96.942	96.175	91.857	52.318

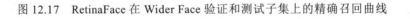

（a）Val：Easy	（b）Val：Medium	（c）Val：Hard
（d）Test：Easy	（e）Test：Medium	（f）Test：Hard

图 12.17　RetinaFace 在 Wider Face 验证和测试子集上的精确召回曲线

3．模型信息

本次模型转换使用的原始模型来源于 Pytorch_RetinaFace，使用其 mobilenet0.25_Final.pth 和 Resnet50_Final.pth。

1）准备工作

以下运行脚本：

```
python convert_to_onnx.py
```

将 mobilenet0.25_Final.pth 和 Resnet50_Final.pth 分别转换为 ONNX 模型，得到
retinaface_mobile0.25.onnx 和 retinaface_resnet50.onnx，为进行量化转换做准备。下
面以 retinaface_mobile0.25.onnx 为例进行转换。

retinaface_mobile0.25.onnx 的模型信息如下。

- 模型框架格式：ONNX；
- 输入尺寸：1080×1920×3；
- 输入格式：RGB；
- 均值 RGB：103.53，116.28，123.675；
- 方差 RGB：1，1，1；
- 卷积层类型：普通卷积、DCN 卷积、UpsampleLike、SSH 模块；
- 模型大小：1.67MB；
- 激活函数：LeakyReLU。

2）模型导入

导入模型时调用的是 load_onnx 接口，调用该接口之前需要先创建 HXNN 实例，
创建 HXNN 实例时可以指定 device 类型是 "CPU" 或者 "GPU"，实现代码如下。

```
# create hxnn object
nn = HXNN(device="CPU")
# load model
nn.load_onnx(modelpath)
```

4. 模型剪枝和量化

1）剪枝

实现模型剪枝的代码如下，裁剪网络 20%的权重，裁剪对象是单个参数。

```
# run prune
nn.prune(prune_percent=20, prune_level='element')
```

2）量化

实现模型量化的代码如下，其中使用了非对称量化（asymmetric_affine）方法，
数据类型是 uint8。

```
nn.quantize(batch_size=1,dataset='quantize.txt',quantizer=' asymmetric_affine', qtype='uint8')
```

5．模型推理

推理模型时调用的接口是 inference，需要指定网络输入数据的 batch_siz，实现代码如下。

```
nn.inference([image], batch_size=1)
```

6．模型测试

RetinaFace 是人脸关键点检测模型，采用导出人脸关键点检测结果进行评价。

以 mobilenet0.25 作为主干网络时单一尺度在 Wider Face 上的验证性能如表 12.12 所示。

表 12.12　以 mobilenet0.25 作为主干网络时单一尺度在 Wider Face 上的验证性能

量化方法和类型	裁剪比例/%	Easy	Medium	Hard
float32	0	0.7232	0.7407	0.689
asymmetric_affine，uint8	0	0.6086	0.605	0.5457
	10	0.5637	0.5547	0.511
	15	0.5429	0.5232	0.4645
	20	0.5053	0.501	0.4345
dynamic_fixed_point，int8	0	0.5638	0.5531	0.4902
	10	0.5230	0.5142	0.4698
	15	0.5	0.48	0.425
	20	0.4594	0.4633	0.4122
dynamic_fixed_point，int16	0	0.7227	0.7399	0.6886
	10	0.7447	0.752	0.7023
	15	0.7528	0.7552	0.6971
	20	0.6949	0.7094	0.6497

7．模型导出

神经网络模型最终是要部署在 HXAI 系统上进行使用的。在完成了导入、剪枝、量化，并且测试结果正常可接受之后，需要将模型导出，产生 HXNN 格式的模型，用来在实际芯片上进行推理。模型导出代码如下。

```
hxnn.export_hxnn(output_path=" retinaface_mobile0.25.hxnn")
```

导出完成之后，会产生 retinaface_mobile0.25.hxnn 模型。

12.7.8　RNN 手写数字识别案例

1．模型介绍

RNN 全称为 Recurrent Neural Network，即循环神经网络，它是一种对序列进行建模的深度学习模型。RNN 主要用于图像处理、视频处理、文本生成，语言模型、机器翻译、语音识别、图像描述生成、文本相似度计算、音乐及商品推荐等诸多领域。

2．模型结构

RNN 单输入单输出模型如图 12.18 所示。在每一步，我们都输入单词 w_i，同时，经过公式 $h_{i+1}=\mathrm{sigmoid}(W\times h_i+U\times x_i+b)$。这里，$x_i$ 表示在第 i 步输入的单词，h_i 表示当前的隐藏层权值向量，h_{i+1} 表示输出。

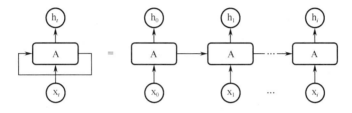

图 12.18　RNN 单输入单输出模型

本次转换使用隐藏层个数为 128 的 RNN 模型，输入图像的尺寸为 28×28×1，输出尺寸为 10×1。RNN 模型网络性能指标如表 12.13 所示。

表 12.13　RNN 模型的网络性能指标

模　型	输 入 尺 寸	层神经元数	准　确　率	参　数	FLOPs
RNN	28×28×1	128	94.01%	21386	42517

3．模型信息

本 RNN 案例的模型信息如下。

- 模型训练框架：TensorFlow；
- 输入格式：GREY；
- 输入尺寸：28×28×1；
- 均值 RGB：0，0，0；
- 方差：255；
- 激活函数：tanh。

4．模型转换

1）准备工作

执行以下命令，将训练好的 CKPT 模型转换为所需的 rnn.pb 模型。

```
def freeze_graph(input_checkpoint, output_graph):
    output_node_names = "pp"
    saver = tf.train.import_meta_graph(input_checkpoint + '.meta', clear_devices=True)
    graph = tf.get_default_graph()  # 获得默认的图
    input_graph_def = graph.as_graph_def()  # 返回一个序列化的图代表当前的图
    with tf.Session() as sess:
        saver.restore(sess, input_checkpoint)  # 恢复图并得到数据
        tensor_name_list = [tensor.name for tensor in sess.graph.as_graph_def().node]
        print(tensor_name_list)
        output_graph_def = graph_util.convert_variables_to_constants(  # 模型持久化, 将变量
值固定
            sess=sess,
            input_graph_def=input_graph_def,  # 等于:sess.graph_def
            output_node_names=output_node_names.split(","))  # 如果有多个输出节点, 以逗号
隔开
        with tf.gfile.GFile(output_graph, "wb") as f:  # 保存模型
            f.write(output_graph_def.SerializeToString())  # 序列化输出
        print("%d ops in the final graph." % len(output_graph_def.node))

if __name__ == '__main__':
    input_checkpoint = './trained_model_1632289435/checkpoints/model-150'
    out_pb_path = "./rnn.pb"
    freeze_graph(input_checkpoint, out_pb_path)
```

2）模型导入

导入模型时调用的是 load_tensorflow 接口，调用该接口之前需要先创建 HXNN
实例，创建 HXNN 实例时可以指定 device 类型是"CPU"或者"GPU"，实现代码
如下。

```
# create hxnn object
nn = HXNN(device="CPU")
nn.load_tensorflow('./rnn.pb',inputs='x', input_size_list='28,28', outputs='pp')
```

5. 模型剪枝和量化

1）剪枝

实现模型剪枝的代码如下，裁剪网络 30%的权重，裁剪对象是单个参数。

```
# run prune
hxnn.prune(prune_percent=30, prune_level='element')
```

2）量化

实现模型量化的代码如下，其中使用了非对称量化（asymmetric_affine）方法，
数据类型是 uint8。

```
hxnn.quantize(dataset='quantize.txt',quantizer=' asymmetric_affine ', qtype='uint8')
```

6．模型推理

推理模型时调用的接口是 inference，实现代如下。

```
for i in range(len(mnist.test.images)):
        inputs = mnist.test.images[i].reshape(28, 28)
        target = mnist.test.labels[i]
        target = torch.from_numpy(target).long()
        tensors1 = nn.inference([inputs[np.newaxis,]])
        output = tensors1[0][1]
        print(output)
```

7．模型测试

模型的测试结果如表 12.14 所示。

表 12.14　模型的测试结果

量化方法和类型	裁剪比例/%	精　确　度
TensorFlow	0	94.01
float32 未量化	0	94.01
asymmetric_affine，uint8	0	93.91
	10	93.66
	20	93.09
	30	89.7

8．模型导出

神经网络模型最终是要部署在 HXAI 系统上进行使用的。在完成了导入、剪枝、量化，并且测试结果正常可接受之后，需要将模型导出，产生 HXNN 格式的模型，用来在实际芯片上进行推理。模型导出代码如下。

```
hxnn.export_hxnn(output_path="rnn.hxnn")
```

导出完成之后，会产生 rnn.hxnn 模型。

12.7.9　LSTM 手写数字识别案例

1．模型介绍

由于 RNN 随着训练时间的加长以及层数的增多，存在"梯度消失"和"梯度爆炸"的问题，因而无法随着距离的扩大学会关联信息，所以提出 LSTM（Long Short-Term Memory）网络，即通过长短期记忆网络来解决这个问题，它是一种特殊的 RNN，能够学习长期依赖性。LSTM 网络的关键是神经元状态水平线贯穿图的顶部，只有一些微小的线性相互作用，信息很容易沿着它不变地流动，从而保证其长期依赖性。LSTM 网络主要用于文本生成、机器翻译、语音识别、生成图像描述、视频标记等领域。

2. 模型结构

LSTM 网络的整体逻辑和 RNN 类似，都会经过一个闭合的隐藏中间单元，不同的是 RNN 中只有隐藏权值 h，而 LSTM 网络中却加入了 3 个门控单元来解决 RNN 的 "梯度消失" 和 "梯度爆炸" 现象。LSTM 网络的模型结构如图 12.19 所示。

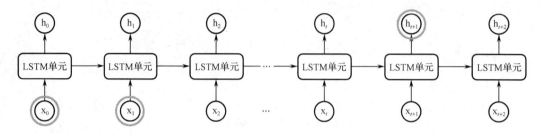

图 12.19　LSTM 网络的模型结构

每一个 LSTM 单元包括三个门控单元，即输入门、输出门、遗忘门。下面分别加以介绍。

输入门的结构如图 12.20 所示，先用 sigmoid 建立一个输入门层，决定什么值我们将要更新，接着用 tanh 建立一个候选值向量，并将其加入状态中。

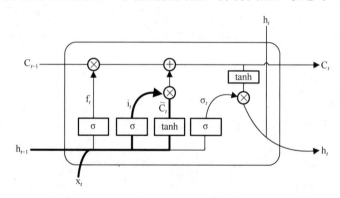

图 12.20　LSTM 输入门的结构

遗忘门表示我们希望什么样的信息可以保留,什么样的信息可以遗忘或者通过,此处使用的激活函数是 sigmoid，如图 12.21 所示。

将以上两层进行汇总，并更新 C_t，如图 12.22 所示。

最后为输出层，更新网络的输出数据，如图 12.23 所示。

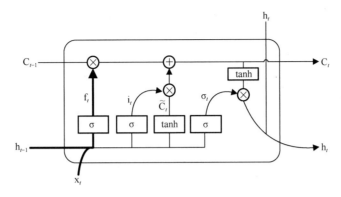

图 12.21　LSTM 遗忘门的结构

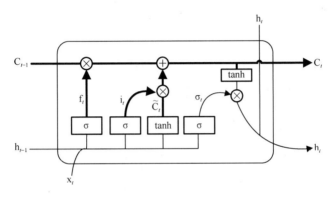

图 12.22　处理输入门与遗忘门

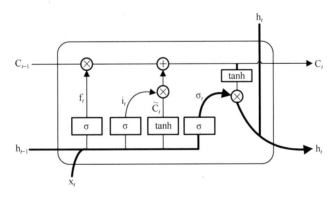

图 12.23　LSTM 输出门的结构

本次转换使用隐藏层个数为 128 的 LSTM 的网络模型，输入图像的尺寸为 28×28×1，其网络性能指标如表 12.15 所示。

表 12.15　LSTM 网络的网络性能指标

模　　型	输 入 尺 寸	层神经元数	准　确　率	参　　数	FLOPs
LSTM	28×28×1	128	94.01%	81674	162325

3．模型信息

本 LSTM 案例的模型信息如下。

- 模型训练框架：TensorFlow；
- 输入格式：GREY；
- 输入尺寸：28×28×1；
- 均值 RGB：0，0，0；
- 方差：255；
- 激活函数：tanh。

4．模型转换

1）准备工作

执行以下命令，将训练好的 CKPT 模型转换为所需的 lstm.pb 模型。

```
def freeze_graph(input_checkpoint, output_graph):
    output_node_names = "pp"
    saver = tf.train.import_meta_graph(input_checkpoint + '.meta', clear_devices=True)
    graph = tf.get_default_graph()   # 获得默认的图
    input_graph_def = graph.as_graph_def()   # 返回一个序列化的图代表当前的图
    with tf.Session() as sess:
        saver.restore(sess, input_checkpoint)   # 恢复图并得到数据
        tensor_name_list = [tensor.name for tensor in sess.graph.as_graph_def().node]
        print(tensor_name_list)
        output_graph_def = graph_util.convert_variables_to_constants(   # 模型持久化，将变量
值固定

            sess=sess,
            input_graph_def=input_graph_def,   # 等于:sess.graph_def
            output_node_names=output_node_names.split(","))   # 如果有多个输出节点，以逗号
隔开

        with tf.gfile.GFile(output_graph, "wb") as f:   # 保存模型
            f.write(output_graph_def.SerializeToString())   # 序列化输出
        print("%d ops in the final graph." % len(output_graph_def.node))

    if __name__ == '__main__':
        input_checkpoint = './trained_model/checkpoints/model-150'
        out_pb_path = "./lstm.pb"
        freeze_graph(input_checkpoint, out_pb_path)
```

2）模型导入

导入模型时调用的是 load_tensorflow 接口，调用该接口之前需要先创建 HXNN 实例，创建 HXNN 实例时可以指定 device 类型是 "CPU" 或者 "GPU"，实现代码如下。

```
# create hxnn object
nn = HXNN(device="CPU")
lstm = nn.load_tensorflow('./lstm.pb',inputs='x', input_size_list='28,28', outputs='pp')
```

5．模型剪枝和量化

1）剪枝

实现模型剪枝的代码如下，裁剪网络 30%的权重，裁剪对象是单个参数。

```
# run prune
prunet = hxnn.prune(prune_percent=30, prune_level='element')
```

2）量化

实现模型量化的代码如下，其中使用了非对称量化（asymmetric_affine）方法，数据类型是 uint8。

```
hxnn.quantize(dataset='quantize.txt',quantizer=' asymmetric_affine ', qtype='uint8')
```

6．模型推理

推理模型时调用的接口是 inference，实现代码如下。

```
for i in range(len(mnist.test.images)):
    inputs = mnist.test.images[i].reshape(28, 28)
    target = mnist.test.labels[i]
    target = torch.from_numpy(target).long()
    tensors1 = nn.inference([inputs[np.newaxis,]])
    output = tensors1[0][1]
    print(output)
```

7．模型测试

模型的测试结果如表 12.16 所示。

表 12.16　模型的测试结果

量化方法和类型	裁剪比例/%	精　确　度
TensorFlow	0	98.15
float32 未量化	0	98.15
asymmetric_affine，uint8	0	97.32
	10	97.37
	20	97.31
	30	97.34

8. 模型导出

神经网络模型最终是要部署在 HXAI 系统上进行使用的。在完成了导入、剪枝、量化，并且测试结果正常可接受之后，需要将模型导出，产生 HXNN 格式的模型，用来在实际芯片上进行推理。模型导出代码如下。

```
hxnn.export_hxnn(output_path="lstm.hxnn")
```

导出完成之后，会产生 lstm.hxnn 模型。

12.7.10 RNN 语句情感分类推理案例

1. 模型介绍

RNN 模型介绍与基本模型结构见 12.7.8 节相关内容。

本案例模型在进行推理前需要对输入语句（sentence）进行预处理，其流程如图 12.24 所示，步骤如下。

（1）根据 stopwords 列表去除语句中对情感分析用处不大的单词，减少数据；

（2）使用 vocab.txt 将每个单词映射为一个索引值，控制输出索引个数，使其小于 23，不足 23 的位补 0，输出的维度为(1,23)；

（3）使用 embedding_lookup 对索引张量进行映射，输出的维度为(1,23,50);

（4）进入 RNN 推理，RNN 隐藏层设置为 128，输出为 2 个类别（积极、消极）的预测值。

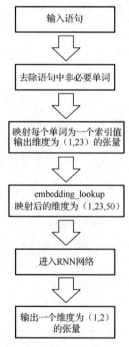

图 12.24　RNN 情感分析推理流程

本次转换使用隐藏层个数为 128 的 RNN 模型，预处理后的数据输入尺寸为 1×23，网络性能指标如表 12.17 所示。

表 12.17 网络性能指标

模 型	输 入 尺 寸	层神经元数	准 确 率	参 数	FLOPs
RNN	1×23	128	90.8	24320	1100563

3．模型信息

RNN 语句情感识别案例的模型信息如下。

- 模型训练框架：TensorFlow；
- 输入格式：txt；
- 输入尺寸：1×23；
- 均值：0；
- 方差：1；
- 激活函数：sigmoid。

4．模型转换

1）准备工作

执行以下命令，将训练好的 CKPT 模型转换为所需的 rnn_sentiment.pb 模型。

```
def freeze_graph(input_checkpoint, output_graph):
    output_node_names = "pp"
    saver = tf.train.import_meta_graph(input_checkpoint + '.meta', clear_devices=True)
    graph = tf.get_default_graph()  # 获得默认的图
    input_graph_def = graph.as_graph_def()  # 返回一个序列化的图代表当前的图
    with tf.Session() as sess:
        saver.restore(sess, input_checkpoint)  # 恢复图并得到数据
        tensor_name_list = [tensor.name for tensor in sess.graph.as_graph_def().node]
        print(tensor_name_list)
        output_graph_def = graph_util.convert_variables_to_constants(  # 模型持久化，将变量
值固定
            sess=sess,
            input_graph_def=input_graph_def,  # 等于:sess.graph_def
            output_node_names=output_node_names.split(","))  # 如果有多个输出节点，以逗号
隔开
        with tf.gfile.GFile(output_graph, "wb") as f:  # 保存模型
            f.write(output_graph_def.SerializeToString())  # 序列化输出
        print("%d ops in the final graph." % len(output_graph_def.node))

    if __name__ == '__main__':
    input_checkpoint = './models/pretrained_model-50000'
    out_pb_path = "./rnn_sentiment.pb"
    freeze_graph(input_checkpoint, out_pb_path)
```

2）模型导入

导入模型时调用的是 load_tensorflow 接口，调用该接口之前需要先创建 HXNN 实例。创建 HXNN 实例时可以指定 device 类型是"CPU"或者"GPU"，实现代码如下。

```
# create hxnn object
nn = HXNN(device="CPU")
rnn = nn.load_tensorflow('./rnn_sentiment.pb',inputs='x', input_size_list='23', outputs='pp')
```

5．模型剪枝和量化

1）剪枝

实现模型剪枝的代码如下，裁剪网络 30%的权重，裁剪对象是单个参数。

```
# run prune
prunet = hxnn.prune(prune_percent=30, prune_level='element')
```

2）量化

实现模型量化的代码如下，其中使用了非对称量化（asymmetric_affine）方法，数据类型是 uint8。

```
hxnn.quantize(dataset='quantize.txt',quantizer=' asymmetric_affine ', qtype='uint8')
```

6．模型推理

把数据送入模型进行推理的代码如下。

```
sentence_data=np.load("../rnn_sentiment/test.npy")
sentence_data= sentence_data.astype(np.int32)
tensor_out=nn.inference([sentence_data])
print(tensor_out)
```

7．模型测试

模型的测试结果如表 12.18 所示。

表 12.18 模型的测试结果

量化方法和类型	裁剪比例/%	精 确 度
TensorFlow	0	90.8
float32 未量化	0	90.8
asymmetric_affine，uint8	0	89.7
	10	89.7
	20	89.4
	30	89.4

8．模型导出

神经网络模型最终是要部署在 HXAI 系统上进行使用的。在完成了导入、剪枝、量化，并且测试结果正常可接受之后，需要将模型导出，产生 HXNN 格式的模型，用来在实际芯片上进行推理。模型导出代码如下。

```
hxnn.export_hxnn(output_path="rnn_sentiment.hxnn",pre_build=False)
```

导出完成之后，会产生 rnn_sentiment.hxnn 模型。

12.7.11　LSTM 语句情感分类推理案例

1．模型介绍

LSTM 模型介绍与基本模型结构见 12.7.9 节相关内容。

本案例模型在进行推理前需要对输入语句进行预处理，其流程如图 12.25 所示，步骤如下。

（1）根据 stopwords 列表去除语句中对情感分析用处不大的单词，减少数据；

（2）使用 vocab.txt 将每个单词映射为一个索引值，控制输出索引个数，使其小于 23，不足 23 的位补 0，输出的维度为 size(1,23)；

（3）使用 embedding_lookup 对索引张量进行映射，输出的维度为(1,23,50)；

（4）进入 LSTM 推理，设置 LSTM 网络的隐藏层为 128 个，输出为 2 个类别（积极、消极）的预测值。

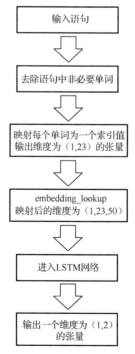

图 12.25　LSTM 情感分析推理流程

　　本次转换使用隐藏层个数为 128 的 LSTM 网络模型，预处理后的数据输入尺寸为 1×23，其网络性能指标如表 12.19 所示。

表 12.19　LSTM 网络模型的网络性能指标

模　　型	输 入 尺 寸	层神经元数	准 确 率	参　　数	FLOPs
LSTM	1×23	128	92.6	93056	4405011

3．模型信息

LSTM 语句情感识别案例的模型信息如下。

- 模型训练框架：TensorFlow；
- 输入格式：txt；
- 输入尺寸：1×23；
- 均值：0；
- 方差：1；
- 激活函数：tanh。

4．模型转换

1）准备工作

执行以下命令，将训练好的 CKPT 模型转换为所需的 lstm_sentiment.pb 模型。

```
def freeze_graph(input_checkpoint, output_graph):
    output_node_names = "pp"
    saver = tf.train.import_meta_graph(input_checkpoint + '.meta', clear_devices=True)
    graph = tf.get_default_graph()   # 获得默认的图
    input_graph_def = graph.as_graph_def()   # 返回一个序列化的图代表当前的图
    with tf.Session() as sess:
        saver.restore(sess, input_checkpoint)   # 恢复图并得到数据
        tensor_name_list = [tensor.name for tensor in sess.graph.as_graph_def().node]
        print(tensor_name_list)
        output_graph_def = graph_util.convert_variables_to_constants(   # 模型持久化，将变量
值固定
            sess=sess,
            input_graph_def=input_graph_def,   # 等于:sess.graph_def
            output_node_names=output_node_names.split(","))   # 如果有多个输出节点，以逗号
隔开

        with tf.gfile.GFile(output_graph, "wb") as f:   # 保存模型
            f.write(output_graph_def.SerializeToString())   # 序列化输出
        print("%d ops in the final graph." % len(output_graph_def.node))


if __name__ == '__main__':
    input_checkpoint = './models/pretrained_model-50000'
    out_pb_path = "./lstm_sentiment.pb"
    freeze_graph(input_checkpoint, out_pb_path)
```

2）模型导入

导入模型时调用的是 load_tensorflow 接口，调用该接口之前需要先创建 HXNN 实例，创建 HXNN 实例时可以指定 device 类型是"CPU"或者"GPU"，实现代码如下。

```
# create hxnn object
nn = HXNN(device="CPU")
lstm = nn.load_tensorflow('./lstm_sentiment.pb',inputs='x', input_size_list='23', outputs='pp')
```

5．模型剪枝和量化

1）剪枝

实现模型剪枝的代码如下，裁剪网络 30% 的权重，裁剪对象是单个参数。

```
# run prune
prunet = hxnn.prune(prune_percent=30, prune_level='element')
```

2）量化

实现模型量化的代码如下，其中使用了非对称量化（asymmetric_affine）方法，数据类型是 uint8。

```
hxnn.quantize(dataset='quantize.txt',quantizer=' asymmetric_affine ', qtype='uint8')
```

6．模型推理

把数据送入模型进行推理的代码如下。

```
sentence_data=np.load("../lstm_sentiment/test.npy")
sentence_data= sentence_data.astype(np.int32)
tensor_out=nn.inference([sentence_data])
print(tensor_out)
```

7．模型测试

模型的测试结果如表 12.20 所示。

表 12.32　模型的测试结果

量化方法和类型	裁剪比例/%	精　确　度
TensorFlow	0	92.6
float32 未量化	0	92.2
asymmetric_affine，uint8	0	92.2
	10	92.5
	20	92.2
	30	92.2

8. 模型导出

神经网络模型最终是要部署在 HXAI 系统上进行使用的。在完成了导入、剪枝、量化，并且测试结果正常可接受之后，需要将模型导出，产生 HXNN 格式的模型，用来在实际芯片上进行推理。模型导出代码如下。

```
hxnn.export_hxnn(output_path="lstm_sentiment.hxnn",pre_build=False)
```

导出完成之后，会产生 lstm_sentiment.hxnn 模型。

第 13 章　开发板设计

13.1　开发板简介

XJY-HXAI-100-DEMO-V100 开发板以安徽芯纪元科技有限公司的魂芯 V-A 芯片为核心设计，其 AI 芯片采用四核 RISC-V 架构 CPU 和四核 NNA 核设计，是一款高性能的 SoC 芯片，可广泛用于安防、智慧交通、工业视觉、语音处理等领域。

13.2　硬件参数

1.　功能框图

硬件原埋框图如图 13.1 所示。

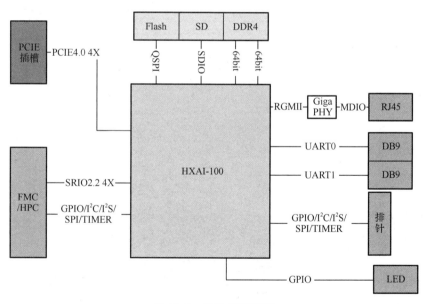

图 13.1　硬件原理框图

2.　板卡规格参数

板卡规格参数如表 13.1 所示。

表 13.1　板卡规格参数

AI 芯片	魂芯 V-A 芯片
片内存储器	4MB，数据速率 22.4GB/s
板上内存	8GB DDR4+2GB ECC DDR4 最高为 3200MT/s
板上闪存	32MB QSPI FLASH+32GB SD
PCIE	1 组 4X 的 PCIE4.0，最高线速率 16Gb/s/lane
RapidIO	1 组 4X 的 RapidIO 2.2，最高线速率为 6.25Gb/s/lane
以太网	1 组以太网，10/100/1000base-t
音频接口	2 组 I²S
总线接口	2 组 I²C
串行接口	2 组 SPI 2 组串口 RS-232
按键	1 个复位按键
指示灯	8 个用户可编程 LED 灯
拓展接口	FMC-HPC
输入电源/功耗	DC 12V/5A/典型功耗 15W
系统	Linux
尺寸	100mm×200mm

3．板内结构及接口

板内结构及接口如图 13.2 和图 13.3 所示。

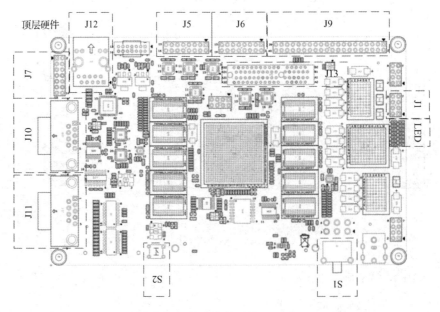

图 13.2　板内结构及接口（1）

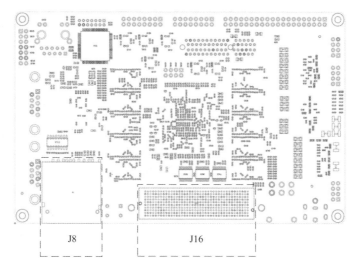

J8   J16

图 13.3 板内结构及接口（2）

图 13.2 和图 13.3 中的接口说明如表 13.2 所示。

表 13.2 接口说明

序 号	名 称
J12	千兆以太网/RJ45
J10	RS-232/DB9
J11	RS-232/DB9
J13	PCIE 4.0 4X/插槽
J5	SPI0&SPI1/2.54 排针
J6	TIMER&GPIO/2.54 排针
J9	$I^2C0\&I^2C1\&I^2S0\&I^2S1$/2.54 排针
J1	3.3V&1.8V/2.54 排针
J7	JTAG/2.54 排针
J8	SD 卡槽
J16	FMC-HPC
LED	指示灯
S1	电源开关
S2	复位按钮

4．硬件设置

硬件设置中的拨码开关说明如表 13.3 所示。

表 13.3　拨码开关说明

引　脚　号	引　脚　名	描　　述
U1_1 U1_2	QSPI_MODE0 QSPI_MODE1	QSPI 模式选择[1:0] 2'b00：SPI（标准模式） 2'b01：Dual SPI（双线模式） 2'b10：Quad SPI（四线模式） 2'b11：保留
U1_3 U1_4	QSPI_CLOCK_FREQ0 QSPI_CLOCK_FREQ1	QSPI 时钟选择[1:0]： 2'b00：5MHz（32 分频） 2'b01：20MHz（8 分频） 2'b10：41MHz（4 分频） 2'b11：83MHz（2 分频）
U2_1 U2_2	CHIP_MODE0 CHIP_MODE1	芯片模式[1:0]： 2'b00：Memory Bist 2'b01：Scan 2'b10：Debug 2'b11：Function
U2_3	BOOT_L0_SW	L0 启动类型 0：从 ROM 启动 1：从 QSPI 启动
U2_4 U2_5	BOOT_L1_SW_0 BOOT_L1_SW_1	L1 启动开关[1:0]： 2'b00：从 QSPI Flash 获取图像 2'b01：从 EMMC 获取图像 2'b10：从 SD 卡获取图像 2'b11：从 SPI Flash 获取图像
U2_6 U2_7	CPU_FREQ_SEL_0 CPU_FREQ_SEL_1	CPU 频率选择[1:0]： 2'b00：CPU:1480MHz　NNA:870MHz　DDR: 666MHz 2'b01：CPU:1200MHz　NNA:660MHz　DDR: 600MHz 2'b10：CPU:800MHz　NNA:440MHz　DDR: 500MHz 2'b11：CPU:400MHz　NNA:220MHz　DDR: 400MHz
U2_8	AI_DEBUG_SEL	GPIO PAD 复用选择： 0：crm_debug 和 serdes_dtb_data 1：GPIO
J14_1&2 J14_3&4	PCIE_MODE	J14_1&2：RC 模式 J14_3&4：PE 模式

注：未列入的拨码键位不要更改。

5. 指示灯说明

指示灯说明如表 13.4 所示。

表 13.4 指示灯说明

指 示 灯	说 明
LED2	
LED3	
LED4	
LED5	用户可编程，依次对应 AI 芯片的
LED6	GPIO08～GPIO15
LED7	
LED8	
LED9	
LED10	单板工作指示灯，闪烁
LED11	
LED12	
LED13	电源指示灯，长亮
LED14	

6. 接口定义及电气参数

J5 引脚的定义及其电气参数如表 13.5 所示。

表 13.5 J5 引脚的定义及其电气参数

引 脚 号	引 脚 名	类 型	电 压	描 述
1	SPI0_CLK	O	1.8V	
2	SPI1_CLK	O	1.8V	
3	SPI0_DIN	I	1.8V	
4	SPI1_DIN	I	1.8V	
5	SPI0_DOUT	O	1.8V	
6	SPI1_DOUT	O	1.8V	
7	SPI0_CS0	O	1.8V	
8	SPI1_CS0	O	1.8V	
9	SPI0_CS1	O	1.8V	
10	SPI1_CS1	O	1.8V	
11	SPI0_CS2	O	1.8V	
12	SPI1_CS2	O	1.8V	
13	VCC_1V8	Power Out		1.8V 电源输出
14	VCC_1V8	Power Out		1.8V 电源输出
15	GND	Power GND		地
16	GND	Power GND		地

J6 引脚的定义及其电气参数如表 13.6 所示。

表 13.6　J6 引脚的定义及其电气参数

引　脚　号	引　脚　名	类　　型	电　压	描　述
1	TIMER0	O	1.8V	
2	GPIO00	I/O	1.8V	
3	TIMER1	O	1.8V	
4	GPIO01	I/O	1.8V	
5	TIMER2	O	1.8V	
6	GPIO02	I/O	1.8V	
7	TIMER3	O	1.8V	
8	GPIO03	I/O	1.8V	
9	TIMER4	O	1.8V	
10	GPIO04	I/O	1.8V	
11	TIMER5	O	1.8V	
12	GPIO05	I/O	1.8V	
13	TIMER6	O	1.8V	
14	GPIO06	I/O	1.8V	
15	TIMER7	O	1.8V	
16	GPIO07	I/O	1.8V	

J9 引脚的定义及其电气参数如表 13.7 所示。

表 13.7　J9 引脚的定义及其电气参数

引　脚　号	引　脚　名	类　　型	电　压	描　述
1	I2C1_CLK	I/O	1.8V	
J9：I^2C0&I^2C1&I^2S0&I^2S1/2.54 排针				
引　脚　号	引　脚　名	类　　型	Level	描　述
2	I2C0_CLK	I/O	1.8V	
3	I2C1_DATA	I/O	1.8V	
4	I2C0_DATA	I/O	1.8V	
5	GND	Power GND		地
6	GND	Power GND		地
7	I2S1_PAD_SCLK	I/O	1.8V	
8	I2S0_PAD_SCLK	I/O	1.8V	
9	I2S1_PAD_MCLK	O	1.8V	
10	I2S0_PAD_MCLK	O	1.8V	

续表

引　脚　号	引　脚　名	类　　型	Level	描　　述
11	I2S1_SCLK_EN	O	1.8V	
12	I2S0_SCLK_EN	O	1.8V	
13	I2S1_SCLK_GATE	O	1.8V	
14	I2S0_SCLK_GATE	O	1.8V	
15	I2S1_WS	I/O	1.8V	
16	I2S0_WS	I/O	1.8V	
17	I2S1_SDI0	I	1.8V	
18	I2S0_SDI0	I	1.8V	
19	I2S1_SDI1	I	1.8V	
20	I2S0_SDI1	I	1.8V	
21	I2S1_SDI2	I	1.8V	
22	I2S0_SDI2	I	1.8V	
23	I2S1_SDI3	I	1.8V	
24	I2S0_SDI3	I	1.8V	
25	I2S1_SDO0	O	1.8V	
26	I2S0_SDO0	O	1.8V	
27	I2S1_SDO1	O	1.8V	
28	I2S0_SDO1	O	1.8V	
29	I2S1_SDO2	O	1.8V	
30	I2S0_SDO2	O	1.8V	
31	I2S1_SDO3	O	1.8V	
32	I2S0_SDO3	O	1.8V	
33	I2S_OSC_24_576M	O	1.8V	24.576MHz 时钟
34	I2S_OSC_CLK	I	1.8V	I^2S 系统时钟
35	VCC_1V8	Power Out		1.8V 电源输出
36	VCC_1V8	Power Out		1.8V 电源输出
37	VCC_1V8	Power Out		1.8V 电源输出
38	VCC_1V8	Power Out		1.8V 电源输出

J1 引脚的定义及其电气参数如表 13.8 所示。

表 13.8　J1 引脚的定义及其电气参数

引　脚　号	引　脚　名	类　　型	电　　压	描　　述
1	VCC_3V3	Power Out		3.3V 电源输出
2	VCC_1V8	Power Out		1.8V 电源输出

引 脚 号	引 脚 名	类 型	电 压	描 述
3	VCC_3V3	Power Out		3.3V 电源输出
4	VCC_1V8	Power Out		1.8V 电源输出
5	GND	Power GND		地
6	GND	Power GND		地
7	GND	Power GND		地
8	GND	Power GND		地

J16 引脚的定义及其电气参数如表 13.9 所示。

表 13.9　J16 引脚的定义及其电气参数

引 脚 号	引 脚 名	类 型	电 压	描 述
A2	SRIO_TXP1	O		
A3	SRIO_TXN1	O		
A6	SRIO_TXP2	O		
A7	SRIO_TXN2	O		
A10	SRIO_TXP3	O		
A11	SRIO_TXN3	O		
A22	SRIO_RXP1	I		
A23	SRIO_RXN1	I		
A26	SRIO_RXP2	I		SRIO 4X
A27	SRIO_RXN2	I		
A30	SRIO_RXP3	I		
A31	SRIO_RXN3	I		
C2	SRIO_RXP0	I		
C3	SRIO_RXN0	I		
C6	SRIO_TXP0	O		
C7	SRIO_TXN0	O		
D4	EXT2_SRIO_156M_P	O		SRIO 参考时钟输出，
D5	EXT2_SRIO_156M_N	O		156.25MHz
G2	EXT3_FMC_100M_P	O		FMC 参考时钟输出，
G3	EXT3_FMC_100M_N	O		100MHz
G9	FMC_AI_SPI1_CLK	O		
G10	FMC_AI_SPI1_DIN	I		
G12	FMC_AI_SPI1_DOUT	O		
G13	FMC_AI_SPI1_CS0	O		

引 脚 号	引 脚 名	类 型	电 压	描 述
G15	FMC_AI_SPI1_CS1	O		
G16	FMC_AI_SPI1_CS2	O		
G18	FMC_AI_TIMER_CLK	I		
G19	FMC_AI_TIMER_RESET	I		
G21	FMC_AI_TIMER0	O		
G22	FMC_AI_TIMER1	O		
G27	FMC_AI_GPIO16	I/O		
G28	FMC_AI_GPIO17	I/O		
G30	FMC_AI_GPIO18	I/O		
G31	FMC_AI_GPIO19	I/O		
G33	FMC_AI_GPIO20	I/O		
G34	FMC_AI_GPIO21	I/O		
G36	FMC_AI_GPIO22	I/O		
G37	FMC_AI_GPIO23	I/O		
G39	VCC_FMC	Power In		FMC 参考电压输入
H4	EXT4_FMC_100M_P	O		FMC 参考时钟输出,
H5	EXT4_FMC_100M_N	O		100MHz
H10	FMC_AI_I2S_OSC_CLK	I		
H11	FMC_AI_I2S1_PAD_SCLK	I/O		
H13	FMC_AI_I2S1_PAD_MCLK	O		
H14	FMC_AI_I2S1_SCLK_EN	O		
H16	FMC_AI_I2S1_SCLK_GATE	O		
H17	FMC_AI_I2S1_WS	I/O		
H19	FMC_AI_I2S1_SDI0	I		
H20	FMC_AI_I2S1_SDI1	I		
H22	FMC_AI_I2S1_SDI2	I		
H23	FMC_AI_I2S1_SDI3	I		
H25	FMC_AI_I2S1_SDO0	O		
H26	FMC_AI_I2S1_SDO1	O		
H28	FMC_AI_I2S1_SDO2	O		
H29	FMC_AI_I2S1_SDO3	O		
H31	FMC_AI_I2C1_CLK	I/O		
H32	FMC_AI_I2C1_DATA	I/O		
H40	VCC_FMC	Power In		FMC 参考电压输入

7．机械尺寸

机械尺寸为 160mm×100mm，实物图如图 13.4 所示。

图 13.4　实物图

13.3　评估套件清单

评估套件清单如表 13.10 所示。

表 13.10　评估套件清单

名　　　称	数　量	备　注
JY-HXAI100-DEMO-V100 评估板	1	
12V/5A 电源适配器	1	
仿真器	1	可选
网线 CAT.5	1	
串口线	1	
SD 卡	1	

增值套件有 PCIE 网卡和 FPGA 配套开发板。

附　录　A

XJY-魂芯 V-A100-DEMO-V100 板与 FPGA 开发板互联接口如表 A.1 所示。

表 A.1　XJY-魂芯 V-A100-DEMO-V100 板与 FPGA 开发板互联接口

FPGA 开发板				XJY-HXAI100-DEMO-V100 板		
引脚号	引　脚　名	FPGA 引脚	描　　述	引脚号	引　脚　名	描　　述
A2	FMC_DP1_M2C_P	AJ8	GTX_109	A2	SRIO_TXP1	SRIO 4X
A3	FMC_DP1_M2C_N	AJ7	GTX_109	A3	SRIO_TXN1	
A6	FMC_DP2_M2C_P	AG8	GTX_109	A6	SRIO_TXP2	
A7	FMC_DP2_M2C_N	AG7	GTX_109	A7	SRIO_TXN2	
A10	FMC_DP3_M2C_P	AE8	GTX_109	A10	SRIO_TXP3	
A11	FMC_DP3_M2C_N	AE7	GTX_109	A11	SRIO_TXN3	
A22	FMC_DP1_C2M_P	AK6	GTX_109	A22	SRIO_RXP1	
A23	FMC_DP1_C2M_N	AK5	GTX_109	A23	SRIO_RXN1	
A26	FMC_DP2_C2M_P	AJ4	GTX_109	A26	SRIO_RXP2	
A27	FMC_DP2_C2M_N	AJ3	GTX_109	A27	SRIO_RXN2	
A30	FMC_DP3_C2M_P	AK2	GTX_109	A30	SRIO_RXP3	
A31	FMC_DP3_C2M_N	AK1	GTX_109	A31	SRIO_RXN3	
C2	FMC_DP0_C2M_P	AKIO	GTX_109	C2	SRIO_RXP0	
C3	FMC_DP0_C2M_N	AK9	GTX_109	C3	SRIO_RXN0	
C6	FMC_DP0_M2C_P	AH10	GTX_109	C6	SRIO_TXP0	
C7	FMC_DPO_M2C_N	AH9	GTX_109	C7	SRIO_TXN0	
D4	FMC_GBTCLK0_M2C_P	AF10	GTX_109	D4	EXT2_SRIO_156M_P	SRIO 参考时钟输出，156.25MHz
D5	FMC_GBTCLK0_M2C_N	AF9	GTX_109	D5	EXT2_SRIO_156M_N	
G2	FMC_CLK1_M2C_P	U26	BANK13	G2	EXT3_FMC_100M_P	FMC 参考时钟输出，100MHz
G3	FMC_CLK1_M2C_N	U27	BANK13	G3	EXT3_FMC_100M_N	
G9	FMC_LA03_P	R28	BANK13	G9	FMC_AI_SPI1_CLK	
G10	FMC_LA03_N	T28	BANK13	G10	FMC_AI_SPI1_DIN	
G12	FMC_LA08_P	P25	BANK13	G12	FMC_AI_SPI1_DOUT	
G13	FMC_LA08_N	P26	BANK13	G13	FMC_AI_SPI1_CS0	
G15	FMC_LA12_P	T29	BANK13	G15	FMC_AI_SPI1_CS1	

续表

FPGA 开发板				XJY-HXAI100-DEMO-V100 板		
引脚号	引 脚 名	FPGA 引脚	描 述	引脚号	引 脚 名	描 述
G16	FMC_LA12_N	U29	BANK_13	G16	FMC_AI_SPI1_CS2	
G18	FMC_LA16_P	V27	BANK_13	G18	FMC_AI_TIMER_CLK	
G19	FMC_LA16_N	W28	BANK13	G19	FMC_AI_TIMER_RESET	
G21	FMC_LA20_P	AA24	BANK11	G21	FMC_AI_TIMER0	
G22	FMC_LA20_N	AB24	BANK11	G22	FMC_AI_TIMER1	
G27	FMC_LA25_P	AJ20	BANK11	G27	FMC_AI_GPIO16	
G28	FMC_LA25_N	AK20	BANK11	G28	FMC_AI_GPIO17	
G30	FMC_LA29_P	P23	BANK13	G30	FMC_AI_GPIO18	
G31	FMC_LA29_N	P24	BANK13	G31	FMC_AI_GPIO19	
G33	FMC_LA31_P	P21	BANK13	G33	FMC_AI_GPIO20	
G34	FMC_LA31_N	R21	BANK13	G34	FMC_AI_GPIO21	
G36	FMC_LA33_P	T22	BANK13	G36	FMC_AI_GPIO22	
G37	FMC_LA33_N	T23	BANK13	G37	FMC_AI_GPIO23	
G39	VCC_ADJ		1.8V 电压输出	G39	VCC_FMC	FMC 参考电压输入
H4	FMC_CLK0_M2C_P	AE22	BANK11	H4	EXT4_FMC_100M_P	FMC 参考时钟
H5	FMC_CLK0_M2C_N	AF22	BANK11	H5	EXT4_FMC_100M_N	输出，100MHz
H10	FMC_LA04_P	T30	BANK13	H10	FMC_AI_I2S_OSC_CLK	
H11	FMC_LA04_N	U30	BANK13	H11	FMC_AI_I2S1_RAD_SCLK	
H13	FMC_LA07_P	V28	BANK13	H13	FMC_AI_I2S1_PAD_MCLK	
H14	FMC_LA07_N	V29	BANK13	H14	FNIC_AI_I2S1_SCLK_EN	
H16	FMC_LA11_P	AA22	BANK11	H16	FMC_AI_I2S1_SCLK_GATE	
H17	FMC_LA11_N	AA23	BANK11	H17	FMC_AI_I2S1_WS	
H19	FMC_LA15_P	W25	BANK13	H19	FMC_AI_I2S1_SDIO	
H20	FMC_LA15_N	W26	BANK13	H20	FMC_AI_I2S1_SDI1	
H22	FMC_LA19_P	AC24	BANK11	H22	FMC_AI_I2S1_SDI2	
H23	FMC_LA19_N	AD24	BANK11	H23	FMC_AI_I2S1_SDI3	
H25	FMC_LA21_P	AJ23	BANK11	H25	FMC_AI_I2S1_SDO0	
H26	FMC_LA21_N	AJ24	BANK11	H26	FMC_AI_I2S1_SDO1	
H28	FMC_LA24_P	AG22	BANK13	H28	FMC_AI_I2S1_SDO2	
H29	FMC_LA24_N	AH22	BANK13	H29	FMC_AI_I2S1_SDO3	
H31	FMC_LA28_P	AK17	BANK13	H31	FMC_AI_I2C1_CLK	
H32	FMC_LA28_N	AK18	BANK13	H32	FMC_AI_I2C1_DATA	
H40	VCC_ADJ		1.8V 电压输出	H40	VCC_FMC	